建筑专业课程改革实验教材

建筑结构基础与识图

主　编：任昭君　杨会芹　李莹雪
副主编：孙金芳　卞晓雯
参　编：张秀燕　张秀玲　王　倩
主　审：赵　霞　段　欣

電子工業出版社
Publishing House of Electronics Industry
北京•BEIJING

内 容 简 介

本书根据教育部发布的土木水利类专业教学标准，对接“建筑工程识图”技能大赛和“1+X”建筑工程识图职业技能等级证书，并围绕春季高考考试大纲编写而成。

本书以2022年发布的新规范和现行国家建筑标准22G101系列图集为准，以典型工程实例为载体，详细介绍了建筑结构基础知识、混凝土构件、多层及高层建筑和结构施工图识读4个项目，涵盖了14个教学任务。同时，本书将重点、难点和思政案例相关的图片、动画、虚拟仿真、教学视频等立体化数字资源以二维码的形式进行呈现，从而适应学生个性化的学习需求，并满足线上线下等多样化的学习场景。

本书可作为职业院校土建类相关专业教学用书和职教高考备考用书，也可供施工技术、工程造价、工程监理等相关从业人员，以及其他对建筑结构基础及平法识图有兴趣的初学人士学习参考，还可作为上述专业人员的培训教材使用。

图书在版编目（CIP）数据

建筑结构基础与识图 / 任昭君，杨会芹，李莹雪主编. —北京：电子工业出版社，2024.4
ISBN 978-7-121-47797-3

Ⅰ. ①建… Ⅱ. ①任… ②杨… ③李… Ⅲ. ①建筑结构②建筑结构－建筑制图－识图 Ⅳ. ①TU3
②TU204.21

中国国家版本馆CIP数据核字（2024）第088794号

责任编辑：张镨丹
印　　刷：中煤（北京）印务有限公司
装　　订：中煤（北京）印务有限公司
出版发行：电子工业出版社
　　　　　北京市海淀区万寿路173信箱　　邮编：100036
开　　本：880×1 230　1/16　印张：10.5　字数：252千字
版　　次：2024年4月第1版
印　　次：2024年4月第1次印刷
定　　价：42.00元

凡所购买电子工业出版社图书有缺损问题，请向购买书店调换。若书店售缺，请与本社发行部联系，联系及邮购电话：（010）88254888，88258888。

质量投诉请发邮件至zlts@phei.com.cn，盗版侵权举报请发邮件至dbqq@phei.com.cn。

本书咨询联系方式：（010）88254549，zhangpd@phei.com.cn。

前言

PREFACE

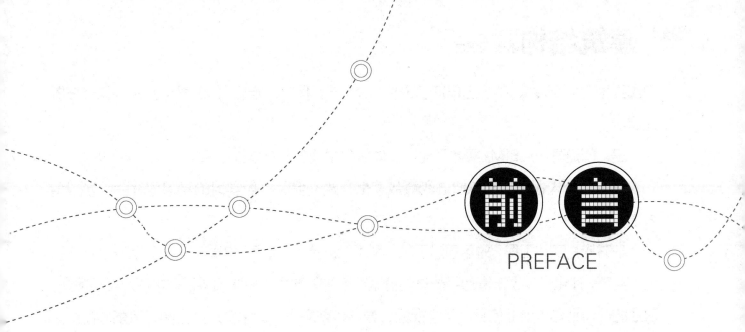

2022 年，中华人民共和国住房和城乡建设部发布了《混凝土结构通用规范》（GB 55008—2021）、《工程结构通用规范》（GB 55001—2021）等一系列建筑工程通用规范。为应对新技术新规范所发生的变化、对接“1+X”职业技能等级证书并围绕春季高考考试大纲，编写了适应建筑工程施工专业和工程造价专业的《建筑结构基础与识图》教材。

本书编写依据国家专业教学标准和职业标准（规范）等，围绕“三教改革”，以课程建设为统领，及时响应新技术、新工艺、新规范，按照更新教学内容、完善教学大纲、编写教材的顺序，遵循“能力渐进”的学习规律，选取典型工程实例为载体来整合序化教学内容。本书包括 4 个教学项目，分别是建筑结构基础知识、混凝土构件、多层及高层建筑和结构施工图识读，每个项目按照任务展开，14 个教学任务逐层递进。

本书在遵循“必需、够用”原则的基础上，力求突出以下特色。

一、构建“岗考赛证一体化”内容体系。

本书根据施工类人员岗位知识技能素质目标，结合春季高考最新考试大纲，以“学历提升”为指引，将“建筑工程识图”技能大赛规则和“1+X”建筑工程识图职业技能等级证书考评大纲融入其中，构建了“岗考赛证一体化”内容体系。

二、贯彻党的二十大精神，融合课程“思政元素”，以“立德树人”为根本任务，实现“德技并修”育人目标。

党的二十大报告指出，坚持把发展经济的着力点放在实体经济上，推进新型工业化，加快建设制造强国、质量强国、航天强国、交通强国、网络强国、数字中国。

本书中每个教学任务以“思政导航”做引领，引入“鸟巢”“港珠澳大桥”“上海中心大厦”等标志性工程建设，引导学生沉浸式感受中国工程之“速度”、中国工程之“精度”、中国工程之“高度”、中国工程之“深度”、中国工程之“难度”，培养学生树立科技报国理想。

三、创建基于“BIM+实体工程”一体化教学资源开发模式。

党的二十大报告指出，推进教育数字化，建设全民终身学习的学习型社会、学习型大国。

本书依托实体工程，对接前沿工艺，利用先进技术，基于“BIM+实体工程”融合“理、虚、实”一体化开发了丰富的与教材内容紧密衔接的数字化教学资源。教学资源类型多样，包括图片、动画、虚拟仿真、教学视频、课件、题库等，使学生及社会学习者能够在线上随时随地进行碎片化学习，推进教育数字化，加快建设智慧型教育。

本书编写团队成员主要为滨州职业学院具有多年讲授《建筑结构》课程和春考辅导经验的建筑结构专业专任教师，团队成员均为研究生及以上学历（含海外留学经历），其中包括教授、副教授和讲师。此外，为了更好地与实际工程需求接轨，还邀请了企业人员参与编写工作，编写团队专业技术过硬、职称结构合理。主编任昭君编写项目 1 任务 1.2～1.3、项目 2 任务 2.4、项目 4 任务 4.3～4.4；主编杨会芹编写项目 3 和项目 4 任务 4.5；主编李莹雪编写项目 1 任务 1.1、项目 2 任务 2.1～2.3；副主编孙金芳编写项目 4 任务 4.2；副主编卞晓雯编写项目 4 任务 4.1；参编张秀燕与张秀玲校对全书。义乌市正恒建筑工程检测有限公司王倩高级设计师对本书实际工程案例编写给出了指导性建议。滨州职业学院二级教授赵霞博士和山东省教科院段欣主任担任本书主审，他们对本书进行了认真细致的审阅，并提出了建设性意见，在此表示衷心感谢！

为了提高学习效率和教学效果，方便教师教学，本书提供配套的电子教学演示文档等教学资源，有需要的读者可登录华信教育资源网免费注册后下载。

本书的编写是教材建设的一次改革性尝试，限于编者水平，书中难免存在疏漏和不足之处，恳请广大读者批评指正，以便进一步修改完善。

编　者

目录

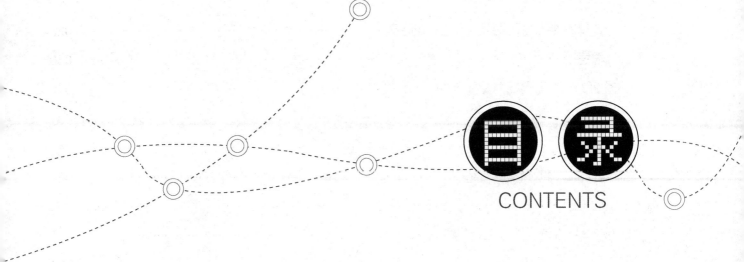

CONTENTS

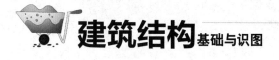

项目 1

建筑结构基础知识

任务 1.1　建筑结构基本概念

知识目标

1. 掌握建筑结构的概念；
2. 明确建筑结构的构件类型；
3. 了解建筑结构的分类标准，明确建筑结构的类型；
4. 明确混凝土结构、砌体结构、钢结构的优缺点。

能力目标

1. 能够掌握建筑结构的概念；
2. 能够明确建筑结构的构件类型；
3. 能够明确建筑结构的分类标准和建筑结构的类型；
4. 能够明确常见结构类型的优缺点。

素养目标

1. 通过介绍工匠精神以及工匠精神与建筑结构之间的联系，培养学生在课程学习过程中，始终以大国工匠所必备“匠心、专心、精准、标准、完美、创新”的品质来严格要求自己；

2. 通过学习建筑结构的定义，建筑结构的分类和各类建筑结构优缺点的相关内容，引导学生养成严谨科学的学习态度和精益求精的学习作风。

1.1.1 建筑结构概念

讲解视频：建筑结构的定义

动画演示：构件—骨架结构演示

1.建筑结构的定义

建筑结构是指在房屋建筑中，由若干构件（屋架、梁、板、柱等）组成的能够承受“作用”的骨架体系，如图 1-1-1 所示。

所谓作用是指能够引起体系产生内力和变形的各种因素，如荷载、地震、温度变化及基础沉降等。

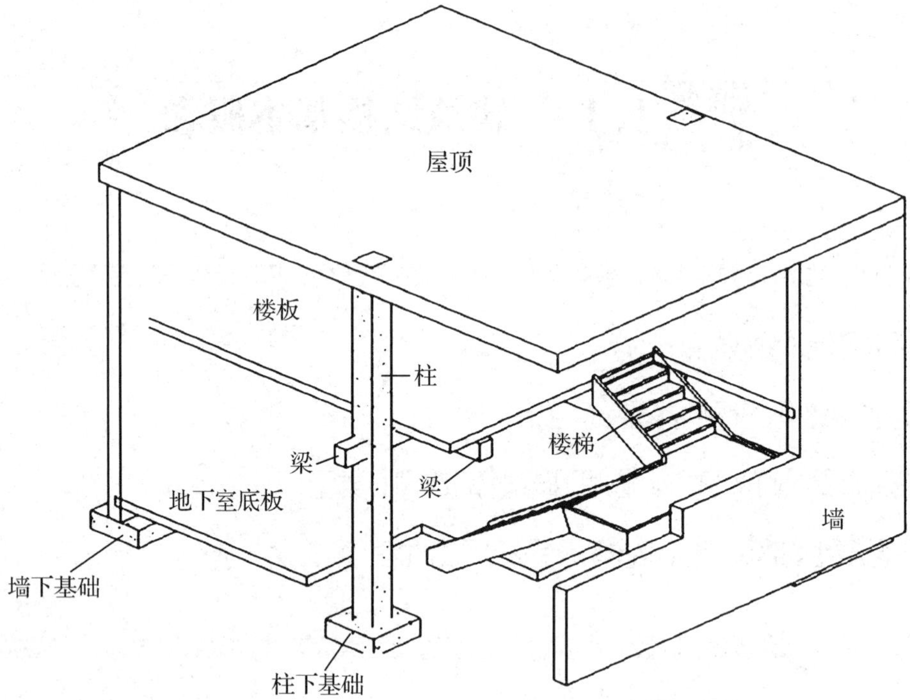

图 1-1-1 建筑结构的组成

2. 建筑结构构件类型

根据构件的类型和形式的不同，建筑结构构件可以分为以下三类：

1）水平构件，包括板、梁、桁架、网架等，其主要作用是承受竖向荷载。

2）竖向构件，包括柱、墙等，主要用以支承水平构件和承受水平荷载。

3）基础，基础是上部建筑物与地基相联系的部分，用以将建筑物承受的荷载传至地基。

基础是建筑物的下部承重结构。建筑物荷载通过基础传到地层，地层中产生应力和变形的土层（岩层）称为地基。地基一般包括持力层和下卧层，埋置基础的土层称为持力层，在基础范围内持力层以下的土层称为下卧层，如图 1-1-2 所示。

根据结构内构件受力特点的不同，归结为几类建筑结构基本构件，简称基本构件。建筑结构基本构件主要分为以下 4 类：

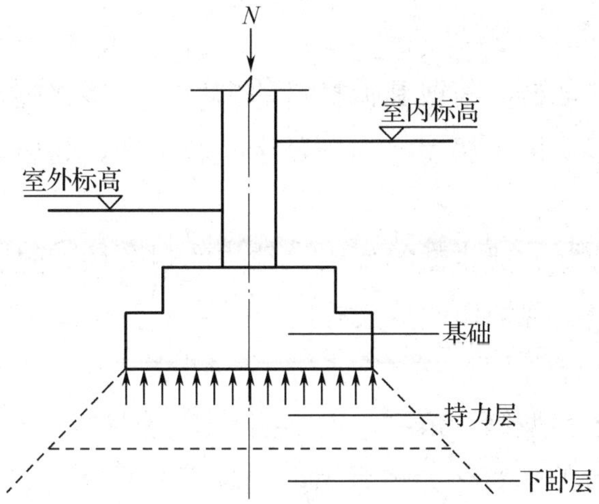

图 1-1-2 基础与地基示意图

1）受弯构件。截面受弯矩作用的构件称为受弯构件，梁、板是工程结构中典型的受弯构件。受弯构件的截面一般情况下还受剪力作用。

2）受压构件。截面受压力作用的构件称为受压构件，如柱、承重墙、屋架中的压杆等。受压构件有时还受剪力作用。

3）受拉构件。截面受拉力作用的构件称为受拉构件，如屋架中的拉杆。受拉构件有时还受剪力作用。

4）受扭构件。凡是在构件截面受扭矩作用的构件统称受扭构件，如雨篷梁、框架结构中的边梁等。单纯受扭矩作用的构件（称为纯扭构件）很少，一般情况下都同时受弯矩作用和剪力作用。

1.1.2 建筑结构类型

根据不同的分类标准，建筑结构可以分为不同的类型。一般根据建筑承重结构所用材料和建筑结构的受力和构造特点的不同对建筑结构进行分类。

1）按承重结构所用材料分类。

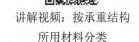

讲解视频：按承重结构所用材料分类

根据建筑承重结构所用材料的不同，建筑结构分为混凝土结构、砌体结构、钢结构和木结构等。

（1）混凝土结构。

动画演示：混凝土结构

以混凝土为主要材料建造的结构称为混凝土结构，包括素混凝土结构、钢筋混凝土结构和预应力混凝土结构。钢筋混凝土结构和预应力混凝土结构都是由混凝土和钢筋两种材料组成的。钢筋混凝土结构是应用最广泛的结构，除一般工业与民用建筑外，许多特种结构（如水塔、高烟囱等）也采用钢筋混凝土建造。

混凝土结构具有就地取材（指所占比例很大的砂、石料）、耐火耐久、可模性好、整体性好的优点；其缺点是自重较大、抗裂性较差等。

（2）砌体结构。

动画演示：砌体结构

砌体结构是由块体（如砖、石或其他材料的砌体）及砂浆砌筑而成的结构，在居住建筑和多层民用房屋（如办公楼、教学楼、商店、旅馆等）中，应用较为广泛。

砌体结构具有就地取材、成本低等优点，结构的耐久性和耐腐蚀性也很好。其缺点是自重大、施工砌筑速度慢、现场作业量大等。

（3）钢结构。

动画演示：钢结构

钢结构是用钢板和各种型钢（角钢、工字钢、H 型钢等）为主制作的结构，主要用于大跨度的建筑（如体育馆、剧院等）屋盖、起重机吨位大或跨度大的工业厂房骨架以及一些高层建筑的房屋骨架等。

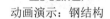

钢结构材料质量均匀、强度高，构件截面小、质量轻，可焊性好，制造工艺比较简单，便于工业化施工。其缺点是钢材易腐蚀，耐火性较差，造价较高。

（4）木结构。

动画演示：木结构

木结构是以木材为主制作的结构，但由于受自然条件的限制，我国木材相当缺乏，所以目前仅在山区、林区和农村有一定的采用。

木结构制作简单、自重轻、容易加工。其缺点是易燃、易腐、易受虫蛀。

2）按结构受力和构造特点分类。

讲解视频：按结构受力和构造特点分类

根据结构的受力和构造特点，建筑结构可以分为以下几种主要类型：

（1）混合结构。

动画演示：混合结构

混合结构是相对于单一结构（如混凝土结构、木结构、钢结构）而言的，是指多种结构形式总和而成的一种结构。因此，由两种或两种以上不同材料的承重结构所共同组成的结构体系均为混合结构。

混合结构的楼、屋盖一般采用钢筋混凝土结构构件，而墙体及基础等采用砌体结构。如一幢房屋的梁是用钢筋混凝土制成，以砖墙为承重墙。

（2）框架结构。

动画演示：框架结构

框架结构由横梁、柱及基础组成主要承重体系，如图 1-1-3 所示。横梁与柱刚性连接成整体框架，底层柱脚与基础固结。

（3）剪力墙结构。

动画演示：剪力墙结构

纵横布置的成片钢筋混凝土墙体称为剪力墙，如图 1-1-4 所示。剪力墙的高度通常为从基础到屋顶，其宽度可以是房屋的全宽。剪力墙与钢筋混凝土楼、屋盖整体连接，形成剪力墙结构。

（4）框架—剪力墙结构。

框架与剪力墙共同形成结构体系，剪力墙主要承受水平荷载，而框架柱主要承受竖向荷载，这样的结构体系称为框架—剪力墙结构。

图 1-1-3　框架结构示意图

图 1-1-4　剪力墙结构示意图

（5）筒体结构。

由若干片剪力墙围合而成的封闭井筒式结构称为筒体结构。

（6）其他形式的结构。

除上述结构外，在高层和超高层房屋结构体系中，还有钢—混凝土组合结构；单层厂房中除排架结构外，还有刚架结构；在单层大跨度房屋的屋盖中，有壳体结构、网架结构和悬索结构等。

思考题

1.1.1　什么是建筑结构？

1.1.2　建筑结构的构件有哪些？

1.1.3　按照建筑承重结构所用材料的不同，建筑结构可以分为哪些类型？

1.1.4　混凝土结构、砌体结构、钢结构的优缺点有哪些？

1.1.5　按照建筑结构受力和构造特点的不同，建筑结构可以分为哪些类型？

在线测试：建筑结构概念

任务 1.2　建筑结构基本设计原则

知识目标

1. 掌握荷载的分类、结构的功能要求和结构功能极限状态；
2. 理解荷载代表值、极限状态表达式；
3. 了解建筑抗震设防类别和抗震设防目标。

能力目标

1. 能够确定永久荷载、可变荷载的代表值；
2. 能够进行荷载基本组合的效应设计值计算。

素养目标

1. 通过介绍中国知名结构工程设计大师的事迹，让学生感受榜样的力量；
2. 通过掌握建筑结构设计方法，培养学生细心、专心的治学态度。

1.2.1 作用、作用效应及结构抗力

动画演示：直接作用

动画演示：间接作用

1.结构上的作用

使结构或构件产生效应（内力、变形等）的原因，统称为结构上的作用，包括直接作用和间接作用。直接作用即通常所说的荷载，指的是施加在结构上的集中力或分布力，如结构自重、楼面活荷载和设备自重等。本书主要涉及直接作用即荷载。

1）作用的分类。

讲解视频：作用的分类

结构上的各种作用按时间的变异分类可分为永久作用、可变作用和偶然作用。

（1）永久作用：是指在设计基准期内量值不随时间出现变化，或其变化与平均值相比可以忽略不计的作用，如结构及建筑装修的自重、土壤压力、基础沉降及焊接变形等。

（2）可变作用：是指在设计基准期内其量值随时间而变化，且其变化与平均值相比不可忽略的作用，如露面活荷载、雪荷载、风荷载等。

（3）偶然作用：是指在设计基准期内不一定出现，而一旦出现其量值很大且持续时间很短的作用，如地震、爆炸、撞击等。

2）作用的代表值。

（1）标准值。

讲解视频：荷载的代表值

标准值是荷载的基本代表值，指为设计基准期内最大荷载统计分布的特征值（如均值、众值、中值或某个分位值）。对于永久荷载的标准值，是按结构构件的尺寸（如梁、柱的断面）与构件采用材料的重度的标准值（如梁、柱材料为钢筋混凝土，则其重度的标准值一般取 25kN/m^3）来确定的数值。对于可变荷载的标准值，则由设计基准期内最大荷载概率分布的某一分位数来确定，一般取具有 95%保证率的上分位值，但对许多还缺少研究的可变荷载，通常还是沿用传统的经验数值。

（2）组合值。

当结构上作用两种或两种以上的可变荷载时，考虑到其同时达到最大值的可能性较小，因此，在按承载能力极限状态设计或按正常使用极限状态的短期效应组合设计时，应采用荷载的组合值作为可变荷载的代表值。对可变荷载，使组合后的荷载效应在设计基准期内的超越概率，能与该荷载单独出现时的相应概率趋于一致的荷载值；或使组合后的结构具有统一规定的可靠指标的荷载值。可变荷载的组合值，为可变荷载乘以荷载组合值系数。

（3）频遇值。

对可变荷载，在设计基准期内，其超越的总时间为规定的较小比率或超越频率为规定频率的荷载值。可变荷载频遇值应取可变荷载标准值乘以荷载频遇值系数。

（4）准永久值。

对可变荷载，在设计基准期内，其超越的总时间约为设计基准期一半的荷载值。作用在建筑物上的可变荷载（如住宅楼面上的均布活荷载为 $2.0kN/m^2$），其中有部分是长期作用在上面的（可以理解为在设计基准期 50 年内，不少于 25 年），而另一部分则是不出现的。因此，我们也可以把长期作用在结构物上面的那部分可变荷载看作是永久荷载来对待。可变荷载的准永久值，为可变荷载标准值乘以可变荷载准永久值系数，即用 $\psi_q Q_k$ 表示，其中 ψ_q 为可变荷载准永久值系数，Q_k 为可变荷载标准值。

结构上的作用代表值应符合下列规定：永久作用应采用标准值；可变作用应根据设计要求采用标准值、组合值、频遇值或准永久值；偶然作用应按结构设计使用特点确定其代表值。一般使用条件下的民用建筑楼面均布活荷载标准值及其组合值系数、频遇值系数和准永久值系数的取值，不应小于表 1-2-1 的规定。

表 1-2-1　民用建筑楼面均布活荷载标准值及其组合值系数、频遇值系数和准永久值系数

项次	类别	标准值（kN/m^2）	组合值系数 ψ_c	频遇值系数 ψ_f	准永久值系数 ψ_q
1	（1）住宅、宿舍、旅馆、医院病房、托儿所、幼儿园	2.0	0.7	0.5	0.4
	（2）办公楼、教室、医院门诊室	2.5	0.7	0.6	0.5
2	食堂、餐厅、试验室、阅览室、会议室、一般资料档案室	3.0	0.7	0.6	0.5
3	礼堂、剧场、影院、有固定座位的看台、公共洗衣房	3.5	0.7	0.5	0.3
4	（1）商店、展览厅、车站、港口、机场大厅及其旅客等候室	4.0	0.7	0.6	0.5
	（2）无固定座位的看台	4.0	0.7	0.5	0.3

续表

<table>
<tr><th>项次</th><th colspan="2">类别</th><th>标准值（kN/m²）</th><th>组合值系数ψ_c</th><th>频遇值系数ψ_f</th><th>准永久值系数ψ_q</th></tr>
<tr><td rowspan="2">5</td><td colspan="2">（1）健身房、演出舞台</td><td>4.5</td><td>0.7</td><td>0.6</td><td>0.5</td></tr>
<tr><td colspan="2">（2）运动场、舞厅</td><td>4.5</td><td>0.7</td><td>0.6</td><td>0.3</td></tr>
<tr><td rowspan="2">6</td><td colspan="2">（1）书库、档案库、储藏室（书架高度不超过 2.5m）</td><td>6.0</td><td>0.9</td><td>0.9</td><td>0.8</td></tr>
<tr><td colspan="2">（2）密集柜书库（书架高度不超过 2.5m）</td><td>12.0</td><td>0.9</td><td>0.9</td><td>0.8</td></tr>
<tr><td>7</td><td colspan="2">通风机房、电梯机房</td><td>8.0</td><td>0.9</td><td>0.9</td><td>0.8</td></tr>
<tr><td rowspan="2">8</td><td rowspan="2">厨房</td><td>（1）餐厅</td><td>4.0</td><td>0.7</td><td>0.7</td><td>0.7</td></tr>
<tr><td>（2）其他</td><td>2.0</td><td>0.7</td><td>0.6</td><td>0.5</td></tr>
<tr><td>9</td><td colspan="2">浴室、卫生间、盥洗室</td><td>2.5</td><td>0.7</td><td>0.6</td><td>0.5</td></tr>
<tr><td rowspan="3">10</td><td rowspan="3">走廊、门厅</td><td>（1）宿舍、旅馆、医院病房、托儿所、幼儿园、住宅</td><td>2.0</td><td>0.7</td><td>0.5</td><td>0.4</td></tr>
<tr><td>（2）办公楼、餐厅、医院门诊部</td><td>3.0</td><td>0.7</td><td>0.6</td><td>0.5</td></tr>
<tr><td>（3）教学楼及其他可能出现人员密集的情况</td><td>3.5</td><td>0.7</td><td>0.5</td><td>0.3</td></tr>
<tr><td rowspan="2">11</td><td rowspan="2">楼梯</td><td>（1）多层住宅</td><td>2.0</td><td>0.7</td><td>0.5</td><td>0.4</td></tr>
<tr><td>（2）其他</td><td>3.5</td><td>0.7</td><td>0.5</td><td>0.3</td></tr>
<tr><td rowspan="2">12</td><td rowspan="2">阳台</td><td>（1）可能出现人员密集的情况</td><td>3.5</td><td>0.7</td><td>0.6</td><td>0.5</td></tr>
<tr><td>（2）其他</td><td>2.5</td><td>0.7</td><td>0.6</td><td>0.5</td></tr>
</table>

2. 作用效应

讲解视频：作用效应

作用效应是指结构上的各种作用，在结构内产生的内力（如剪力、弯矩等）和变形（如挠度、裂缝等）的总称。由直接作用产生的效应，通常称为荷载效应。作用和作用效应是一种因果关系，故作用效应也具有随机性。

根据结构构件的连接方式（支承情形）、跨度、截面几何特性以及结构上的作用，可以用材料力学或结构力学方法算出作用效应。例如，当简支梁的计算跨度为l_0、截面刚度为B，荷载为均布荷载q时，则可知该简支梁的跨中弯矩M为$\frac{1}{8}ql_0^2$，支座边剪力V为$\frac{1}{2}ql_n$（l_n为净跨），跨中挠度为$5ql_0^4/384B$等。

3. 结构抗力

讲解视频：结构抗力

1）结构抗力的概念。

结构或结构构件承受作用效应的能力称为结构抗力，如构件的承载力、刚度、抗裂度等。结构抗力是结构内部固有的，其大小主要取决于材料性能、构件几何参数及计算模式的精确度等。

由于结构构件的制作误差和安装误差会引起结构几何参数的变异，结构材料由于材质和生产工艺等的影响，其强度和变形性能也会有差别（即使是同一工地按同一配合比制作的某一强度等级的混凝土、或是同一钢厂生产的同一种钢材，其强度和变形性能也不会完全相同），因此结构的抗力也具有随机性。

2）结构的功能函数。

讲解视频：极限状态方程

结构构件的工作状态可以用作用效应 S 和结构抗力 R 的关系式 $Z = g(S, R) = R - S$ 来描述，Z 称为结构工程函数。荷载效应 S 和结构抗力 R 均为随机变量，则函数 Z 也是一个随机变量。实际工程中，Z 可能出现以下三种情况：$Z > 0$ 即 $R > S$，结构处于可靠状态；$Z = 0$ 即 $R = S$，结构处于极限状态；$Z < 0$ 即 $R < S$，结构处于失效状态。

关系式 $g(S, R) = R - S = 0$ 称为极限状态方程。

1.2.2 建筑结构的极限状态

1. 安全等级与设计工作年限

1）结构的安全等级。

建筑物的重要程度是根据其用途决定的，不同用途的建筑物，发生破坏后所引起的生命财产损失是不一样的。《工程结构通用规范》（GB 55001—2021）中规定，结构设计时，应根据结构破坏可能产生后果的严重性，采用不同的安全等级，安全等级的划分应符合表 1-2-2 的规定。结构及其部件的安全等级不得低于三级。

表 1-2-2 安全等级的划分

安全等级	破坏后果	安全等级	破坏后果	安全等级	破坏后果
一级	很严重	二级	严重	三级	不严重

2）设计工作年限。

设计工作年限是设计时采用的一个期限值，在这个时间范围内，建筑结构在正常设计、正常施工、正常使用和维护条件下，各项功能可以保持正常运行（或运转）。结构设计时，应根据工程的使用功能、建造和使用维护成本以及环境影响等因素规定设计工作年限，并应符合下列规定：房屋建筑的结构设计工作年限不应低于表 1-2-3 的规定；永久性港口建筑物的结构设计工作年限不应低于 50 年。

表 1-2-3 房屋建筑的结构设计工作年限

类　别	设计工作年限（年）
临时性建筑结构	5
普通房屋和构筑物	50
特别重要的建筑结构	100

2. 结构的功能要求

讲解视频：结构的功能要求

结构的设计、施工和维护应使结构在规定的设计工作年限内以规定的可靠度满足规定的各项功能要求。结构应满足下列功能要求：能承受在施工和使用期间可能出现的各种作用；保持良好的使用性能；具有足够的耐久性能；当发生火灾时，在规定的时间内可保持足够的承载力；当发生爆炸、撞击、人为错误等偶然事件时，结构能保持必要的整体稳固性，不出现与起因不相称的破坏后果，防止出现结构的连续倒塌。结构的功能要求具体有如下三个方面：

1）安全性。

在正常施工和正常使用的条件下，结构应能承受可能出现的各种荷载作用和变形而不发生破坏；在偶然事件发生后，结构仍能保持必要的整体稳定性。例如，厂房结构平时受自重、起重机、风和积雪等荷载作用时，均应坚固不坏；而在遇到强烈地震、爆炸等偶然事件时，容许有局部的损伤，但应保持结构的整体稳定而不发生倒塌。

2）适用性。

在正常使用时，结构应具有良好的工作性能。如起重机梁变形过大会使起重机无法正常运行，水池出现裂缝便不能蓄水等，都影响正常使用，需要对变形、裂缝等进行必要的控制。

3）耐久性。

在正常维护的条件下，结构应能在预计的使用年限内满足各项功能要求，也即应具有足够的耐久性。例如，结构材料不致出现影响功能的损坏，钢筋混凝土构件的钢筋不致因保护层过薄或裂缝过宽而锈蚀等。安全性、适用性和耐久性又概括称为结构的可靠性，即结构在规定的时间内，在规定的条件下，完成预定功能的能力。

3. 结构功能的极限状态

讲解视频：结构的可靠性

结构能满足功能要求，称结构“可靠”或“有效”，否则称结构“不可靠”或“失效”。区别结构工作状态“可靠”与“失效”的界限就是“极限状态”。因此，整个结构或结构的一部分超过某一特定状态就不能满足设计规定的某一功能要求，此特定状态为该功能的极限状态。

《工程结构通用规范》（GB 55001—2021）规定结构极限状态可分为承载能力极限状态和正常使用极限状态。

1）承载能力极限状态。

讲解视频：承载能力极限状态

承载能力极限状态对应于结构或结构构件达到最大承载力或出现不适于继续承载的变形的状态。涉及人身安全及结构安全的极限状态应作为承载能力极限状态。当结构或结构构件出现下列状态之一时，应认为超过了承载能力极限状态：

（1）结构构件或连接因超过材料强度而破坏，或因过度变形而不适于继续承载；

（2）整个结构或其一部分作为刚体失去平衡；

（3）结构转变为机动体系；

（4）结构或结构构件丧失稳定；

（5）结构因局部破坏而发生连续倒塌；

（6）地基丧失承载力而破坏；

（7）结构或结构构件发生疲劳破坏。

2）正常使用极限状态。

正常使用极限状态对应于结构或结构构件达到正常使用的某项规定限值的状态。涉及结构或结构单元的正常使用功能、人员舒适性、建筑外观的极限状态应作为正常使用极限状态。当结构或结构构件出现下列状态之一时，应认为超过了正常使用极限状态：

（1）影响外观、使用舒适性或结构使用功能的变形；

（2）造成人员不舒适或结构使用功能受限的震动；

（3）影响外观、耐久性或结构使用功能的局部损坏。

工程设计时，一般先按承载力极限状态设计结构构件，再按正常使用极限状态验算。

1.2.3 极限状态设计表达式

建筑结构设计应根据使用过程中在结构上可能同时出现的荷载，按承载能力极限状态和正常使用极限状态分别进行荷载组合，并应取各自的最不利的组合进行设计。

1. 承载能力极限状态设计

讲解视频：承载能力极限状态设计

对于承载能力极限状态，应按荷载的基本组合或偶然组合计算荷载组合的效应设计值，并应采用下列设计表达式进行设计：

$$\gamma_0 S_d \leqslant R_d \tag{1-2-1}$$

式中 γ_0——结构重要性系数，应按各有关建筑结构设计规范的规定采用，不应小于表1-2-4中的规定；

S_d——荷载组合的效应设计值；

R_d——结构构件抗力的设计值，应按各有关建筑结构设计规范的规定确定。

表1-2-4 结构重要性系数γ_0

结构重要性系数	对持久设计状况和短暂设计状况			对偶然设计状况和地震设计状况
	安全等级			
	一级	二级	三级	
γ_0	1.1	1.0	0.9	1.0

结构作用应根据结构设计要求，按下列规定进行组合：

1）基本组合。

$$\sum_{i\geq 1}\gamma_{Gi}G_{ik}+\gamma_{p}P+\gamma_{Q1}\gamma_{L1}Q_{1k}+\sum_{j>1}\gamma_{Qj}\psi_{cj}\gamma_{Lj}Q_{jk} \tag{1-2-2}$$

讲解视频：荷载基本组合的效应设计值

式中 G_{ik}——第 i 个永久作用的标准值；

Q_{1k}——第 1 个可变作用（主导可变作用）的标准值；

Q_{jk}——第 j 个可变作用的标准值；

P——预应力作用的有关代表值；

γ_{Gi}——第 i 个永久作用的分项系数（按表 1-2-5 取值）；

γ_{Q1}——第 1 个可变作用（主导可变作用）的分项系数（按表 1-2-5 取值）；

γ_{Qj}——第 j 个可变作用的分项系数（按表 1-2-5 取值）；

γ_{p}——预应力作用的分项系数（按表 1-2-5 取值）；

ψ_{cj}——第 j 个可变作用的组合值系数（按表 1-2-1 取值）；

γ_{L1},γ_{Lj}——第 1 个和第 j 个考虑结构设计工作年限的荷载调整系数（按表 1-2-6 取值）。

表 1-2-5 房屋建筑结构的作用分项系数

作用类型	特征	分项系数
永久作用	当对结构不利时	不应小于 1.3
	当对结构有利时	不应大于 1.0
预应力	当对结构不利时	不应小于 1.3
	当对结构有利时	不应大于 1.0
可变作用	一般情况下，当对结构不利时	不应小于 1.5
	当对结构有利时	应取 0
	对标准值＞$4kN/m^2$ 的工业房屋楼面活荷载	不应小于 1.4
	当对结构不利时	应取 0

表 1-2-6 楼面和屋面活荷载考虑设计工作年限的调整系数

结构设计工作年限（年）	5	50	100
γ_L	0.9	1.0	1.1

注：当设计工作年限不为表中数值时，调整系数 γ_L 不应小于按线性内插确定的值。

2）偶然组合。

$$\sum_{i\geq 1}G_{ik}+P+A_{d}+(\psi_{f1}\text{或}\psi_{q1})Q_{1k}+\sum_{j>1}\psi_{qj}Q_{jk} \tag{1-2-3}$$

式中 A_d——偶然作用的代表值；

ψ_{f1}——第 1 个可变作用的频遇值系数；

ψ_{q1},ψ_{qj}——第 1 个和第 j 个可变作用的准永久值系数；

其他符号含义同前。

注：公式（1-2-2）～（1-2-3）依据《工程结构通用规范》（GB 55001—2021）。

【例 1.2.1】某办公楼钢筋混凝土简支梁，安全等级为二级，设计工作年限为 50 年，承受由梁自重引起的梁跨中弯矩标准值 50kN·m，梁可变荷载标准值分别为 3kN·m、5kN·m 和 6kN·m，试计算基本组合时的跨中弯矩设计值。

讲解视频：课堂练习

【解】查表 1-2-5 得永久作用的分项系数 $\gamma_G=1.3$，可变作用的分项系数 $\gamma_Q=1.5$，设计工作年限为 50 年，查表 1-2-6 得调整系数 $\gamma_L=1.0$，查表 1-2-1 得可变作用的组合值系数 $\psi_c=0.7$。根据题目已知信息 $G_k=50\text{kN}\cdot\text{m}$，$Q_{1k}=6\text{kN}\cdot\text{m}$，$Q_{2k}=5\text{kN}\cdot\text{m}$，$Q_{3k}=3\text{kN}\cdot\text{m}$，将系数和已知信息代入公式（1-2-2），

$$\sum_{i\geqslant1}\gamma_{Gi}G_{ik}+\gamma_pP+\gamma_{Q1}\gamma_{L1}Q_{1k}+\sum_{j>1}\gamma_{Qj}\psi_{cj}\gamma_{Lj}Q_{jk}$$

可得：基本组合时的跨中弯矩设计值

$$M_d=1.3\times50+1.5\times1.0\times6.0+1.5\times1.0\times0.7\times5.0+1.5\times1.0\times0.7\times3.0=82.4\text{kN}\cdot\text{m}$$

2. 正常使用极限状态设计

混凝土结构构件应根据其实用功能及外观要求，按下列规定进行正常使用极限状态验算：对需要控制变形的构件，应进行变形验算；对不允许出现裂缝的构件，应进行混凝土拉应力计算；对允许出现裂缝的构件，应进行受力裂缝宽度验算；对舒适度有要求的楼盖结构，应进行竖向自振频率验算。

规范规定，对于正常使用极限状态，应根据不同的设计要求，采用荷载的标准组合、频遇组合或准永久组合，并应按下列设计表达式进行设计：

$$S_d\leqslant C \tag{1-2-4}$$

式中 C——结构或结构构件达到正常使用要求的规定限值，如变形、裂缝、振幅、加速度、应力等的限值，应按各有关建筑结构设计规范的规定采用；

S——正常使用极限状态荷载效应组合设计值。

（1）荷载标准组合的效应设计值 S_d 应按下式进行计算：

$$S_d=\sum_{j=1}^{m}S_{G_jK}+S_{Q_1K}+\sum_{i=2}^{n}\psi_{C_i}S_{Q_iK} \tag{1-2-5}$$

（2）荷载频遇组合的效应设计值 S_d 应按下式进行计算：

$$S_d=\sum_{j=1}^{m}S_{G_jK}+\psi_{f_1}S_{Q_1K}+\sum_{i=2}^{n}\psi_{q_i}S_{Q_iK} \tag{1-2-6}$$

式中 ψ_{f_1}——可变荷载 Q_1 的频遇值系数；

ψ_{q_i}——可变荷载 Q_i 的准永久值系数。

（3）荷载准永久组合的效应设计值 S_d 应按下式进行计算：

$$S_d=\sum_{j=1}^{m}S_{G_jK}+\sum_{i=1}^{n}\psi_{q_i}S_{Q_iK} \tag{1-2-7}$$

式中符号意义同上文一致。

注：公式（1-2-4）～（1-2-7）依据《建筑结构荷载规范》（GB 50009—2012）。

拓展视频：荷载效应基本组合设计值案例

思考题

1.2.1　什么叫设计工作年限，在我国的规范中是如何划分建筑设计工作年限的？

1.2.2　结构在规定的设计工作年限内，应满足哪些功能要求？

1.2.3　什么是极限状态，极限状态包括哪几类？

1.2.4　什么是承载力极限状态，在哪种情况下可认为超过了承载力极限状态？

1.2.5　什么是正常使用极限状态，在哪种情况下可认为超过了正常使用极限状态？

在线测试：建筑结构基本设计原则

任务1.3　建筑结构抗震基本知识

知识目标

1. 了解地震的基本概念；
2. 熟悉地震震级与烈度；
3. 掌握建筑抗震设防目标、分类、标准。

能力目标

能读懂结构施工图纸中地震烈度及抗震等级。

素养目标

1. 通过观看地震宣传片，让学生敬畏自然、珍爱生命；
2. 养成时刻警惕、高度重视、切实防范的意识。

1.3.1　地震及其破坏作用

1. 地震成因和类型

1）地震的成因。

地震（英文：earthquake），又称地动、地震动，是地壳快速释放能量过程中造成的震动，期间会产生地震波的一种自然现象。地球上板块与板块之间相互挤压碰撞，造成板块边沿及板块内部产生错动和破裂，是引起地震的主要原因。地震开始发生的地点称为震源，震源正上方的地面称为震中。破坏性地震的地面震动最烈处称为极震区，极震区往往是震中所在的地区。

2）地震的类型。

（1）根据震动性质不同分类。

① 天然地震：指自然界发生的地震现象；

② 人工地震：由爆破、核试验等人为因素引起的地面震动。

动画演示：地震的类型

（2）按地震形成的原因分类。

① 构造地震：也叫断裂地震，是由于岩层断裂，发生变位错动，在地质构造上发生巨大变化而产生的地震。

② 火山地震：是由火山爆发产生的能量冲击引发的地壳震动。虽然这种地震有时可能相当强烈，但其影响范围通常仅限于火山附近的几十千米范围内，且发生频率较低，仅占地震次数的 7%左右，因此造成的危害相对较轻。

③ 陷落地震：是由地层陷落引起的地震。这种地震发生的次数更少，只占地震总次数的 3%左右，震级很小，影响范围有限，破坏力也相对较小。

④ 诱发地震：是在特定的地区因某种地壳外界因素诱发（如陨石坠落、水库蓄水、深井注水）而引起的地震。

⑤ 人工地震：是由地下核爆炸、炸药爆破等人为活动引起的地面震动。例如，工业爆破、地下核爆炸会引发震动，而在深井中进行高压注水及大水库蓄水后，地壳压力增加，有时也会诱发地震。

（3）根据震源深度进行分类。

① 浅源地震：震源深度小于 70km 的地震，大多数破坏性地震是浅源地震。

② 中源地震：震源深度为 60～300km。

③ 深源地震：震源深度在 300km 以上的地震，到目前为止，世界上纪录到的最深地震的震源深度为 786km。

在全球范围内，每年发生的地震所释放的能量中，约有 85%来自浅源地震，12%来自中源地震，而仅有 3%来自深源地震。

2. 地震的破坏作用

大地震动是地震最直观、最普遍的表现。地震常常导致严重的人员伤亡，并可能引起火灾、水灾、有毒气体泄漏、细菌及放射性物质扩散，还可能造成海啸、滑坡、崩塌、地裂缝等次生灾害。

1）直接灾害。

地震的直接灾害是地震的原生现象，如地震断层错动，以及地震波引起地面震动所造成的灾害。主要表现为地面的破坏，建筑物与构筑物的破坏，山体等自然物的破坏（如滑坡、泥石流等）。

地震时，最基本的现象是地面的连续震动，其主要特征是明显的晃动。在极震区，人们首先感受到的是上下跳动。这是因为地震波是从地内向地面传来的，纵波首先到达地面。随后，横波产生大振幅的水平方向的晃动，这是造成地震灾害的主要原因。地震灾害首先表现为对房屋和构筑物的破坏，这会造成人员伤亡和财产损失。

地震对自然界景观也会产生巨大影响，其主要后果是地面出现断层和地裂缝。大地震的地表断层往往绵延几十至几百千米，具有明显的垂直错距和水平错距，能够反映出震源处的构造变动特征（如浓尾大地震和旧金山大地震）。然而，并非所有地表断裂都直接与震源的运动相关联，它们也可能是由地震波造成的次生影响所引起的。地表沉积层较厚的地区，坡地边缘、河岸和道路两旁常常出现地裂缝，这往往是由于地形因素，在一侧没有依托的条件下晃动，使表土松垮和崩裂。地震的晃动会使表土下沉，而浅层的地下水受挤压会沿地裂缝上升至地表，形成喷沙冒水现象。大地震可能导致局部地形发生显著变化，或隆起，或沉降，使城乡道路坼裂、铁轨扭曲、桥梁折断。在现代化城市中，由于地下管道破裂和电缆被切断，将会造成停水、停电和通信受阻，煤气、有毒气体和放射性物质泄漏可能引发火灾和毒物、放射性污染等次生灾害。在山区，地震还可能引起山崩和滑坡，导致掩埋村镇的惨剧。崩塌的山石堵塞江河，在上游形成地震湖。

2）次生灾害。

地震的次生灾害是直接灾害发生后，自然或社会原有的平衡或稳定状态遭到破坏，从而引发的灾害。主要表现为火灾、海啸、瘟疫、滑坡和崩塌等。其中，火灾是最常见、最严重的次生灾害。

（1）火灾。

地震后，火灾多是因房屋倒塌后火源失控引起的。由于震后消防系统受损，社会秩序混乱，火势难以得到有效控制，因而往往酿成大灾。

（2）海啸。

地震时，海底地层会发生断裂，部分地层会猛烈上升或下沉，导致从海底到海面的整个水层发生剧烈的“抖动”，这就是地震海啸。

（3）瘟疫。

在强烈地震发生后，灾区的水源和供水系统往往遭到破坏或受到污染，导致灾区生活环境严重恶化，故极易引发流行疫病。

（4）滑坡和崩塌。

此类地震的次生灾害主要发生在山区和塬区，由于地震的强烈震动，原本处于不稳定状态的山崖或塬坡会发生崩塌或滑坡。这类次生灾害虽然局限于局部地区，但往往是毁灭性的，可能使整个村庄全被埋没。

此外，随着社会经济技术的发展，新的继发性灾害也随之产生，如通信事故、计算机事故等。这些灾害的发生与否以及灾害的规模大小，往往与社会条件密切相关。

3）破坏特点。

（1）地震成灾具有瞬时性。

地震是瞬间发生的，地震作用的时间非常短，最短只有十几秒，最长也不过两三分钟，就会造成山崩地裂，房倒屋塌，使人措手不及，人们很难在短时间内组织有效的抗御行动。

（2）地震造成大量伤亡。

地震使大量房屋倒塌，是造成人员伤亡的主要原因之一，尤其是当它发生在人们熟睡的夜晚。据不完全统计，二十世纪全球地震灾害死亡总人数超过 120 万人，其中，约 60% 的死亡是由抗震能力差的砖石房屋倒塌造成的。

1.3.2 震级与烈度

讲解视频：地震震级

1. 震级

震级是地震大小的一种度量，根据地震释放能量的多少来划分，用“级”来表示。震级的标度最初是由美国地震学家里克特（C.F.Richter）于 1935 年研究加利福尼亚地方性地震时提出的，规定以距震中 100km 处“标准地震仪”（或称“安德生地震仪”、周期 0.8s，放大倍数 2800，阻尼系数 0.8）所记录的水平向最大振幅（单振幅，以 μm 计）的常用对数为该地震的震级。后来发展为远台及非标准地震仪记录经过换算也可用来确定震级。

1）弱震。

震级小于 3 级，如果震源不是很浅，这种地震人们一般不易觉察。

2）有感地震。

震级大于或等于 3 级、小于或等于 4.5 级，这种地震人们能够感觉到，但一般不会造成破坏。

3）中强震。

震级大于 4.5 级、小于 6 级，属于可造成破坏的地震，但破坏轻重还与震源深度、震中距等多种因素有关。

4）强震。

震级大于或等于 6 级，其中震级大于或等于 8 级的又称为巨大地震。

里氏规模 4.5 级以上的地震可以在全球范围内监测到。

2. 烈度

讲解视频：地震烈度

同样大小的地震，造成的破坏不一定相同；同一次地震，在不同的地方造成的破坏也不同。为衡量地震破坏程度，科学家又“制作”了另一把“尺子”——地震烈度。在《中国地震烈度表》（GB/T 17742—2020）中，对人的感觉、一般房屋震害程度和其他现象进行了描述，可以作为确定烈度的基本依据，地震烈度表如表 1-3-1 所示。

表 1-3-1　地震烈度表

<table>
<tr><th rowspan="2">地震烈度</th><th colspan="3">评定指标</th></tr>
<tr><th>类　型</th><th>房屋震害程度</th><th>人的感觉</th></tr>
<tr><td>Ⅰ（1）</td><td>—</td><td>—</td><td>无感</td></tr>
<tr><td>Ⅱ（2）</td><td>—</td><td>—</td><td>室内个别静止中的人有感觉，个别较高楼层中的人有感觉</td></tr>
<tr><td>Ⅲ（3）</td><td>—</td><td>门、窗轻微作响</td><td>室内少数静止中的人有感觉，少数较高楼层中的人有明显感觉</td></tr>
<tr><td>Ⅳ（4）</td><td>—</td><td>门、窗作响</td><td>室内多数人、室外少数人有感觉，少数人睡梦中惊醒</td></tr>
<tr><td>Ⅴ（5）</td><td>—</td><td>门窗、屋顶、屋架颤动作响，灰土掉落，个别房屋墙体抹灰出现细微裂缝，个别老旧 A1 类或 A2 类房屋墙体出现轻微裂缝或原有裂缝扩展，个别屋顶烟囱掉砖，个别檐瓦掉落</td><td>室内绝大多数、室外多数人有感觉，多数人睡梦中惊醒，少数人惊逃户外</td></tr>
<tr><td rowspan="5">Ⅵ（6）</td><td>A1</td><td>少数轻微破坏和中等破坏，多数基本完好</td><td rowspan="5">多数人站立不稳，多数人惊逃户外</td></tr>
<tr><td>A2</td><td>少数轻微破坏和中等破坏，大多数基本完好</td></tr>
<tr><td>B</td><td>少数轻微破坏和中等破坏，大多数基本完好</td></tr>
<tr><td>C</td><td>少数或个别轻微破坏，绝大多数基本完好</td></tr>
<tr><td>D</td><td>少数或个别轻微破坏，绝大多数基本完好</td></tr>
<tr><td rowspan="5">Ⅶ（7）</td><td>A1</td><td>少数严重破坏和毁坏，多数中等破坏和轻微破坏</td><td rowspan="5">大多数人惊逃户外，骑自行车的人有感觉，行驶中的汽车驾乘人员有感觉</td></tr>
<tr><td>A2</td><td>少数中等破坏，多数轻微破坏和基本完好</td></tr>
<tr><td>B</td><td>少数中等破坏，多数轻微破坏和基本完好</td></tr>
<tr><td>C</td><td>少数轻微破坏和中等破坏，多数基本完好</td></tr>
<tr><td>D</td><td>少数轻微破坏和中等破坏，大多数基本完好</td></tr>
<tr><td rowspan="5">Ⅷ（8）</td><td>A1</td><td>少数毁坏，多数中等破坏和严重破坏</td><td rowspan="5">多数人摇晃颠簸，行走困难</td></tr>
<tr><td>A2</td><td>少数严重破坏，多数中等破坏和轻微破坏</td></tr>
<tr><td>B</td><td>少数严重破坏和毁坏，多数中等和轻微破坏</td></tr>
<tr><td>C</td><td>少数中等破坏和严重破坏，多数轻微破坏和基本完好</td></tr>
<tr><td>D</td><td>少数中等破坏，多数轻微破坏和基本完好</td></tr>
<tr><td rowspan="5">Ⅸ（9）</td><td>A1</td><td>大多数毁坏和严重破坏</td><td rowspan="5">行动的人摔倒</td></tr>
<tr><td>A2</td><td>少数毁坏，多数严重破坏和中等破坏</td></tr>
<tr><td>B</td><td>少数毁坏，多数严重破坏和中等破坏</td></tr>
<tr><td>C</td><td>多数严重破坏和中等破坏，少数轻微破坏</td></tr>
<tr><td>D</td><td>少数严重破坏，多数中等破坏和轻微破坏</td></tr>
<tr><td rowspan="3">Ⅹ（10）</td><td>A1</td><td>绝大多数毁坏</td><td rowspan="3">骑自行车的人会摔倒，处不稳状态的人会摔离原地，有抛起感</td></tr>
<tr><td>A2</td><td>大多数毁坏</td></tr>
<tr><td>B</td><td>大多数毁坏</td></tr>
</table>

续表

地震烈度	评定指标		
	类型	房屋震害程度	人的感觉
Ⅹ（10）	C	大多数严重破坏和毁坏	骑自行车的人会摔倒，处不稳状态的人会摔离原地，有抛起感
	D	大多数严重破坏和毁坏	
Ⅺ（11）	A1	绝大多数毁坏	—
	A2		
	B		
	C		
	D		
Ⅻ（12）	各类	几乎全部毁坏	—

一般情况下仅就烈度和震源、震级之间的关系来说，震级越大、震源越浅，烈度也越强。一般震中区的破坏最重，烈度最强，这个烈度称为震中烈度。从震中向四周扩展，地震烈度逐渐减弱。所以，一次地震只有一个震级，但它所造成的破坏程度在不同的地区是不同的。即一次地震可以划分出多个烈度不同的地区。这与一颗炸弹爆炸后，近处与远处破坏程度不同的道理是一样的。炸弹的炸药量可以比作震级，而炸弹对不同地点的破坏程度则可以比作烈度。

烈度不仅与震级有关，还与震源深度、地表地质特征等因素有关。通常来说，震源浅、震级大的地震虽然破坏面积较小，但震中区破坏程度较重；而震源较深、震级大的地震则会影响较大的面积，但震中区烈度相对较轻。

1.3.3 建筑抗震设防

1. 抗震设防烈度

抗震设防烈度是指按国家规定的权限批准作为一个地区抗震设防依据的地震烈度。一般情况下，取50年内超越概率10%的地震烈度。

2. 抗震设防目标

讲解视频：抗震设防目标

抗震设防的各类建筑与市政工程，其抗震设防目标应符合下列规定：

1）当遭遇低于本地区抗震设防烈度的多遇地震影响时，各类工程的主体结构和市政管网系统不受损坏或不需要修理可继续使用。

2）当遭遇相当于本地区抗震设防烈度的设防地震影响时，各类工程中的建筑物、构筑物、桥梁结构、地下工程结构等可能发生损伤，但经一般性修理可继续使用；市政管网的损坏应控制在局部范围内，不应造成次生灾害。

3）当遭遇高于本地区设防烈度的罕遇地震影响时，各类工程中的建筑物、构筑物、桥梁结构、地下工程结构等不致倒塌或发生危及生命的严重破坏；市政管网的损坏不致引发严重次生灾害，经抢修可快速恢复使用。

3. 抗震设防分类

讲解视频：抗震设防类别

抗震设防的各类建筑与市政工程，均应根据其遭受地震破坏后可能造成的人员伤亡经济损失、社会影响程度及其在抗震救灾中的作用等因素划分为下列 4 个抗震设防类别：

1）特殊设防类，应为使用有特殊要求的设施，涉及国家公共安全的重大建筑与市政工程和地震时可能发生严重次生灾害等特别重大灾害后果，需要进行特殊设防的建筑与市政工程，简称甲类。

2）重点设防类，应为地震时使用功能不能中断或需要尽快恢复的生命线相关建筑与市政工程，以及地震时可能导致大量人员伤亡等重大灾害后果，需要提高设防标准的建筑与市政工程，简称乙类。

3）标准设防类，应为除本条第 1）款、第 2）款、第 4）款以外按标准要求进行设防的建筑与市政工程，简称丙类。

4）适度设防类，应为使用上人员稀少且震损不造成次生灾害，允许在一定条件下适度降低设防要求的建筑与市政工程，简称丁类。

4. 抗震设防标准

讲解视频：抗震设防标准

各抗震设防类别建筑与市政工程，其抗震设防标准应符合下列规定：

1）特殊设防类，应按本地区抗震设防烈度提高一度的要求加强其抗震措施，但抗震设防烈度为 9 度时，应按比 9 度更高的要求采取抗震措施。同时，应按批准的地震安全性评价的结果且高于本地区抗震设防烈度的要求确定其地震作用。

2）重点设防类，应按本地区抗震设防烈度提高一度的要求加强其抗震措施，但抗震设防烈度为 9 度时，应按比 9 度更高的要求采取抗震措施，地基基础的抗震措施应符合有关规定。同时，应按本地区抗震设防烈度确定其地震作用。

3）标准设防类，应按本地区抗震设防烈度确定其抗震措施和地震作用，达到在遭遇高于当地抗震设防烈度的预估罕遇地震影响时，不致倒塌或发生危及生命安全的严重破坏的抗震设防目标。

4）适度设防类，允许比本地区抗震设防烈度的要求适当降低其抗震措施，但抗震设防烈度为 6 度时不应降低。一般情况下，仍应按本地区抗震设防烈度确定其地震作用。

5）当工程场地为一类时，对于特殊设防类和重点设防类工程，允许按本地区设防烈度的要求采取抗震构造措施；对标准设防类工程，抗震构造措施允许按本地区设防烈度降低一度，但不得低于 6 度的要求采用。

6）对于城市桥梁，其多遇地震作用应根据抗震设防类别的不同乘以相应的重要性系数进行调整。特殊设防类、重点设防类、标准设防类及适度设防类的城市桥梁，其重要性系数应分别不低于 2.0、1.7、1.3 和 1.0。

思考题

1.3.1 解释震级与烈度的含义，并说明两者的异同。

1.3.2 解释抗震设防烈度的含义。

1.3.3 我国抗震设防的目标是什么？

在线测试：建筑结构抗震基本知识

项目 2

混凝土构件

任务 2.1 混凝土结构材料

知识目标

1. 明确混凝土的强度类型、取值、计算指标和力学性能；
2. 明确钢筋的品种类型和力学性能；
3. 掌握钢筋和混凝土共同工作的原理。

能力目标

1. 能够对混凝土和钢筋进行强度取值；
2. 能够明确混凝土和钢筋的种类和力学性能；
3. 能够明确混凝土收缩与续变的概念和影响因素；
4. 能够掌握钢筋和混凝土共同工作的原理。

素养目标

1. 通过对混凝土结构设计大师事迹的学习，让学生感受榜样的力量，培养学生对混凝土结构的热爱；
2. 通过学习钢筋和混凝土力学性能，培养学生善于分析，勤于总结的学习习惯；
3. 通过掌握钢筋和混凝土共同工作的原理，引导学生对所学知识进行综合运用。

2.1.1 混凝土力学性能

讲解视频：混凝土的力学性能

1. 混凝土强度

1）混凝土立方体抗压强度。

混凝土强度等级应按立方体抗压强度标准值确定。用边长为 150mm 的立方体试件，在标准试验条件（温度为 20℃±2℃、湿度在 95%以上的标准养护室中）下养护，在 28d 或设计规定龄期以标准试验方法测得的具有 95%保证率的立方体抗压强度值，用符号 $f_{cu,k}$ 表示。

混凝土强度等级按立方体抗压强度标准值 $f_{cu,k}$ 确定。《混凝土结构设计规范》（GB 50010—2010）（2015 年版）按立方体抗压强度标准值的大小将混凝土分为 14 个强度等级，即 C15、C20、C25、C30、C35、C40、C45、C50、C55、C60、C65、C70、C75、C80，其中 C 代表混凝土，C 后面的数字表示混凝土立方体抗压强度标准值，单位为 N/mm^2。如 C30 表示混凝土立方体抗压强度标准值 $f_{cu,k}=30N/mm^2$。C50～C80 为高强度等级混凝土。

2）混凝土的轴心抗压强度。

实际工程中，混凝土结构构件的形状、大小、受力情况及所处的环境与混凝土立方体试件的情况完全不同。受压构件通常不是立方体而是棱柱体，所以采用棱柱体试件比立方体试件更能反映混凝土的实际抗压性能。

我国采用 150mm×150mm×300mm 的棱柱体作为标准试件，在标准条件下养护至 28d 龄期，按照标准试验方法测得轴心抗压强度。具有 95%保证率的混凝土轴心抗压强度称为混凝土轴心抗压强度标准值，用符号 f_{ck} 表示。

3）混凝土的轴心抗拉强度。

混凝土轴心抗拉强度可采用圆柱体或立方体的劈裂试验来间接测定。混凝土的轴心抗拉强度标准值用 f_{tk} 表示。

混凝土强度设计值由强度标准值除以混凝土材料分项系数 γ_c 确定。规范规定 $\gamma_c=1.40$。f_c 表示混凝土轴心抗压强度设计值，f_t 表示混凝土的轴心抗拉强度设计值。各个强度等级的混凝土强度取值如表 2-1-1 所示。

表 2-1-1 混凝土强度

强度		f_{ck}	f_{tk}	f_c	f_t	E_c（$\times10^4N/mm^2$）
混凝土强度等级（N/mm^2）	C15	10.0	1.27	7.2	0.91	2.20
	C20	13.4	1.54	9.6	1.10	2.55
	C25	16.7	1.78	11.9	1.27	2.80
	C30	20.1	2.01	14.3	1.43	3.00
	C35	23.4	2.20	16.7	1.57	3.15
	C40	26.8	2.39	19.1	1.71	3.25
	C45	29.6	2.51	21.1	1.80	3.35

续表

强　度		f_{ck}	f_{tk}	f_c	f_t	E_c（$\times10^4$N/mm²）
混凝土强度等级（N/mm²）	C50	32.4	2.64	23.1	1.89	3.45
	C55	35.5	2.74	25.3	1.96	3.55
	C60	38.5	2.85	27.5	2.04	3.60
	C65	41.5	2.93	29.7	2.09	3.65
	C70	44.5	2.99	31.8	2.14	3.70
	C75	47.4	3.05	33.8	2.18	3.75
	C80	50.2	3.11	35.9	2.22	3.80

2. 混凝土的变形

混凝土的变形有两类：一类是由荷载作用引起的受力变形，包括一次短期荷载、重复荷载作用下的变形和长期荷载作用下的变形；另一类是由非荷载作用引起的体积变形。

1）混凝土在荷载作用下的变形。

（1）混凝土在一次短期荷载作用下的 σ-ε 曲线。

混凝土在一次短期荷载作用下的 σ-ε 曲线能很好地反映混凝土的强度和变形性能，并作为结构构件承载力计算的理论依据。混凝土在一次短期荷载作用下的 σ-ε 曲线如图 2-1-1 所示，其大致分为四个阶段，各个阶段的名称、曲线特殊点及变形特征如表 2-1-2 所示。

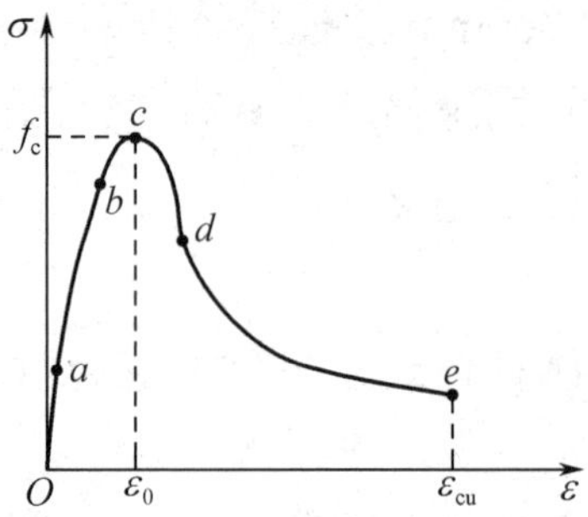

图 2-1-1　混凝土在一次短期荷载作用下的 σ-ε 曲线

动画演示：混凝土在一次短期荷载作用下的 σ-ε 曲线

表 2-1-2　混凝土在一次短期荷载作用下的 σ-ε 曲线各阶段特征

变化阶段	曲线特殊点		变形特征
O-*a*（弹性阶段）	*a*：比例极限点		弹性变形，应力应变变化成正比
a-*b*（弹塑性阶段）	*b*：临界点（$\sigma>0.8f_c$）		材料呈现出一定的塑性变形，应变的增长比应力快
b-*c*（裂缝不稳定阶段）	*c*	峰值应力（$\sigma=f_c$）	水泥胶体的黏性流动以及混凝土内部的初始微裂缝的开展，新裂缝相继产生，混凝土塑性变形显著增大
		峰值应变（$\varepsilon_0=0.002$）	
c-*e*（破坏阶段）	*e*：极限应变（$\varepsilon_{cu}=0.0033$）		随着应变的增大，应力反而减小，混凝土最终被破坏

混凝土在应力很小（$\sigma_c\leqslant0.3f_c$）时才存在弹性模量。通常取混凝土在一次短期荷载作用下的 σ-ε 曲线原点的切线斜率作为混凝土的弹性模量，用 E_c 表示，单位为 N/mm²。《混凝土结构设计规范》（GB50010—2010）（2015 年版）中各种不同强度等级混凝土的弹性模

量的计算公式为

$$E_c = \frac{1.0\times10^5}{2.2+34.7/f_{cu,k}} \tag{2-1-1}$$

混凝土弹性模量可以通过表 2-1-1 查得。

（2）混凝土在长期荷载作用下的变形。

混凝土在长期荷载作用下（应力不变），其应变随时间增长而继续增加的现象，称为混凝土的徐变。混凝土的徐变将导致构件刚度降低，将引起预应力混凝土构件的预应力损失。试验资料表明，混凝土在长期荷载作用下，徐变先快后慢，通常在最初 6 个月内可完成最终徐变量的 70%～80%，12 个月内大约完成徐变总量的 90%，其余部分则在后续几年内逐渐完成。

关于徐变产生的原因，目前尚无统一解释，通常可以这样理解：一是混凝土中的水泥凝胶体在荷载作用下产生黏性流动，并把它所承受的压力逐渐转给骨料，使骨料压应力增大，试件变形也随之增大；二是混凝土内部的微裂缝在荷载长期作用下不断发展和增加，使徐变增大。当应力不大时，徐变的发展以第一种原因为主；当应力较大时，则以第二种原因为主。

混凝土的徐变现象对混凝土结构构件的性能有很大影响，会导致构件刚度降低，加大构件的变形，在钢筋混凝土构件中引起截面应力重分布，在预应力混凝土结构中，则会引起预应力损失，从而降低构件的使用性能。但徐变能消除钢筋混凝土内的应力集中，使应力较均匀地重新分布；对大体积混凝土，徐变能消除一部分由于温度变形所产生的破坏应力。

影响混凝土的徐变的主要因素有：

① 水泥用量越多，水灰比越高，徐变越大；

② 骨料级配越好，骨料的强度及弹性模量越高，徐变越小；

③ 构件养护条件越好，徐变越小；

④ 构件受到的压应力越大，徐变越大；

⑤ 构件受力前的强度越高，徐变越小。

2）混凝土在非荷载作用下的变形。

混凝土在空气中结硬，体积减小的现象称为混凝土的收缩。混凝土的收缩变形随时间而增长，初期的收缩变形发展较快，前一个月大约可以完成全部收缩的 50%，三个月之后收缩就很缓慢，一般两年后收缩就可以完成。

混凝土收缩的主要原因：混凝土硬化初期水与水泥的水化反应产生的凝缩和混凝土内的自由水蒸发产生的干缩。

引起混凝土收缩的因素：水泥强度高、水泥用量多、水灰比大，则混凝土收缩量大，骨料粒径大、混凝土级配好、弹性模量大，则混凝土收缩量小；混凝土在结硬和使用过程中，周围环境的湿度大，则收缩量小；当混凝土在较高的气温条件下浇筑时，其表面的水分容易蒸发而出现过大的收缩变形从而过早的开裂，因此，混凝土的早期养护是非常重要的。

混凝土的收缩对钢筋混凝土构件是不利的。混凝土的收缩会使混凝土中产生收缩应力，过大的收缩应力会导致混凝土的表面或内部产生裂缝。在结构中设置温度收缩缝可以减少收缩应力，在构件中通过设置构造钢筋会使收缩应力均匀，可以避免发生集中的大裂缝。

3. 混凝土选用

《混凝土结构设计规范》规定：素混凝土结构的强度等级不应低于 C20；钢筋混凝土结构的混凝土强度等级不应低于 C25；采用强度等级 500MPa 及以上钢筋时，混凝土强度等级不应低于 C30；预应力混凝土结构的混凝土强度等级不宜低于 C40，且不应低于 C30；承受重复荷载的钢筋混凝土构件，混凝土强度等级不应低于 C30。抗震等级不低于二级的钢筋混凝土结构构件，混凝土强度等级不应低于 C30。

2.1.2 钢筋力学性能

讲解视频：钢筋的力学性能

钢筋是建筑工程中不可或缺的重要建筑材料，广泛应用于钢筋混凝土结构和预应力混凝土结构中。这些结构对钢筋的要求包括：具有较高的强度、较好的塑性变形能力、良好的加工工艺性能，以及与混凝土有较高的黏结力。

1. 钢筋的品种

钢筋按生产加工工艺和力学性能的不同，可分为热轧钢筋、冷加工钢筋、热处理钢筋和钢丝。

1）热轧钢筋。

热轧钢筋是由低碳钢、普通低合金钢在高温状态下轧制而成的。热轧钢筋依据其强度不同分为 HPB300、HRB400、HRB500、HRBF400、HRBF500、RRB400 等级别。其中：HPB300 级钢筋是指强度级别为 300MPa 的普通热轧光圆钢筋，其符号为 Φ，规格限于直径 6～14mm；HRB400 级钢筋是指强度级别为 400MPa 的普通热轧带肋钢筋，其符号为 Ф；HRBF400 级钢筋是指强度级别为 400MPa 的细晶粒热轧带肋钢筋；RRB 系列余热处理钢筋是指热轧后立即穿水，进行表面控制冷却，然后利用芯部余热自身完成回火处理所得的成品钢筋。

2）冷加工钢筋。

冷加工钢筋包括冷拉钢筋、冷拔钢筋、冷轧带肋钢筋等。钢筋经过冷加工，其内部组织晶格发生变化，从而提高了钢筋的屈服强度和极限强度，同时塑性有所降低。需要强调的是：冷拉只能提高钢筋的抗拉强度，无法提高钢筋的抗压强度；需要焊接的钢筋应先焊接后再进行冷拉。

3）热处理钢筋。

热处理钢筋是将特定强度的热轧钢筋经过加热、淬火和回火等调制工艺处理后得到的钢筋。热处理后的钢筋强度得到较大幅度的提高，但其塑性降低的不多。

4）钢丝。

结构用钢丝包括中强度预应力钢丝、消除应力钢丝及钢绞线。钢丝的强度较高，塑性较差，其变形特点为无明显屈服点，一般用于预应力混凝土结构。

2. 钢筋的选用

纵向受力普通钢筋可采用 HPB300、HRB400、HRB500、HRBF400、HRBF500、RRB400 级钢筋；梁、柱和斜撑构件的纵向受力普通钢筋宜采用 HRB400、HRB500、HRBF400、HRBF500 级钢筋。

箍筋宜采用 HPB300、HRB400、HRB500、HRBF400、HRBF500 级钢筋。

预应力筋宜采用预应力钢丝、钢绞线和预应力螺纹钢筋。

3. 钢筋的力学性能

混凝土结构中所用的钢筋可以分为两类：一类是有明显屈服点的钢筋，另一类是无明显屈服点的钢筋。

1）有明显屈服点的钢筋。

有明显屈服点的钢筋的 σ-ε 曲线如图 2-1-2 所示，其大致分为四个阶段，各个阶段的名称、曲线特殊点及变形特征如表 2-1-3 所示。

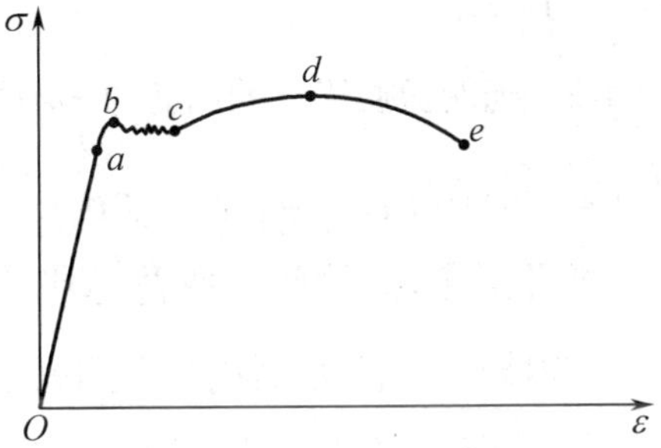

动画演示：有明显屈服点的钢筋

图 2-1-2　有明显屈服点的钢筋的 σ-ε 曲线

表 2-1-3　有明显屈服点的钢筋的 σ-ε 曲线各阶段特征

变化阶段	曲线特殊点	变形特征
O-b（弹性阶段）	*a*：比例极限点	弹性变形，应力应变变化成正比，*O-a* 段为纯弹性阶段，材料处于弹性阶段，*a-b* 段的应变比应力增大得快，钢筋表现出塑性性质
b-c（屈服阶段）	*b*：屈服点（屈服强度）（钢筋强度设计依据）*b-c*：“屈服台阶”	应力即使不增大，应变也继续增大，材料产生纯塑性变形
c-d（强化阶段）	*d*：极限抗拉强度	随着应力的增大，变形随之增大
d-e（破坏阶段）	*e*：极限应变（伸长率）（衡量钢筋塑性变形的指标）	在拉力作用下出现颈缩而断裂

屈服强度是钢筋强度设计时的主要依据，这是因为构件中的钢筋应力达到屈服点后，

钢筋将产生很大的塑性变形，即使卸去荷载也不能恢复，这会使构件产生很大的裂缝和变形，导致不能使用。

2）无明显屈服点的钢筋。

无明显屈服点的钢筋的 σ-ε 曲线如图 2-1-3 所示。当应力超过比例极限以后，虽然钢筋表现出越来越明显的塑性性质，但应力和应变都仍然持续增大，直到极限抗拉强度，曲线上没有出现明显流幅。这种钢筋的强度较高，塑性性能较差。在结构设计中，通常取残余应变为 0.2%时所对应的应力 $\sigma_{0.2}$ 作为无明显屈服点钢筋的强度标准值，称为“条件屈服强度”。《混凝土结构设计规范》（GB50010—2010）（2015 年版）规定：$\sigma_{0.2} = 0.85\sigma_b$（$\sigma_b$ 为无明显屈服点的钢筋的极限抗拉强度）。

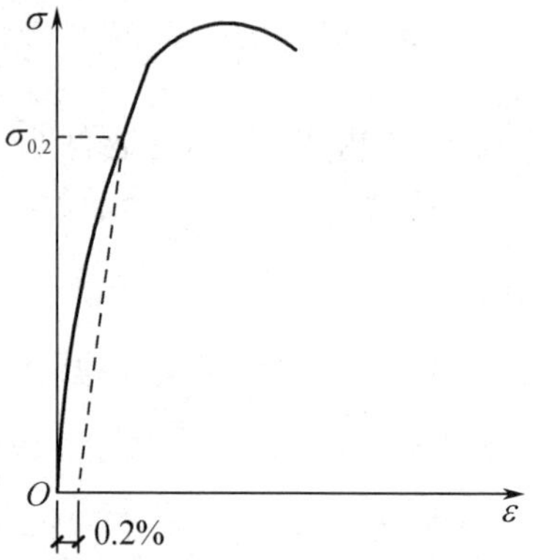

图 2-1-3　无明显屈服点的钢筋的 σ-ε 曲线

钢筋混凝土结构按承载能力设计计算时，钢筋应采用强度设计值，强度设计值为强度标准值除以材料的分项系数 γ_s，按不同钢材种类，取值范围为 $\gamma_s = 1.10$～1.20。钢筋的弹性模量 E_s 取其比例极限应力与应变的比值。各种钢筋受拉和受压时的弹性模量相同。常见的各个强度等级的钢筋强度及弹性模量取值如表 2-1-4 所示。

表 2-1-4　钢筋强度及弹性模量

种　类	符号	普通钢筋强度（N/mm²）			弹性模量
		标准值 f_{yk}	抗拉强度设计值 f_t	抗压强度设计值 f_y'	E_s（10^5 N/mm²）
HPB300	Φ	300	270	270	2.1
HRB400	Φ				2.0
HRBF400	$Φ^F$	400	360	360	2.0
RRB400	$Φ^R$				2.0
HRB500	Φ	500	435	410	2.0
HRBF500	$Φ^F$				2.0

3）钢筋的塑性。

钢筋除了要有足够的强度，还应具有一定的塑性变形能力。通常用钢筋断后伸长率和冷弯性能两个指标衡量钢筋的塑性。冷弯是将直径为 d 的钢筋绕直径为 D 的弯芯弯曲到规定的角度后无裂纹、断裂及起层现象，则表示合格。弯芯的直径 D 越小，弯转角越大，说明钢筋的塑性越好。钢筋断后伸长率越大，塑性越好。

钢筋断后伸长率只能反映钢筋断口颈缩区域残余变形的大小，而且不同标距长度 l_0 得到的伸长率结果不一致；另外在计算中忽略了钢筋的弹性变形，因此它不能反映钢筋受力时的总体变形能力，也容易产生人为误差。鉴于钢筋及预应力钢筋对结构安全的重要性，我国《混凝土结构设计规范》（GB50010—2010）（2015 年版）参考国际标准列入钢筋最大力作用下（延性）总伸长率 δ_{gt}，以提高混凝土结构的变形能力和抗震性能。

2.1.3 混凝土和钢筋共同工作的原理

讲解视频：混凝土和钢筋共同工作的原理

动画演示：钢筋与混凝土黏结作用的构造措施展示

动画演示：混凝土浇筑

钢筋和混凝土是两种物理力学性质完全不同的材料，两者之所以可以一起工作，主要有以下原因。

1. 共同受力

钢筋与混凝土之间有足够的黏结力，这也是钢筋和混凝土能够共同工作的主要原因。试验证明，钢筋和混凝土之间的黏结力，主要由以下三个部分组成：

1）化学胶结力。

混凝土在结硬过程中，水泥胶体与钢筋间产生吸附胶结作用。一般来说，混凝土强度等级越高，胶结力越大。

2）摩擦力。

混凝土的收缩使钢筋周围的混凝土握裹在钢筋上，当钢筋和混凝土之间出现相对滑动的趋势时，其接触面上将产生摩擦力。

3）机械咬合力。

由于钢筋表面粗糙不平所产生的机械咬合作用，如图 2-1-4 所示。机械咬合力占总黏结力的 50%以上，变形钢筋的机械咬合力远大于光面钢筋的机械咬合力。

（a）光圆钢筋　（b）螺纹钢筋　（c）人字纹钢筋　（d）月牙纹钢筋

图 2-1-4　钢筋外形

2. 大致相同的温度变形

钢筋与混凝土的温度线膨胀系数基本相等，钢筋为1.2×10^{-5}/℃、混凝土为（1.0～1.5）×10^{-5}/℃，当温度产生变化时，钢筋与混凝土的变形基本相同，不会产生较大的变形差来破坏钢筋混凝土的整体性。

3. 足够的耐久性

钢筋外有足够的混凝土保护层厚度，可以有效防止钢筋锈蚀，保证混凝土结构的耐久性。

思考题

2.1.1 混凝土的强度等级是怎样确定的？如何进行混凝土的强度选用？

2.1.2 如何查表确定混凝土和钢筋的强度值？

2.1.3 钢筋的品种有哪些？如何进行选用？

2.1.4 有明显屈服点钢筋的 σ-ε 曲线有哪些变化阶段？各个阶段的变化特征与特殊点有哪些？

2.1.5 钢筋与混凝土能够共同工作的原因是什么？

在线测试：混凝土结构材料

任务2.2 钢筋混凝土受弯构件

知识目标

1. 了解结构中受弯构件类型；
2. 掌握梁跟板的一般构造要求；
3. 明确混凝土保护层的概念与保护层最小厚度的取值方法；
4. 明确截面有效高度的计算方法；
5. 明确钢筋锚固的含义及确定方法；
6. 理解钢筋的连接；
7. 掌握受弯构件正截面的破坏形式，明确适筋梁工作的三个阶段；
8. 掌握单筋矩形截面梁正截面承载力的计算；
9. 了解钢筋混凝土受弯构件斜裂缝的形成；
10. 明确矩形截面梁沿斜截面破坏的三种形式。

能力目标

1. 能够辨别结构中受弯构件类型；

2. 能够掌握梁跟板的一般构造要求；

3. 能够对混凝土保护层最小厚度进行取值；

4. 能够对截面有效高度的进行计算；

5. 能够明确钢筋锚固的含义并进行取值确定；

6. 能够理解钢筋的连接；

7. 能够掌握受弯构件正截面的破坏形式，明确适筋梁工作的三个阶段；

8. 能够对单筋矩形截面梁正截面承载力进行计算；

9. 能够理解钢筋混凝土受弯构件斜裂缝的形成原因；

10. 能够明确矩形截面梁沿斜截面破坏的三种形式。

素养目标

1. 通过明确受弯构件在工程中的应用及重要性，培养学生结合工程背景进行学习和应用的能力；

2. 通过学习受弯构件计算中涉及基本原理及方法，培养学生运用计算解决实际工程问题的习惯。

2.2.1 一般构造要求

在建筑结构中，梁和板是最常见的受弯构件。常见梁的截面形式有矩形、T 形、工字形；板的截面形式有矩形实心板和空心板等，如图 2-2-1 所示。

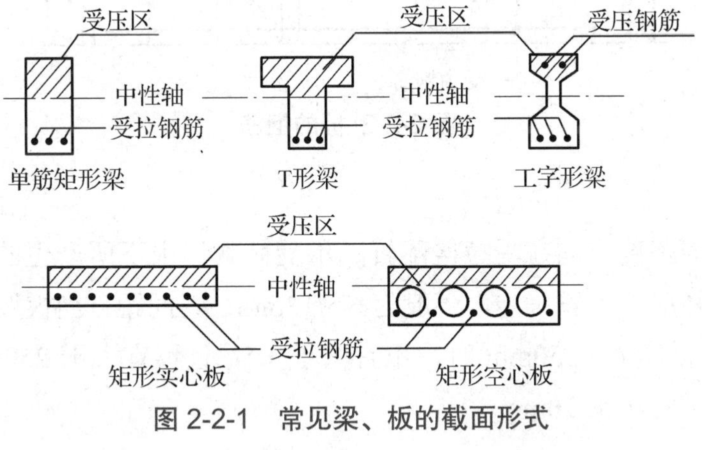

图 2-2-1 常见梁、板的截面形式

讲解视频：板的一般构造要求

1. 板的一般构造

1）板的厚度。

板的厚度应满足承载力、刚度和抗裂的要求。板的跨厚比：钢筋混凝土单向板不大于

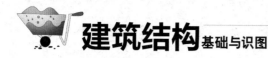

30mm，双向板不大于 40mm；无梁支承的有柱帽板不大于 35mm，无梁支承的无柱帽板不大于 30mm。预应力板可适当增加，当板的荷载、跨度较大时，宜适当减小。现浇钢筋混凝土板的厚度不应小于表 2-2-1 规定的数值。

表 2-2-1　现浇钢筋混凝土板的最小厚度

板 的 类 别		最小的厚度/mm
实心楼板、屋面板		80
密肋楼盖	上、下面板	50
	肋高	250
悬臂板（固定端）	悬臂长度不大于 500mm	80
	悬臂长度 1200mm	100
无梁楼板		150
现浇空心楼盖		200

2）板内钢筋。

板的钢筋有受力钢筋和分布钢筋，如图 2-2-2 所示。

三维仿真：板内钢筋展示

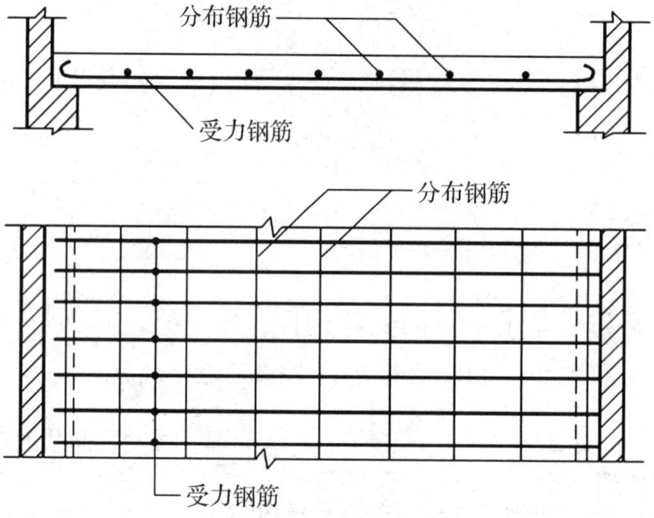

图 2-2-2 板的钢筋

（1）受力钢筋。

受力钢筋沿板的跨度方向在受拉区配置，承受荷载作用下所产生的拉力。

受力钢筋的直径应经计算确定，一般为 6～12mm，其间距：当板厚 $h \leqslant 150$mm 时，不宜大于 200mm；当板厚 $h > 150$mm 时，不宜大于 $1.5h$ 且不宜大于 250mm。为了保证施工质量，钢筋间距也不宜小于 70mm。

（2）分布钢筋。

分布钢筋布置在受力钢筋的内侧，与受力钢筋垂直。分布钢筋的作用：将板上荷载分散到受力钢筋上；固定受力钢筋的位置；抵抗混凝土收缩和温度变化产生的沿分布钢筋方向的拉应力。

板中单位宽度上分布钢筋的截面面积不宜小于单位宽度上受力钢筋截面面积的 15%且配筋率不宜小于 0.15%；其直径不宜小于 6mm，间距不宜大于 250mm。

2. 梁的一般构造

1）梁截面尺寸。

梁的截面尺寸由梁的截面宽度，简称梁宽（b）与截面高度，梁高（h）组成，以 $b \times h$ 的形式表示，如图 2-2-3 所示，其截面尺寸为 300mm × 600mm。

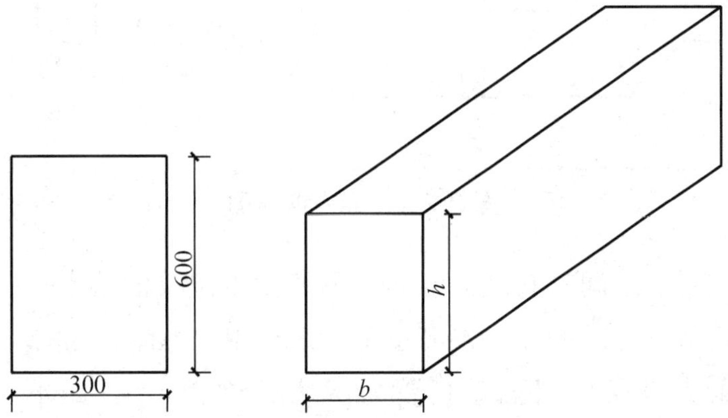

图 2-2-3　梁截面尺寸

讲解视频：梁的一般构造要求

梁的截面高度（梁高）h 可根据跨度要求按高跨比 h/l 来估计。对于一般荷载作用下的梁，梁高应不小于表 2-2-2 中规定的最小截面高度。为了统一模板尺寸和便于施工，当梁高 $h \leqslant 800$mm 时，以 50mm 为模数，当梁高 $h > 800$mm 时，以 100mm 为模数。

表 2-2-2　梁的最小截面高度

单位：mm

序　号	构件种类		简　支　梁	两端连续梁	悬　臂　梁
1	整体肋形梁	次梁	l/15	l/20	l/8
		主梁	l/12	l/15	l/6
2	独立梁		l/12	l/15	l/6

梁的截面宽度（梁宽）b 一般可根据梁高 h 来确定，通常取梁宽 $b = (1/3 \sim 1/2)h$。常用的梁宽为 150mm、200mm、250mm、300mm，一般级差取 50mm。在现浇钢筋混凝土结构中，主梁的截面宽度不宜小于 200mm，次梁的截面宽度不宜小于 150mm。

2）梁内钢筋。

梁中配置的钢筋包括纵向受力钢筋、弯起钢筋、箍筋、架立钢筋和纵向构造钢筋等，如图 2-2-4 所示。

三维仿真：梁内钢筋展示

（1）纵向受力钢筋。

纵向受力钢筋的主要作用是承受由弯矩产生的拉力，根据在梁内的位置又分为上部纵筋、下部纵筋和支座负筋，常用直径为 12～25mm。当梁高 $h \geqslant 300$mm 时，其直径不应小于 10mm；当 $h < 300$mm 时，其直径不应小于 8mm。

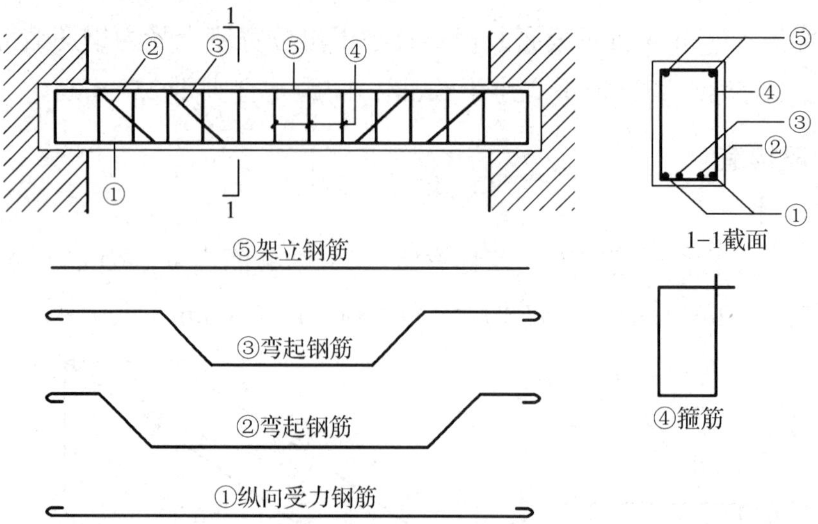

图 2-2-4 梁内钢筋图

为保证钢筋与混凝土之间具有足够的黏结力和便于浇筑混凝土，梁上部纵向受力钢筋水平方向的净距不应小于 30mm 和 $1.5d_{max}$（d_{max} 为纵向受力钢筋的最大直径），下部纵向受力钢筋水平方向的净距不应小于 25mm 和 d_{max}。梁下部纵向受力钢筋配置多于 2 层时，2 层以上钢筋水平方向的中距应比下面 2 层的中距增大 1 倍。各层钢筋之间的净距不应小于 25mm 和 d_{max}，如图 2-2-5 所示。

为了解决粗钢筋及配筋密集引起的设计、施工困难等问题，在梁的配筋密集区域可采用并筋的配筋形式。直径 28mm 及以下的钢筋并筋数量不应超过 3 根；直径 32mm 的钢筋并筋数量宜为 2 根；直径 36mm 及以上的钢筋不应采用并筋。并筋应按单根等效钢筋进行计算，等效钢筋的等效直径应按截面面积相等的原则换算确定。

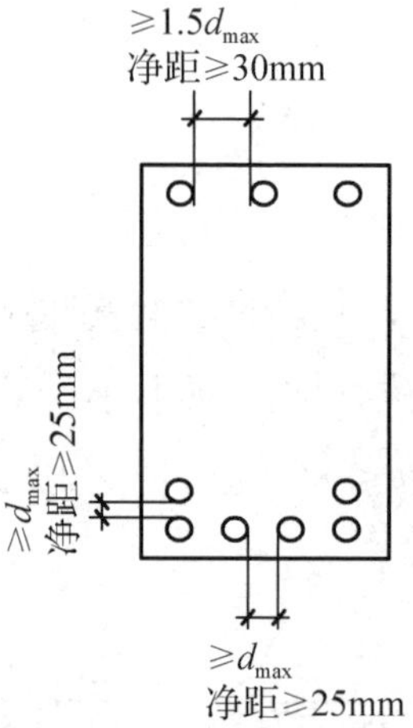

图 2-2-5 纵向受力钢筋净距示意图

（2）弯起钢筋。

纵向受力钢筋的主要作用是承受由弯矩产生的拉力，弯起钢筋一般由纵向受力钢筋弯起而成。弯起钢筋的作用：弯起段用来承受弯矩和剪力产生的主拉应力；弯起后的水平段可承受支座处的负弯矩。弯起钢筋的弯起角度：当梁高 $h \leqslant 800$mm 时，采用 45°；当梁高 $h > 800$mm 时，采用 60°。

（3）箍筋。

箍筋主要用来承受剪力，同时还固定纵向受力钢筋并和其他钢筋一起形成钢筋骨架。梁中的箍筋应按计算确定，如按计算不需要时，则应按《混凝土结构设计规范》(GB50010—2010)（2015 年版）规定的构造要求配置箍筋。

箍筋的最小直径与梁高有关：当梁高 $h \leqslant 800$mm 时，不宜小于 6mm；当 $h > 800$mm 时，不宜小于 8mm。梁中配有计算需要的纵向受压钢筋时，箍筋直径尚不应小于 $d_{max}/4$（d_{max} 为受压钢筋最大直径）。

箍筋分开口式和封闭式两种形式，开口式只用于无振动荷载或开口处无受力钢筋的现浇 T 形梁的跨中部分，除此之外均应采用封闭式。

箍筋一般采用双肢；当梁宽 $b \leqslant 150$mm 时，用单肢箍；当梁宽 $b > 400$mm 且在一层内纵向受压钢筋多于 3 根，或当梁宽 $b \leqslant 400$mm 且一层内纵向受压钢筋多于 4 根时，应设置四肢箍（由 2 个双肢箍筋组成，也称复合箍筋），箍筋的肢数和形式如图 2-2-6 所示。

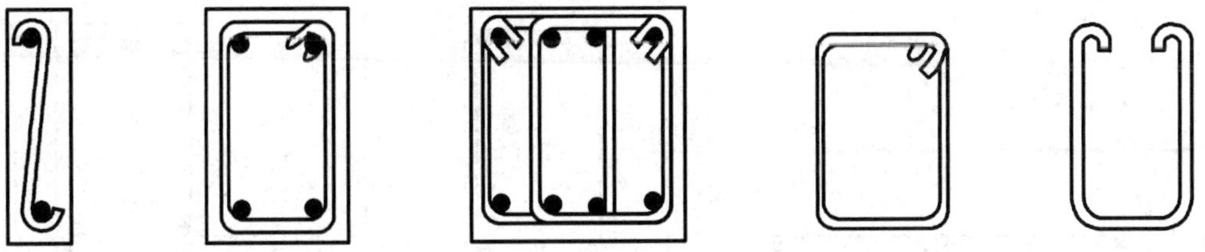

图 2-2-6　箍筋的肢数和形式

（4）架立钢筋。

架立钢筋设置在梁的受压区，用来固定箍筋和形成钢筋骨架。若受压区配有纵向受力钢筋，则可不再配置架立钢筋。架立钢筋的直径与梁的跨度有关：当跨度小于 4m 时，不宜小于 8mm；当跨度为 4～6m 时，不应小于 10mm；当跨度大于 6m 时，不宜小于 12mm。

（5）纵向构造钢筋。

当梁的腹板高度 $h_w \geqslant 450$mm 时，在梁的两个侧面应沿高度配置纵向构造钢筋，如图 2-2-7 所示每侧纵向构造钢筋（不包括梁上部、下部受力钢筋及架立钢筋）的截面面积不应小于腹板截面面积 $b \times h_w$ 的 0.1%，但当梁宽较大时可以适当放松，且其间距不宜大于 200mm。此处，腹板高度 h_w 对矩形截面，取有效高度；对 T 形截面，取有效高度减去翼缘高度；对工字形截面，取腹板净高。

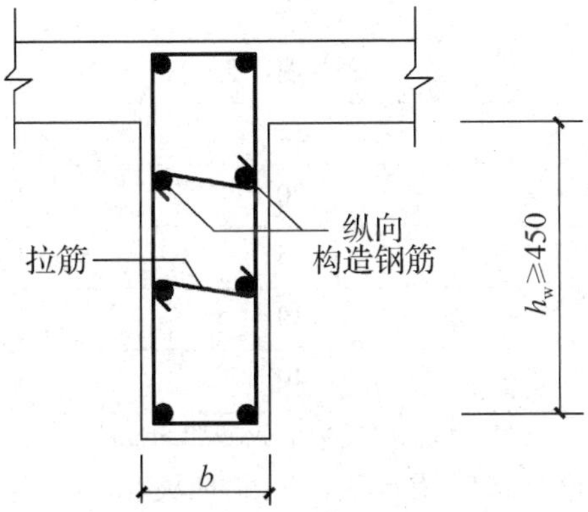

图 2-2-7　纵向构造钢筋

讲解视频：混凝土保护层厚度

3. 混凝土保护层和截面有效高度

1）混凝土保护层。

为防止钢筋锈蚀和保证钢筋与混凝土的黏结，梁、板的受力钢筋均应有足够的混凝土保护层厚度。

混凝土保护层指结构构件中钢筋（包括箍筋、构造筋、分布筋等）外边缘至构件表面范围用于保护钢筋的混凝土，如图 2-2-8 所示。构件中受力钢筋的混凝土保护层厚度不应小于受力钢筋的直径（单筋的公称直径或并筋的等效直径），且应符合表 2-2-3 的规定。混凝土结构环境类别如表 2-2-4 所示。

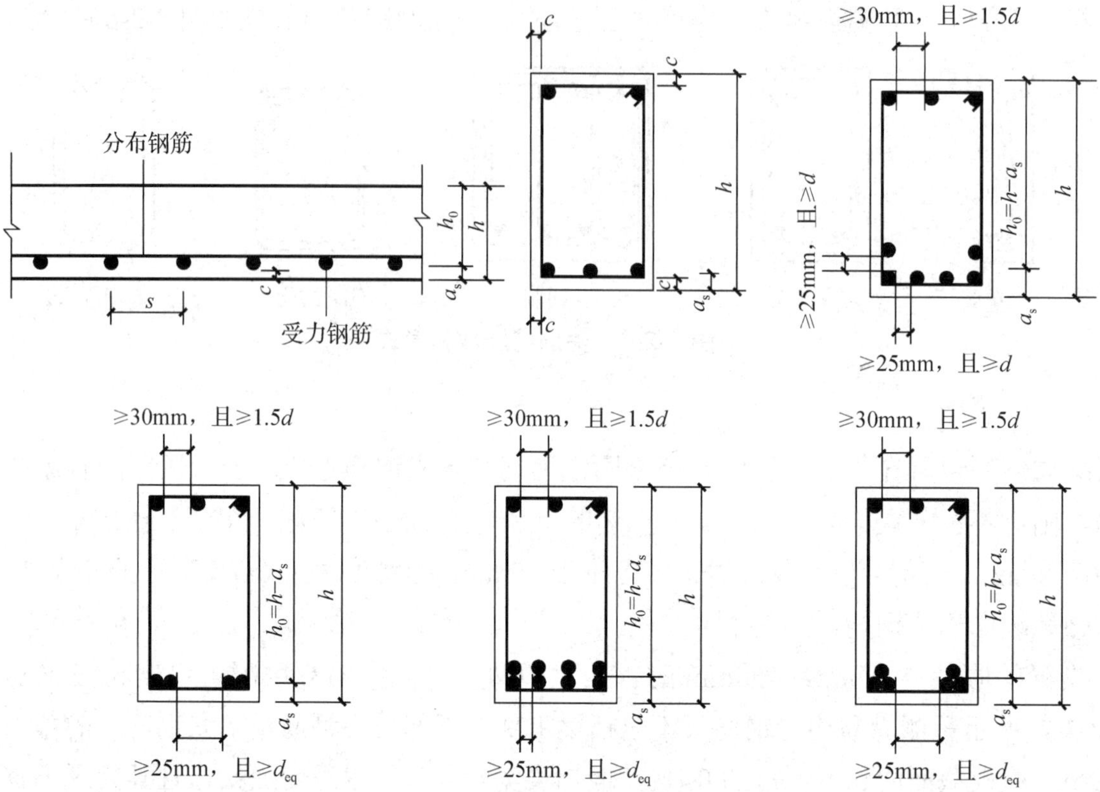

图 2-2-8　混凝土保护层厚度和截面有效高度

表 2-2-3　混凝土的最小厚度（混凝土强度等级≥C30）

单位：mm

环境类别	板、墙、壳	梁、柱、杆
一	15	20
二 a	20	25
二 b	25	35
三 a	30	40
三 b	40	50

注：① 混凝土强度等级为 C25 时，表中混凝土厚度数值应增加 5mm。

② 钢筋混凝土基础底面钢筋的保护层厚度，有混凝土垫层时应从垫层顶面算起，且不应小于 40mm，无垫层时不应小于 70mm。

表 2-2-4　混凝土结构环境类别

环境类别	条　件
一	室内干燥环境； 无侵蚀性静水浸没环境

续表

环境类别	条件
二 a	室内潮湿环境； 非严寒和非寒冷地区的露天环境； 非严寒和非寒冷地区与无侵蚀性的水或土壤直接接触的环境； 严寒和寒冷地区的冰冻线以下与无侵蚀性的水或土壤直接接触的环境
二 b	干湿交替环境； 水位频繁变动环境； 严寒和寒冷地区的露天环境； 严寒和寒冷地区冰冻线以上与无侵蚀性的水或土壤直接接触的环境
三 a	严寒和寒冷地区冬季水位变动区环境； 受除冰盐影响环境； 海风环境
三 b	盐渍土环境； 受除冰盐作用环境； 海岸环境
四	海水环境
五	受人为或自然的侵蚀性物质影响的环境

2）截面有效高度。

讲解视频：截面有效高度

计算梁、板承载力时，因为混凝土开裂后，拉力完全由钢筋承担，故梁、板能发挥作用的截面高度应为从受压混凝土边缘至受拉钢筋合力点的距离，这一距离称为截面有效高度，用 h_0 表示，如图 2-2-10 所示。

$$h_0 = h - a_s \tag{2-2-1}$$

式中 h_0——受弯构件的截面有效高度，单位为 mm；

a_s——纵向受拉钢筋合力点至截面受拉区外边缘的距离，单位为 mm。

根据钢筋净距和混凝土保护层最小厚度，并考虑到梁、板常用钢筋的平均直径（梁中钢筋平均直径 $d = 20$mm，板中钢筋平均直径 $d = 10$mm），在室内正常环境下，可按下述方法近似确定 h_0 值。

（1）对于梁，截面的有效高度 h_0 如表 2-2-5 所示。

表 2-2-5 截面的有效高度 h_0（一类环境）

单位：mm

混凝土保护层厚度	截面的有效高度 h_0				
	一排纵筋	二排纵筋	纵向二并筋	横向二并筋	三并筋
25	$h_0 = h - 45$	$h_0 = h - 70$	$h_0 = h - 55$	$h_0 = h - 45$	$h_0 = h - 55$
20	$h_0 = h - 40$	$h_0 = h - 65$	$h_0 = h - 50$	$h_0 = h - 40$	$h_0 = h - 50$

（2）对于板：当混凝土保护层厚度为15mm时，$h_0=h-20$；当混凝土保护层厚度为20mm时，$h_0=h-25$。

4. 钢筋锚固与连接

1）钢筋锚固。

混凝土结构中，钢筋若要发挥其在某个控制截面的强度，必须将纵向受力钢筋伸过其受力截面一定长度，以利用该长度上钢筋与混凝土的黏结作用把钢筋锚固在混凝土中，这一长度称为钢筋的锚固长度。

当计算中充分利用钢筋的抗拉强度时，受拉钢筋的锚固应符合下列要求：

（1）纵向受拉钢筋的基本锚固长度l_{ab}。

纵向受拉钢筋的基本锚固长度l_{ab}计算式为

$$l_{ab}=\alpha\frac{f_y}{f_t}d \tag{2-2-2}$$

式中 l_{ab}——纵向受拉钢筋的基本锚固长度，单位为mm；

f_y——钢筋抗拉强度设计值，单位为N/mm^2；

f_t——混凝土轴心抗拉强度设计值，单位为N/mm^2，当混凝土强度等级高于C60时，按C60取值；

d——锚固钢筋的公称直径，单位为mm；

α——锚固钢筋的外形系数，按表2-2-6采用。

表2-2-6 锚固钢筋的外形系数

钢筋类型	光圆钢筋	带肋钢筋	螺旋肋钢丝	三股钢绞线	七股钢绞线
α	0.16	0.14	0.13	0.16	0.17

注：光圆钢筋末端应做180°弯钩，弯后平直段长度不应小于3d，但用作受压钢筋时可不做弯钩。

（2）纵向受拉钢筋的锚固长度l_a。

纵向受拉钢筋的锚固长度l_a根据锚固条件按照下列公式计算，且不应小于200mm。

$$l_a=\zeta_a l_{ab} \tag{2-2-3}$$

式中 l_a——纵向受拉钢筋的锚固长度；

ζ_a——锚固长度修正系数，对于普通钢筋，按表2-2-7要求取值；当多于一项时，可按连乘计算，但不应小于0.6，对预应力钢筋，可取1.0。

表2-2-7 纵向受拉普通钢筋的锚固长度修正系数ζ_a

编 号	条 件	锚固长度修正系数ζ_a
1	当带肋钢筋的公称直径大于25mm时	1.10
2	环氧树脂涂层带肋钢筋	1.25
3	施工过程中易受扰动的钢筋	1.10

续表

编　号	条　件		锚固长度修正系数 ζ_a
4	锚固钢筋的保护层厚度（d 为锚固钢筋的直径）	$3d$	0.80
		$3d$～$5d$	0.70～0.80 内插法取值
		$5d$	0.70
5	当纵向受力钢筋的实际配筋面积大于其设计计算面积时（抗震设防要求及直接承受动载作用的构件除外）		$\frac{\text{设计计算面积}}{\text{实际配筋面积}}$

当锚固钢筋的保护层厚度不大于 $5d$ 时，锚固长度范围内应配置横向构造钢筋，其直径不应小于 $d/4$。对于梁、柱等构件间距不应大于 $5d$，对于板、墙等平面构件间距不应大于 $10d$，且均不应大于 100mm（d 为锚固钢筋的直径）。

混凝土结构中的受压钢筋，当计算中充分利用纵向钢筋的抗压强度时，其锚固长度不应小于上述规定的受拉锚固长度的 70%。

受压钢筋不应采用末端弯钩和一侧贴焊锚筋的锚固措施。

（3）纵向受拉钢筋的抗震锚固长度 l_{aE}。

当考虑到地震作用时，纵向受拉钢筋的抗震锚固长度 l_{aE} 的数值按表 2-2-8 要求取值。

表 2-2-8　纵向受拉钢筋的抗震锚固长度 l_{aE}

单位：mm

钢筋种类及抗震等级		混凝土强度等级															
		C25		C30		C35		C40		C45		C50		C55		≥C60	
		$d\leqslant25$	$d>25$	$d\leqslant25$	$d>25$	$d\leqslant25$	$d>25$	$d\leqslant25$	$d>25$	$d\leqslant25$	$d>25$	$d\leqslant25$	$d>25$	$d\leqslant25$	$d>25$	$d\leqslant25$	$d>25$
HPB300	一、二级	$39d$	—	$35d$	—	$32d$	—	$29d$	—	$28d$	—	$26d$	—	$25d$	—	$24d$	—
	三级	$36d$	—	$32d$	—	$29d$	—	$26d$	—	$25d$	—	$24d$	—	$23d$	—	$22d$	—
HRB400、HRBF400	一、二级	$46d$	$51d$	$40d$	$45d$	$37d$	$40d$	$33d$	$37d$	$32d$	$36d$	$31d$	$35d$	$30d$	$33d$	$29d$	$32d$
	三级	$42d$	$46d$	$37d$	$41d$	$34d$	$37d$	$30d$	$34d$	$29d$	$33d$	$28d$	$32d$	$27d$	$30d$	$26d$	$29d$
HRB500、HRBF500	一、二级	$55d$	$61d$	$49d$	$54d$	$45d$	$49d$	$41d$	$46d$	$39d$	$43d$	$37d$	$40d$	$36d$	$39d$	$35d$	$38d$
	三级	$50d$	$56d$	$45d$	$49d$	$41d$	$45d$	$38d$	$42d$	$36d$	$39d$	$34d$	$37d$	$33d$	$36d$	$32d$	$35d$

注：① 当四级抗震时，$l_{aE}=l_a$；

② 当需对 l_{aE} 进行修正时，按照表 2-2-7 进行修正。

2）钢筋连接。

当构件内钢筋长度不够时，宜在钢筋受力较小处进行钢筋的连接。结构中钢筋的连接主要有绑扎搭接、机械连接和焊接连接。

（1）绑扎搭接。

轴心受拉及小偏心受拉构件的纵向受力钢筋不得采用绑扎搭接接头；其他构件中的钢筋采用绑扎搭接时，受拉钢筋直径不宜大于 25mm，受压钢筋直径不宜大于 28mm。绑扎接头必须保证足够的搭接长度。

纵向受拉钢筋绑扎搭接接头的搭接长度l_l（如图 2-2-9 所示）应满足式（2-2-4）的要求，且不应小于 300mm。

$$l_l = \zeta_l l_a \tag{2-2-4}$$

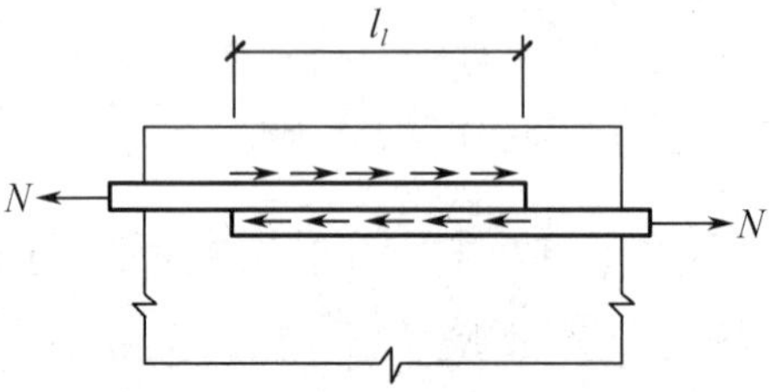

图 2-2-9 钢筋的搭接长度

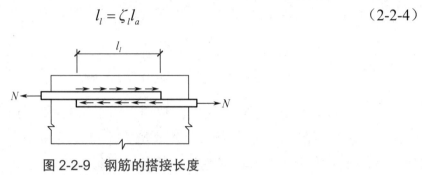

式中 l_l——纵向受拉钢筋的搭接长度，单位为 mm；

l_a——纵向受拉钢筋的锚固长度，单位为 mm；

ζ_l——纵向受拉钢筋搭接长度修正系数，按表 2-2-9 采用。

表 2-2-9 纵向受拉钢筋搭接长度修正系数

纵向钢筋搭接接头面积百分率（%）	≤25	50	100
ζ_l	1.2	1.4	1.6

构件中的纵向受压钢筋，当采用搭接连接时，其受压搭接长度不应小于纵向受拉钢筋搭接长度的 70%，且不应小于 200mm。

（2）机械连接。

钢筋机械连接是通过连接件的机械咬合作用或钢筋端面的承压作用，将一根钢筋中的力传递至另一根钢筋的连接方法。机械连接具有施工简便、接头质量可靠、节约钢材和能源等优点。

纵向受力钢筋的机械连接接头宜相互错开。钢筋机械连接区段的长度为 35d（d 为连接钢筋的较小直径）。凡接头中点位于该连接区段长度内的机械连接和焊接接头均属于同一连接区段。位于同一连接区段内的纵向受拉钢筋接头面积百分率不宜大于 50%。但对板、墙、柱及预制构件的拼接处，可根据实际情况放宽。纵向受压钢筋的接头面积百分率可不受限制。

机械连接中连接件的混凝土保护层厚度宜满足纵向受力钢筋最小保护层厚度的要求。连接件之间的横向净距不宜小于 25mm。

（3）焊接连接。

焊接连接是利用热加工、熔融金属实现钢筋的连接。

纵向受力钢筋的焊接接头应相互错开。钢筋焊接接头连接区段的长度为 35d 且不小于 500mm。纵向受拉钢筋的接头面积百分率不宜大于 50%。纵向受压钢筋的接头面积百分率可不受限制。

2.2.2 正截面承载力

钢筋混凝土受弯构件，在弯矩较大的区段可能发生垂直于构件纵轴截面的受弯破坏，即正截面破坏。为了保证受弯构件不发生正截面破坏，构件必须有足够的截面尺寸，并通过正截面承载力的计算，在构件的受拉区配置一定数量的纵向受力钢筋。

讲解视频：纵向受拉钢筋配筋率

1. 受弯构件正截面受弯性能

1）受弯构件正截面的破坏形式。

受弯构件的正截面破坏形式以梁为试验研究对象。根据试验研究，梁的正截面（如图 2-2-10 所示）破坏形式主要与纵向受拉钢筋的配筋率 ρ 有关。配筋率 ρ 的计算公式为

$$\rho=\frac{A_s}{bh_0} \text{ 或 } \rho=\frac{A_s}{bh_0}\times 100\% \tag{2-2-5}$$

式中 A_s——纵向受拉钢筋的截面面积；

b——梁截面宽度；

h_0——梁截面有效高度。

【例 2.2.1】某现浇多层钢筋混凝土框架结构，其三层框架梁为单筋矩形截面梁，其截面尺寸与配筋图如图 2-2-11 所示，求该截面纵向受拉钢筋的配筋率。

【解】钢筋配置情况为 4⌀20，$A_s=1256\text{mm}^2$

该梁截面配筋率 $\rho=\frac{A_s}{bh_0}\times 100\%=\frac{1256}{300\times 560}\times 100\%\approx 0.75\%$

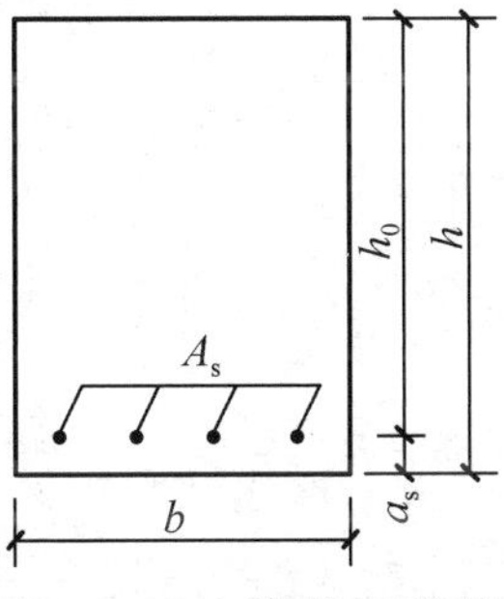

图 2-2-10 梁的正截面

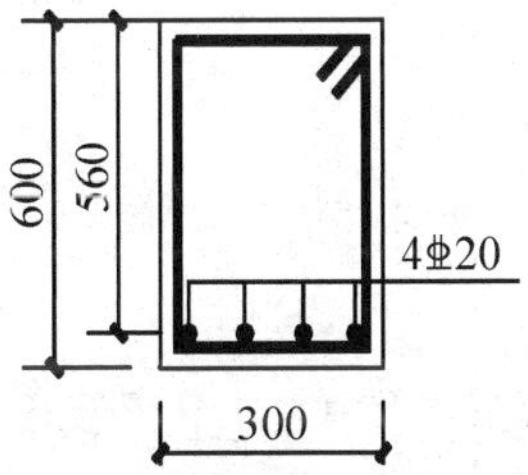

图 2-2-11 梁截面尺寸及配筋图

讲解视频：受弯构件正截面的破坏形式

动画演示：适筋梁

根据配筋率的不同，钢筋混凝土梁有三种破坏形式（如图 2-2-12 所示）：

（1）适筋梁。

适筋梁是指配筋适量的梁。其破坏的主要特点是受拉钢筋首先达到屈服强度，受压区混凝土的压应力随之增大，当受压区混凝土达到极限压应变时，构件破坏［如图 2-2-12（a）所示］，这种破坏称为适筋破坏。这种梁在破坏前，钢筋经历着较大的塑性伸长，构件产生较大的变形和裂缝，其破坏过程比较缓慢，破坏前有明显预兆，为塑性破坏。适筋梁因其

材料强度能得到充分发挥，受力合理，破坏前有预兆，故工程中应把钢筋混凝土梁设计成适筋梁。

（2）超筋梁。

动画演示：超筋梁

超筋梁是指受拉钢筋配得过多的梁。由于钢筋过多，所以这种梁在破坏时，受拉钢筋还没有达到屈服强度，而受压混凝土却因达到极限压应变而先被压碎，从而使整个构件破坏［如图 2-2-12（b）所示］，这种破坏称为超筋破坏。超筋梁的破坏是突然发生的，破坏前没有明显预兆，为脆性破坏。这种梁配筋虽多，却不能充分发挥作用，所以是不经济的。因此，工程中应尽量避免采用超筋梁。

（3）少筋梁。

动画演示：少筋梁

少筋梁是指梁内受拉钢筋配得过少的梁。由于钢筋过少，所以只要受拉区混凝土一开裂，钢筋就会随之达到屈服强度，构件将产生很宽的裂缝和很大的变形，甚至因钢筋被拉断而破坏［如图 2-2-12（c）所示］。这也是一种脆性破坏，破坏前没有明显预兆，工程中不得采用少筋梁。

为了保证钢筋混凝土受弯构件的配筋适当，不出现超筋破坏和少筋破坏，必须控制截面的配筋率，使它处于最大配筋率 ρ_{max} 和最小配筋率 ρ_{min} 范围之内。

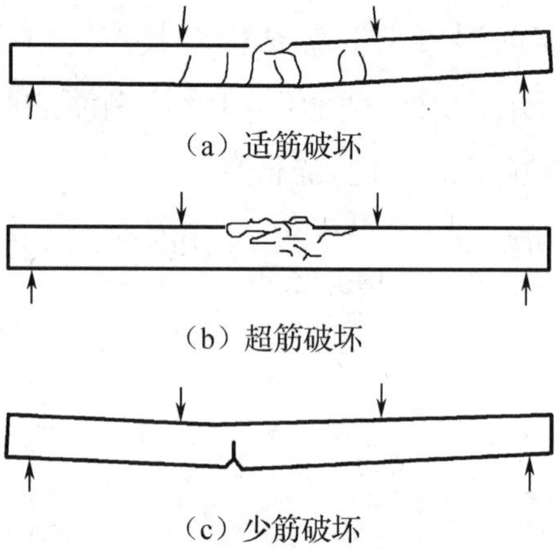

图 2-2-12　梁的破坏形式

讲解视频：适筋梁工作的三个阶段

动画演示：适筋梁工作阶段的变化过程

2）适筋梁工作的三个阶段。

适筋梁的工作和应力状态自承受荷载起到破坏为止，可分为三个阶段（如图 2-2-13 所示）。

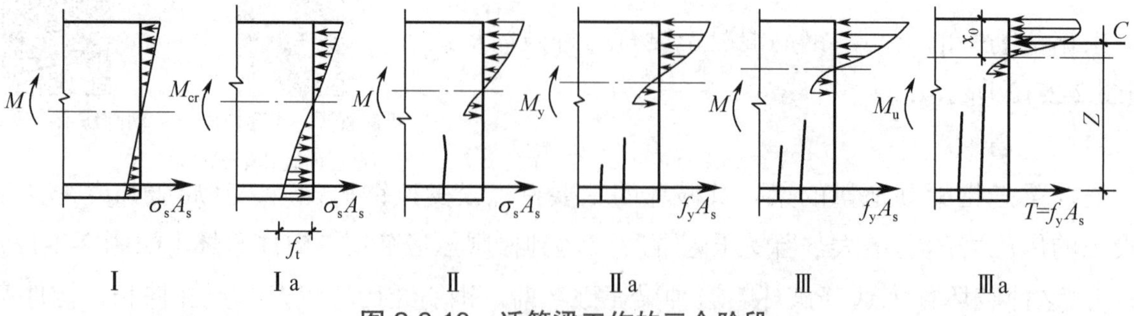

图 2-2-13　适筋梁工作的三个阶段

（1）第Ⅰ阶段：混凝土开裂前的未裂阶段。

当开始加荷载时，弯矩较小，截面上混凝土与钢筋的应力不大，梁的工作情况与匀质弹性梁相似，混凝土基本上处于弹性工作阶段，应力与应变成正比，受压区及受拉区混凝土应力分布可视为三角形。受拉区的钢筋与混凝土共同承受拉力。

荷载逐渐增大到这一阶段末时，受拉区边缘混凝土达到其抗拉强度而即将出现裂缝，此时用Ⅰ$_a$表示。这时受压区边缘应变很小，受压区混凝土基本上属于弹性工作性质，即受压区应力图仍接近于三角形，但受拉区混凝土出现较大塑性变形，应变比应力增大更快，受拉区应力图为曲线，中性轴的位置较第Ⅰ阶段初略有上升。

在这一阶段中，截面中性轴以下受拉区混凝土尚未开裂，整个截面参加工作，一般称之为整体工作阶段，这一阶段梁上所受荷载大致在破坏荷载的25%以下。

Ⅰ$_a$阶段可作为受弯构件抗裂度的计算依据。

（2）第Ⅱ阶段：混凝土开裂后至钢筋屈服前的带裂缝工作阶段。

当荷载继续增大，梁正截面所受弯矩值超过 M_{cr} 后，受拉区混凝土应力超过了混凝土的抗拉强度，这时混凝土开始出现裂缝，应力状态进入第Ⅱ阶段，这一阶段一般称为带裂缝工作阶段。

进入第Ⅱ阶段后，梁的正截面应力发生显著变化。在已出现裂缝的截面上，受拉区混凝土基本上退出工作，受拉区的拉力主要由钢筋承受，因而钢筋的应力突增，所以裂缝立即开展到一定的宽度。这时，受压区混凝土应力图为平缓的曲线，但仍接近于三角形。

带裂缝工作阶段的时间较长，当梁上所受荷载为破坏荷载的 25%～85%时，梁都处于这一阶段。当弯矩继续增大，使受拉钢筋应力刚达到屈服强度时，称第Ⅱ阶段末，以Ⅱ$_a$表示。

第Ⅱ阶段相当于梁使用时的受力状态，可作为使用阶段验算变形和裂缝开展宽度的依据。

（3）第Ⅲ阶段：钢筋开始屈服至截面破坏的破坏阶段。

纵向受拉钢筋达到屈服强度后，梁正截面就进入第Ⅲ阶段工作。随着荷载的进一步增大，由于钢筋的屈服，钢筋应力保持不变，而其变形继续增大，截面裂缝急剧开展，中性轴不断上升，从而使混凝土受压区高度迅速减小，混凝土压应力随之增大，压应力分布图为明显的曲线。

当受压混凝土边缘达到极限压应变时，受压区混凝土被压碎崩落，导致梁的最终破坏，这时称为第Ⅲ阶段。

第Ⅲ阶段自钢筋应力达到屈服强度起至全梁破坏止，又称受弯构件的破坏阶段。第Ⅲ阶段末（Ⅲ$_a$）的截面应力图就是计算受弯构件正截面抗弯能力的依据。

3. 单筋矩形截面受弯构件正截面承载力计算

仅在受拉区配置钢筋的矩形截面，称为单筋矩形截面，如图 2-2-10 所示。

1）受弯构件正截面承载力计算的一般规定。

（1）受弯构件正截面承载力计算的基本假定。

受弯构件在内的各种混凝土构件的正截面承载力应按下列基本假定计算：

讲解视频：受弯构件正截面承载力计算的一般规定

① 截面应变保持平面；

② 不考虑混凝土的抗拉强度；

③ 混凝土受压的应力—应变关系曲线如图 2-2-14 所示，其方程为

当 $\varepsilon_c \leqslant \varepsilon_0$ 时，

$$\sigma_c = f_c\left[1-\left(1-\frac{\varepsilon_c}{\varepsilon_0}\right)^n\right] \tag{2-2-6}$$

当 $\varepsilon_0 < \varepsilon_c \leqslant \varepsilon_{cu}$ 时，

$$\sigma_c = f_c \tag{2-2-7}$$

式中 σ_c——混凝土压应变为 ε_c 时的混凝土压应力；

f_c——混凝土轴心抗压强度设计值；

n——系数，$n \leqslant 2.0$；

ε_0——混凝土压应力刚达到 f_c 时的混凝土压应变，当 $f_{cu,k} \leqslant 50\text{N/mm}^2$ 时，$\varepsilon_0 = 0.002$；

ε_{cu}——正截面的混凝土极限压应变，当 $f_{cu,k} \leqslant 50\text{N/mm}^2$ 时，$\varepsilon_{cu} = 0.0033$，轴心受压时 $\varepsilon_{cu} = \varepsilon_0$。

④ 纵向钢筋的应力—应变关系曲线如图 2-2-15 所示，其方程为

$$-f'_y \leqslant \sigma_s = E_s \cdot \varepsilon_s \leqslant f_y \tag{2-2-8}$$

式中 f'_y、f_y——普通钢筋抗压、抗拉强度设计值。

纵向受拉钢筋的极限拉应变取为 0.01。

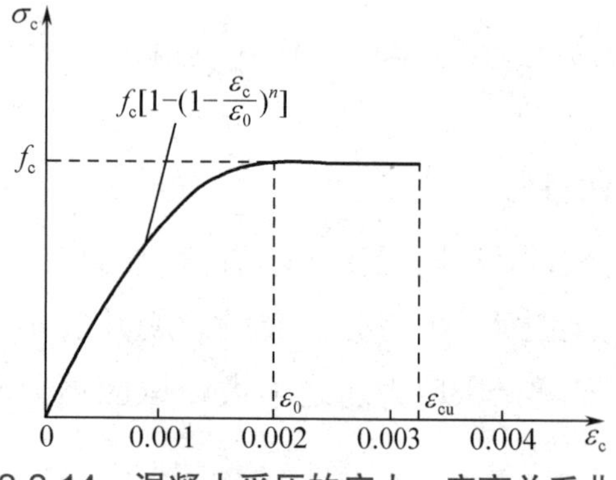

图 2-2-14 混凝土受压的应力—应变关系曲线

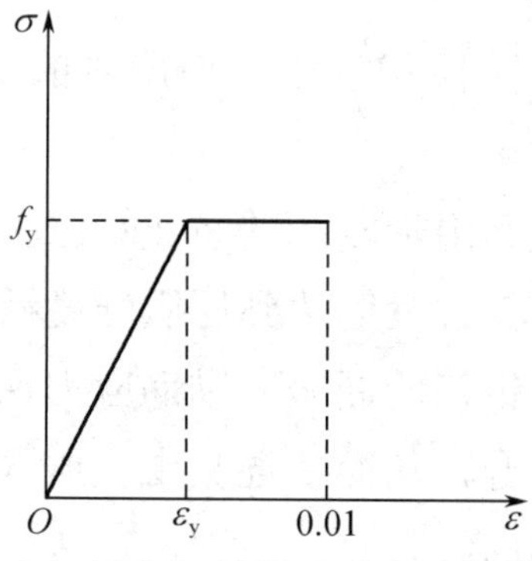

图 2-2-15 纵向钢筋的应力—应变关系曲线

（2）等效矩形应力图。

受弯构件正截面承载力计算时，受压区混凝土的应力图形可简化为等效的矩形应力图（如图 2-2-16 所示）。

图形简化原则：①混凝土压应力的合力 C 大小相等；②两图形中受压区合力 C 的作用点不变。

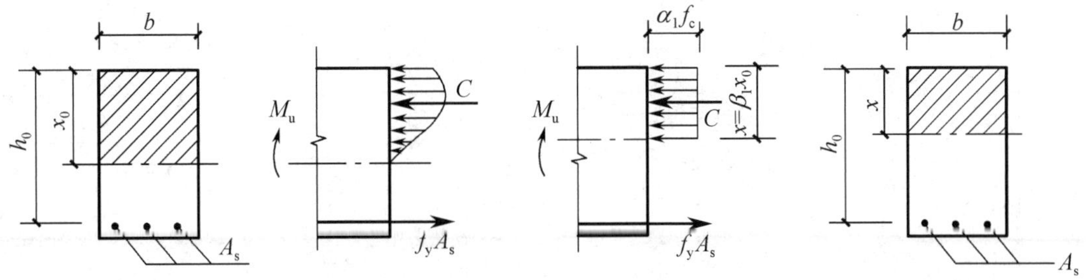

（a）横截面 （b）实际应力图 （c）等效矩形应力图 （d）计算截面

图 2-2-16 受弯构件正截面应力图

按上述简化原则，等效矩形应力图的混凝土受压区高度 $x=\beta_1 x_0$（x_0 为实际受压区高度），等效矩形应力图的应力值为 $\alpha_1 f_c$（f_c 为混凝土轴心抗压强度设计值），对系数 α_1 和 β_1 的取值，规范中规定：

① 当混凝土强度等级不超过 C50 时，$\alpha_1=1.0$；当混凝土强度等级为 C80 时，$\alpha_1=0.94$；其间按线性内插法取用。

② 当混凝土强度等级不超过 C50 时，$\beta_1=0.8$；当混凝土强度等级为 C80 时，$\beta_1=0.74$；其间按线性内插法取用。

（3）界限相对受压区高度 ξ_b 和最大配筋率 ρ_{max}。

适筋梁和超筋梁破坏特征的区别：适筋梁是受拉钢筋先达到屈服，而后受压区混凝土被压碎；超筋梁是受压区混凝土先被压碎，而受拉钢筋未达到屈服。当梁的配筋率达到最大配筋率 ρ_{max} 时，在发生受拉钢筋屈服的同时，受压区边缘混凝土达到极限压应变被压碎破坏，这种破坏称为界限破坏，如图 2-2-17 所示。

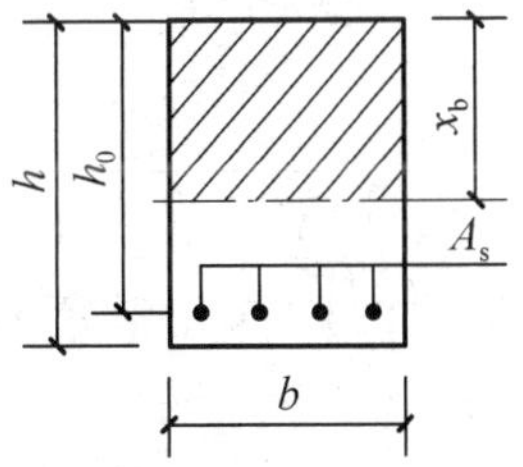

图 2-2-17 界限破坏时单筋矩形截面计算图形

当受弯构件处于界限破坏时，等效矩形截面的界限受压区高度 x_b 与截面有效高度 h_0 的比值 $\frac{x_b}{h_0}$ 称为界限相对受压区高度，以 ξ_b 表示。例如，当实际配筋量大于界限状态破坏时的配筋量时，即实际的相对受压区高度 $\xi=\frac{x}{h_0}>\xi_b$ 时，钢筋不能屈服，则构件破坏属于超筋破坏。当 $\xi\leqslant\xi_b$ 时，构件破坏时钢筋应力就能达到屈服强度，即属于适筋破坏。由此可知，界限相对受压区高度 ξ_b，就是判断适筋破坏或超筋破坏的特征值。

表 2-2-10 列出了常用有屈服点的钢筋的 ξ_b 及 $\alpha_{s\,max}$。

表 2-2-10　常用有屈服点的钢筋的 ξ_b 及 $\alpha_{s\max}$

钢筋级别	抗拉强度设计值 f_y/（N·mm^{-2}）	ξ_b		$\alpha_{s\max}$	
		≤C50	C80	≤C50	C80
HPB300	270	0.576	0.518	0.410	0.384
HRB400、HRBF400、RRB400	360	0.518	0.463	0.384	0.356
HRB500、HRBF500	435	0.482	0.429	0.366	0.337

在表 2-2-10 中，当混凝土强度等级介于 C50 与 C80 之间时，ξ_b 可用线性内插法求得。ξ_b 确定后，可得出适筋梁界限受压区高度 $x_b=\xi_b h_0$，同时根据图 2-2-17 写出界限状态时的平衡公式，推出界限状态的配筋率，即

$$\rho_{\max}=\xi_b\frac{\alpha_1 f_c}{f_y}\times 100\% \tag{2-2-9}$$

（4）最小配筋率 $\rho_{\min}$。

钢筋混凝土受弯构件中纵向受力钢筋的最小配筋率取 0.20%和 $0.45\frac{f_t}{f_y}\times 100\%$中的较大值。

2）单筋矩形截面受弯构件正截面承载力的计算。

（1）基本公式及适用条件。

讲解视频：单筋矩形截面受弯构件正截面承载力的计算

受弯构件正截面承载力的计算，就是要求由荷载设计值在构件内产生的弯矩小于或等于按材料强度设计值计算得出的构件受弯承载力设计值，即

$$M\leqslant M_u \tag{2-2-10}$$

式中　M——弯矩设计值；

M_u——构件正截面受弯承载力设计值。

如图 2-2-18 所示为单筋矩形截面受弯构件正截面计算简图。由平衡条件可得出其承载力基本计算公式为

$$\sum x=0,\quad \alpha_1 f_c bx=f_y A_s \tag{2-2-11}$$

$$\sum M=0,\quad M\leqslant M_u=\alpha_1 f_c bx\left(h_0-\frac{x}{2}\right) \tag{2-2-12}$$

或

$$M\leqslant M_u=f_y A_s\left(h_0-\frac{x}{2}\right) \tag{2-2-13}$$

式中　f_c——混凝土轴心抗压强度设计值；

f_y——钢筋抗拉强度设计值；

b——截面宽度；

x——混凝土受压区高度；

A_s——受拉钢筋截面面积；

h_0——截面有效高度；

α_1——系数，当混凝土强度等级不超过 C50 时，$\alpha_1 = 1.0$；当混凝土强度等级为 C80 时，$\alpha_1 = 0.94$；混凝土强度在其间时，按线性内插法确定。

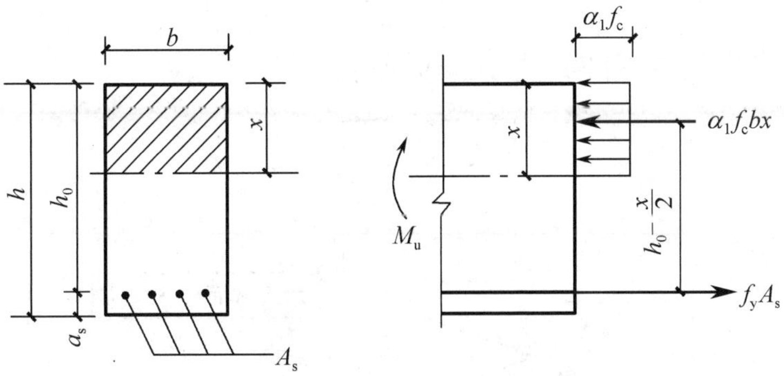

图 2-2-18　单筋矩形截面受弯构件正截面计算简图

为保证受弯构件为适筋破坏，避免出现超筋破坏和少筋破坏，上述基本公式必须满足下列适用条件。

为防止超筋破坏，应符合以下条件：

$$\xi \leqslant \xi_b$$

或
$$x \leqslant \xi_b h_0 \tag{2-2-14}$$

或
$$\rho \leqslant \rho_{max} = \xi_b \frac{\alpha_1 f_c}{f_y}$$

或
$$M \leqslant M_{u,max} = \alpha_1 f_c b h_0^2 \xi_b (1-0.5\xi_b) = \alpha_{s,max} f_c b h_0^2$$

为防止少筋破坏，应符合以下条件：

$$\rho \geqslant \rho_{min} \text{ 或 } A_s \geqslant \rho_{min} bh \tag{2-2-15}$$

式中　ξ——实际相对受压区高度（$\xi = \dfrac{x}{h_0}$）；

ξ_b——界限相对受压区高度（$\xi_b = \dfrac{x_b}{h_0}$）；

$\alpha_{s,max}$——系数，其取值如表 2-2-10 所示；

$M_{u,max}$——将混凝土受压区的高度 x 取其最大值（$\xi_b h_0$）求得的单筋矩形截面所能承受的最大弯矩；

ρ_{min}——最小配筋率。

公式（2-2-14）中的各式意义相同，即只要满足其中任何一个式子，其余的必定满足。

（2）基本公式的应用。

在计算时，一般不直接应用基本公式，规范中将基本公式按照 $M = M_u$ 的原则进行整理变化，对计算进行了简化。

在进行简化时，令 $\alpha_s = \xi(1-0.5\xi)$，$\gamma_s = 1-0.5\xi$。

单筋矩形正截面受弯构件承载力的计算有两种情况，即截面设计和截面复核。

① 截面设计。

条件：已知弯矩设计值 M，选定材料强度等级，确定梁的截面尺寸 $b \times h$，计算出受拉钢筋截面面积 A_s。

计算步骤：计算步骤流程图如图 2-2-19 所示。

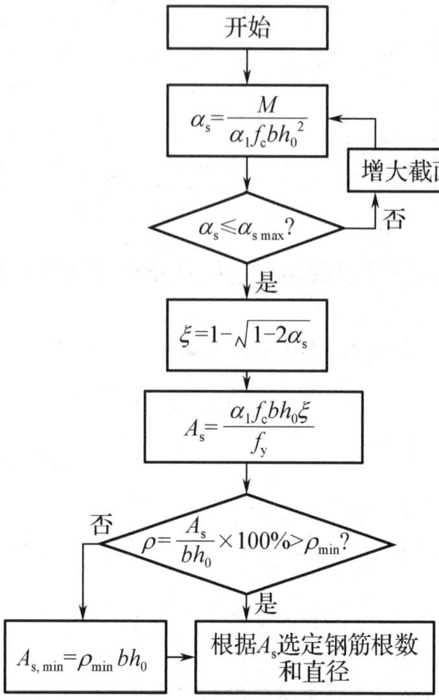

图 2-2-19　单筋矩形截面受弯构件截面设计计算流程图

【例 2.2.2】已知矩形梁截面尺寸 $b \times h = 300\text{mm} \times 600\text{mm}$，由荷载产生的弯矩设计值 $M = 200\text{kN} \cdot \text{m}$，一类环境，混凝土强度等级为 C30，钢筋采用 HRB400 级钢筋，求所需受拉钢筋截面面积 A_s（箍筋为 Φ10）。

【解】确定材料强度，C30 等级混凝土，$f_c = 14.3\text{N/mm}^2$，$f_t = 1.43\text{N/mm}^2$，$\alpha_1 = 1.0$

HRB400 级钢筋，$f_y = 360\text{N/mm}^2$，$\alpha_{s,\max} = 0.384$

一类环境，假设按照一排钢筋进行布置，箍筋为 Φ10，查表得：

$$h_0 = h - 40 = 600 - 40 = 560\text{mm}$$

求 α_s

$$\alpha_s = \frac{M}{\alpha_1 f_c b h_0^2} = \frac{200 \times 10^6}{1.0 \times 14.3 \times 300 \times 560^2} \approx 0.149 < \alpha_{s,\max} = 0.384$$

该梁不是超筋梁。

$$\xi = 1 - \sqrt{1 - 2\alpha_s} = 1 - \sqrt{1 - 2 \times 0.149} \approx 0.162$$

$$A_s = \frac{\alpha_1 f_c b h_0 \xi}{f_y} = \frac{1.0 \times 14.3 \times 300 \times 560 \times 0.162}{360} = 1081.08\text{mm}^2$$

选用 4Φ20，$A_s = 1256\text{mm}^2$

验算最小配筋率 $\rho=\dfrac{A_s}{bh_0}\times100\%=\dfrac{1256}{300\times560}\times100\%\approx0.75\%$

$\rho_{min}=\max\left(0.45\dfrac{f_t}{f_y}\times100\%,0.20\%\right)=\max(0.18\%,0.20\%)=0.20\%$

$\rho=0.75\%>\rho_{min}=0.20\%$，满足最小配筋率要求。

② 截面复核。

条件：已知材料强度，梁截面尺寸 $b\times h$，受拉钢筋截面面积 A_s，计算梁的受弯承载力设计值 M_u。

计算步骤：计算步骤流程图如图 2-2-20 所示。

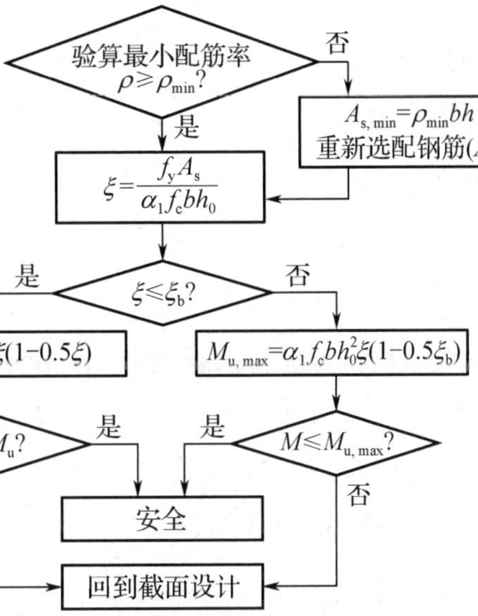

图 2-2-20 单筋矩形截面受弯构件截面设计计算流程图

【例 2.2.3】某教学楼梁截面尺寸及配筋如图 2-2-21 所示，该梁由荷载产生的弯矩设计值 $M=100\text{kN}\cdot\text{m}$，混凝土强度等级为 C30，验算此梁是否安全（一类环境）。

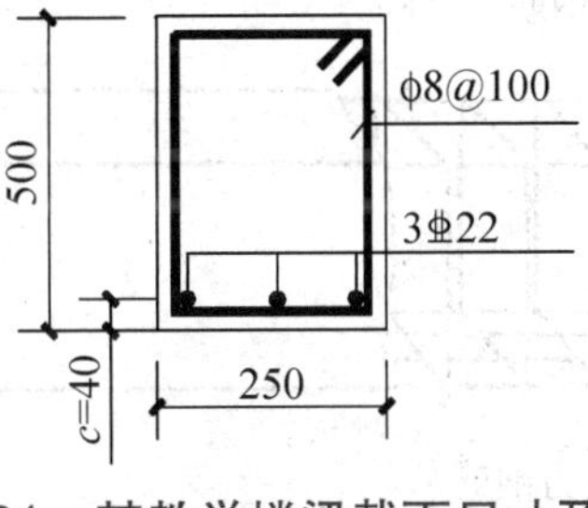

图 2-2-21 某教学楼梁截面尺寸及配筋图

【解】确定材料强度:

C30 等级混凝土，$f_c=14.3\text{N/mm}^2$，$f_t=1.43\text{N/mm}^2$，$\alpha_1=1.0$

HRB400 级钢筋，$f_y=360\text{N/mm}^2$ $\xi_b=0.518$

根据截面图：

$$h_0=h-40-8-\frac{22}{2}=500-59=441\text{mm}$$

选用 3Φ22，$A_s = 1140\text{mm}^2$

验算最小配筋率 $\rho = \dfrac{A_s}{bh_0} \times 100\% = \dfrac{1140}{250 \times 441} \times 100\% \approx 1.03\%$

$$\rho_{\min} = \max\left(0.45\frac{f_t}{f_y} \times 100\%, 0.20\%\right) = \max(0.18\%, 0.20\%) = 0.20\%$$

$\rho = 1.03\% > \rho_{\min} = 0.20\%$，满足最小配筋率要求。

$$\xi = \frac{A_s f_y}{\alpha_1 f_c b h_0} = \frac{1140 \times 360}{1.0 \times 14.3 \times 250 \times 441} \approx 0.260 < \xi_b = 0.518$$

该梁不是超筋梁。

$$\begin{aligned} M_u &= \alpha_1 f_c b h_0^2 \xi (1 - 0.5\xi) \\ &= 1.0 \times 14.3 \times 250 \times 441^2 \times 0.260 \times (1 - 0.5 \times 0.260) \approx 157.27\text{kN} \cdot \text{m} > M \\ &= 100\text{kN} \cdot \text{m} \end{aligned}$$

该梁安全。

2.2.3 斜截面承载力

在设计受弯构件时，除了进行正截面承载力设计，还应同时进行斜截面承载力的计算。斜截面承载力包括斜截面受剪承载力和斜截面受弯承载力。斜截面受剪承载力是由计算和构造来满足的，斜截面受弯承载力是通过对纵向钢筋和箍筋的构造要求来保证的。为了防止受弯构件斜截面被破坏，应在构件的截面尺寸、钢筋混凝土强度等级、钢筋数量等方面采取合理的控制措施。

如图 2-2-22 所示，纵向受力钢筋、弯起钢筋、箍筋和架立钢筋等组成受弯构件的钢筋骨架，箍筋和弯起钢筋统称为腹筋。工程实践中，梁一般采用有腹筋梁。在配置腹筋时，梁总是先配以一定数量的箍筋，必要时再加配适量的弯起钢筋。

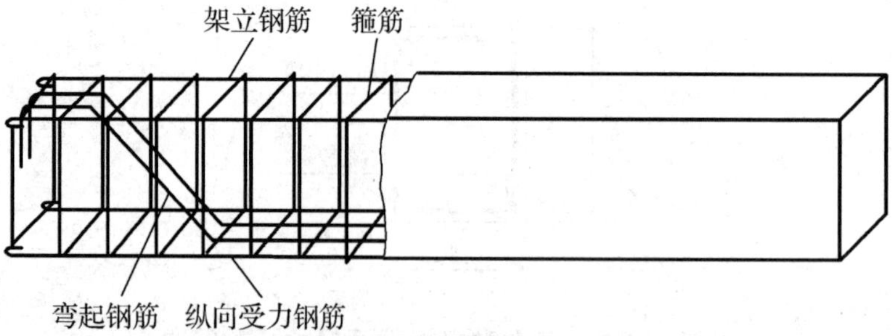

图 2-2-22 钢筋骨架

1. 矩形截面梁沿斜截面破坏的三种形式

1）剪跨比 λ 和配箍率 ρ_{sv} 的基本概念。

讲解视频：剪跨比和配箍率

（1）剪跨比 λ。

在承受集中荷载作用的受弯构件中，距支座最近的集中荷载至支座的距离 α 称为剪跨，

剪跨与梁的截面有效高度 h_0 之比称为剪跨比，用 λ 表示，即

$$\lambda = \frac{\alpha}{h_0} \tag{2-2-16}$$

剪跨比 λ 是一个无量纲的参数，对于不是集中荷载作用的梁，用计算截面的弯矩 M 与剪力 V 和相应截面的有效高度 h_0 之积的比值来表示剪跨比，称为广义剪跨比，即

$$\lambda = \frac{M}{Vh_0} \tag{2-2-17}$$

（2）配箍率 ρ_{sv}。

箍筋截面面积与对应的混凝土截面面积的比值，称为配箍率（又称箍筋配筋率）。配箍率用 ρ_{sv} 表示，即

$$\rho_{sv} = \frac{A_{sv}}{bs} \times 100\% = \frac{nA_{sv1}}{bs} \times 100\% \tag{2-2-18}$$

式中 A_{sv}——配置在同一截面内各肢箍筋截面面积总和；

n——同一截面内箍筋的肢数；

A_{sv1}——单肢箍筋的截面面积；

b——截面宽度，若是T形截面，则是梁腹宽度；

s——沿受弯构件长度方向的箍筋间距。

讲解视频：斜截面的破坏形态　　动画演示：斜压破坏

2）斜截面的破坏形态。

（1）斜压破坏。

当梁的箍筋配置过多过密，即配箍率 ρ_{sv} 较大或梁的剪跨比 λ 较小（$\lambda < 1$）时，随着荷载的增大，在梁腹部首先出现若干平行的斜裂缝，将梁腹部分割成若干斜向短柱，最后这些斜向短柱由于混凝土达到其抗压强度而破坏，如图2-2-23（a）所示。这种破坏的承载力主要取决于混凝土强度及截面尺寸，破坏时箍筋的应力往往达不到屈服强度，箍筋的强度不能被充分发挥，属于脆性破坏，故在设计中应避免。

（2）斜拉破坏。

动画演示：斜拉破坏

当梁的箍筋配置过少，即配箍率 ρ_{sv} 较小或梁的剪跨比 λ 过大（$\lambda > 3$）时，发生斜拉破坏。这种情况下，一旦梁腹部出现斜裂缝，就很快会形成临界斜裂缝，与其相交的梁腹筋随即屈服，箍筋对斜裂缝开展的限制已不起作用，导致斜裂缝迅速向梁上方受压区延伸，梁将沿斜裂缝裂成两部分而破坏，如图2-2-23（b）所示。斜拉破坏的承载力很低，并且一开裂就破坏，属于脆性破坏，故在工程中不允许采用。

（3）剪压破坏。

动画演示：剪压破坏

当梁的剪跨比 λ 适中（λ 值为1～3），梁所配置的腹筋（主要是箍筋）适当，即配箍率合适时，发生剪压破坏。随着荷载的增大，截面出现多条斜裂缝，当荷载增大到一定值时，其中，出现一条延伸长度较大、开展宽度较宽的斜裂缝，称为“临界斜裂缝”。当开始破坏时，与临界斜裂缝相交的箍筋首先达到屈服强度。最后，斜裂缝顶端剪压区的混凝土在压应力、剪应力共同作用下达到剪压复合受力时的极限强度而破坏，梁也

就失去承载力，如图 2-2-23（c）所示。当梁发生剪压破坏时，混凝土和箍筋的强度均能得到充分发挥，破坏时的脆性性质不如斜压破坏时明显。

（a）斜压破坏

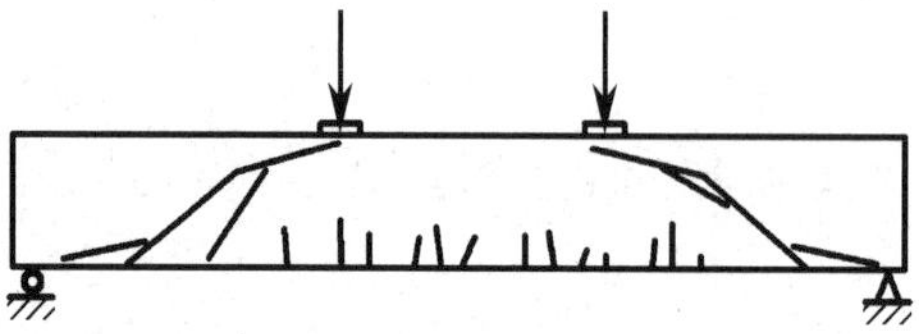

（b）斜压破坏

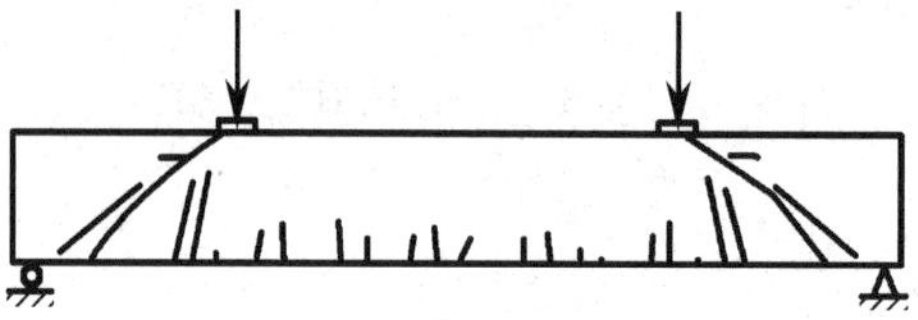

（c）剪压破坏

图 2-2-23　梁的斜截面破坏形态

讲解视频：斜截面破坏的影响因素

2. 影响梁斜截面承载力的主要因素

工程实践中，影响梁斜截面承载力的因素很多，主要包括剪跨比、混凝土强度等级、截面形状和尺寸、配箍率和箍筋强度，以及纵筋配筋率等。

1）剪跨比。

试验研究表明：随着剪跨比减小，梁斜截面的破坏按斜拉、剪压、斜压的顺序演变，梁的抗剪能力显著提高。当 $\lambda>3$ 时，剪跨比的影响将不明显。对于有腹筋梁，剪跨比对低配箍率梁影响较大，而对高配箍率梁影响却较小。

2）混凝土强度等级。

试验研究表明：梁的抗剪能力随混凝土强度等级的提高而增大。此外，混凝土强度等级对梁不同破坏形态的影响程度也存在差异，例如：当发生斜压破坏时，随着混凝土强度等级的提高，梁的抗剪能力有较大幅度的提高；而发生斜拉破坏时，由于混凝土强度等级的提高对混凝土抗拉强度的提高不大，梁的抗剪能力提高也较小。

3）截面形状和尺寸。

不同截面形状对受弯构件的抗剪强度有较大的影响。相对于矩形截面梁而言，T 形和工字形截面梁受压区翼缘，对其剪压破坏时的抗剪强度有一定程度的提高。适当增大翼缘宽度，可提高受剪承载力 25%，但翼缘过大，增大作用就趋于平缓。另外，加大梁宽也可提高受剪承载力。

截面尺寸对无腹筋梁的受剪承载力有较大的影响。对于不配箍筋和弯起钢筋的一般板类受弯构件，当 $h>2000$mm 时，其受剪承载力逐渐降低，为此，在工程设计中一般限制截面有效高度在 2000mm 以内。

4）配箍率与箍筋强度。

配箍率与箍筋强度大小对有腹筋梁的抗剪能力影响很大。在配箍率适当的情况下，梁的抗剪承载力随着配箍率的增大、箍筋强度的提高而有较大幅度的增长。

5）纵筋配筋率。

纵向钢筋截面面积的增大可延缓斜裂缝的开展，相应地增大受压区混凝土面积，在一定程度上提高了骨料咬合力及纵筋的销栓力，从而间接地提高了梁的抗剪能力。

思考题

2.2.1　建筑结构中有哪些受弯构件？常见的截面类型有哪些？

2.2.2　钢筋混凝土梁和板的构造要求有哪些？

2.2.3　简述混凝土保护层和截面有效高度的概念。

2.2.4　如何确定钢筋的锚固长度？

2.2.5　钢筋混凝土受弯构件正截面有哪些破坏形式？各类形式的破坏特征是什么？

2.2.6　适筋梁的三个工作阶段是什么？

2.2.7　钢筋混凝土受弯构件斜裂缝的形成原因有哪些？

2.2.8　矩形截面梁沿斜截面的三种破坏形式是什么？

2.2.9　某钢筋混凝土矩形截面简支梁，跨中弯矩设计值 $M = 100\text{kN}\cdot\text{m}$，环境类别为一类，梁的截面尺寸 $b \times h = 200\text{mm} \times 450\text{mm}$，采用 C30 级混凝土，HRB400 级钢筋，试确定截面纵向受拉钢筋的截面面积，并选配钢筋。

2.2.10　某教学楼梁截面尺寸为 $b \times h = 250\text{mm} \times 700\text{mm}$，环境类别为一类，采用 C30 级混凝土，HRB400 级钢筋，已知纵向受拉钢筋配置为 4Φ25，承受跨中弯矩设计值 $M = 350\text{kN}\cdot\text{m}$，试复核该梁截面是否安全。

在线测试：受弯构件

任务 2.3　钢筋混凝土受压构件

知识目标

1. 明确受压构件的分类标准；
2. 掌握钢筋混凝土受压构件的构造要求；
3. 理解轴心受压柱的破坏特征；
4. 明确轴心受压构件截面设计和截面复核的计算步骤；

5. 明确偏心受压构件的分类标准，了解偏心受压构件的破坏形态。

能力目标

1. 能够对受压构件进行分类；
2. 能够掌握钢筋混凝土受压构件的构造要求；
3. 能够理解轴心受压柱的破坏特征；
4. 能够对轴心受压构件进行承载力计算；
5. 能够明确偏心受压构件的分类标准，理解其破坏形态。

素养目标

1. 通过学习受压构件的分类标准、构造要求及破坏形态等内容，锻炼学生三维空间想象能力的同时，引导学生形成以图纸为纲，以规范为尺的工程师意识；

2. 通过受压构件承载力计算的学习，引导学生形成解决实际问题的能力，锻炼学生的工程思维。

2.3.1 一般构造要求

建筑工程中，钢筋混凝土受压构件的应用极为广泛，如框架结构的框架柱、工业厂房中的排架柱、高层建筑结构的剪力墙及钢筋混凝土屋架的受压弦杆等。

1. 受压构件的分类

钢筋混凝土受压构件，根据轴向压力作用线与构件截面形心之间的位置不同，分为轴心受压构件及偏心受压构件。

当轴向压力作用线与构件截面形心重合时，称为轴心受压构件，如图 2-3-1（a）所示；当轴向压力作用线偏离构件截面形心或者截面上作用轴心压力的同时还作用有弯矩时，称为偏心受压构件，如图 2-3-1（b）所示。轴向压力 N 作用线至截面形心线之间的距离 e_0 称为偏心距。在偏心受压构件中，当轴向压力 N 沿截面一个主轴方向作用时，称为单向偏心受压，如图 2-3-1（c）所示；当轴向压力 N 同时沿截面两个主轴方向作用时，称为双向偏心受压，如图 2-3-1（d）所示。

在实际工程中，由于构件制作误差、轴线偏差及混凝土材料本身的非匀质性等原因，理想的轴心受压构件是不存在的，即作用于构件截面上的轴向压力总是存在着或大或小的偏心距。结构计算中，为使计算简化，当轴向压力的偏心距很小时，可按轴心受压构件来计算，如承受较大恒载作用的多层等跨房屋的内柱、钢筋混凝土屋架的受压腹杆等。

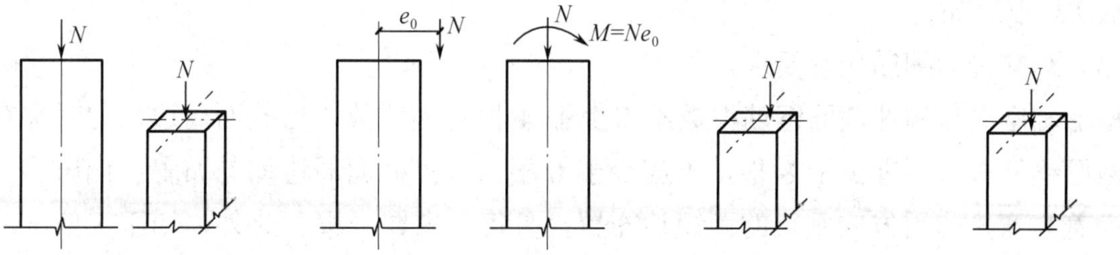

（a）轴心受压构件　（b）偏心受压构件　（c）单向偏心受压　（d）双向偏心受压

图 2-3-1　受压构件的类型

2. 受压构件的一般构造要求

1）受压构件的截面形式及尺寸。

为了方便施工，受压构件一般采用方形或矩形截面。从受力合理性方面考虑，偏心受压构件采用矩形截面时，截面长边布置在弯矩作用方向，柱长边（h）与柱短边（b）的比值一般为 1.5～2.5。为了减轻自重，节省材料，对于预制装配式受压构件也可将截面做成工字形。

受压构件的截面尺寸不宜太小，一般不宜小于 250mm × 250mm，因为结构越细长，纵向弯曲越大，构件承载力降低得越多。

对于现浇钢筋混凝土受压柱，截面最小直径不宜小于 250mm；对于预制的工字形截面柱，翼缘厚度不宜小于 120mm，腹板厚度不宜小于 100mm；当腹板开孔时，宜在孔洞周边每边设置 2～3 根直径不小于 8mm 的补强钢筋，每个方向补强钢筋的截面面积不宜小于该方向被截断钢筋的截面面积。

受压构件截面尺寸应满足模数要求：柱边长在 800mm 以内时为 50mm 倍数；超过 800mm 时为 100mm 倍数。

2）受压构件的材料强度。

混凝土的强度等级对受压构件的承载力影响较大。为减小构件截面尺寸，节约钢筋，采用较高强度等级的混凝土是经济合理的。一般受压构件采用 C20 或 C20 以上强度等级的混凝土；高层结构的受压柱可以采用强度等级高的混凝土，如 C40 等。纵向受力钢筋一般采用 HRB400 级及 RRB400 级。钢筋强度不宜过高，因为钢筋抗压强度受混凝土峰值应变的限制，使用过高强度的钢筋不能发挥其高强的作用。箍筋宜采用 HPB300、HRB400 级钢筋。

3. 受压构件内钢筋

三维仿真：柱内钢筋展示　　动画演示：受压构件内钢筋受力演示

1）纵向受力钢筋。

（1）纵向受力钢筋作用。

纵向受力钢筋（受力纵筋）主要协助混凝土共同承担压力，以减少截面尺寸；此外，还能承担由偏心压力和一些偶然因素下所产生的拉力。

（2）纵向受力钢筋直径。

为组成稳固的钢筋骨架，防止钢筋受压侧曲，受压构件受力纵筋的直径不宜小于 12mm，通常取 12～32mm。

（3）纵向受力钢筋配置要求。

矩形轴心受压构件截面钢筋根数不得少于 4 根且为偶数，沿截面周边均匀对称布置；圆形截面钢筋根数不宜少于 8 根，不应少于 6 根，宜沿截面周边均匀布置；偏压构件受力纵筋沿着与弯矩作用方向垂直的两短边布置，且每角布置一根。此外，轴压、偏压构件中受力纵筋中距不宜大于 300mm，为保证混凝土浇筑质量和纵筋充分发挥作用，提高钢筋与混凝土之间的黏结作用，柱中纵向钢筋的净间距不宜小于 50mm，且不宜大于 300mm。

当偏心受压构件的截面高度 ≥ 600mm 时，柱的两侧应设置直径为 10～16mm 的纵向构造钢筋，并相应地设置拉结筋或复合箍筋，如图 2-3-2 所示。拉结筋的直径和间距与基本箍筋相同。

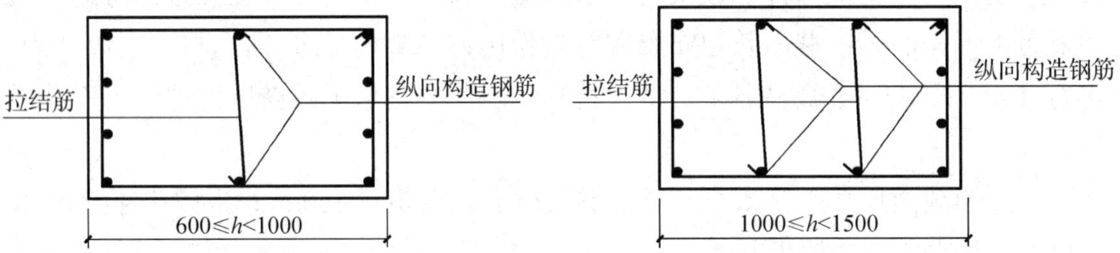

（a）600≤h<1000　　（b）1000≤h<1500

图 2-3-2　偏压柱纵向构造钢筋及拉结筋的布置

（4）纵向受力钢筋配筋率。

受压构件中纵向受力钢筋的配筋率应满足相关规范要求，具体规定见表 2-3-1。

表 2-3-1　受压构件纵向受力钢筋最小配筋率（%）

受力构件类型			最小配筋率
受压构件	全部纵向钢筋	强度等级 500MPa	0.50
		强度等级 400MPa	0.55
		强度等级 300MPa	0.60
	一侧纵向钢筋		0.20
受弯构件、偏心受拉、轴心受拉构件一侧的受拉钢筋			0.20 和 $45f_t/f_y$ 中的较大值

2）箍筋。

在受压构件中的箍筋主要承受剪力作用，对核心混凝土起到约束作用，提高构件的受压性能，与纵筋构成骨架，防止其受压弯曲。

（1）箍筋的形式。

受压构件中的箍筋应采用封闭式。当柱截面短边尺寸 > 400mm 且每边的受力纵筋多于 3 根时，或当柱截面短边尺寸 ≤ 400mm 但各边受力纵筋多于 4 根时，应设复合箍筋，使纵筋每隔一根位于箍筋转角处。当柱截面有内折缺口时，箍筋不得做成有内折角的形状，如图 2-3-3 所示。

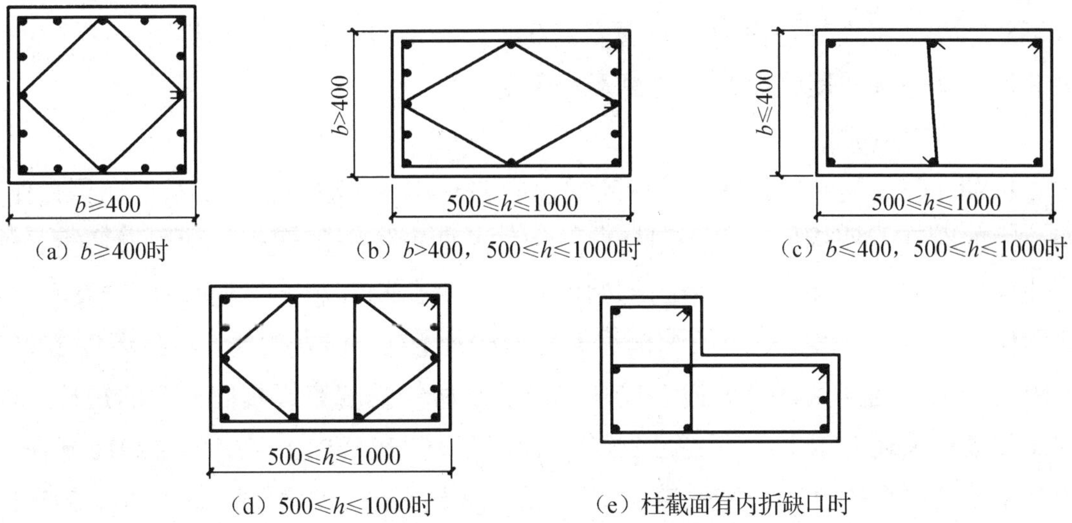

（a）$b \geq 400$时　（b）$b>400$，$500 \leq h \leq 1000$时　（c）$b \leq 400$，$500 \leq h \leq 1000$时

（d）$500 \leq h \leq 1000$时　（e）柱截面有内折缺口时

图 2-3-3　受压构件中常用的箍筋形式

（2）箍筋的直径和间距。

箍筋的直径不应小于 $d/4$（d 为纵向钢筋的最大直径）且不应小于 6mm。箍筋间距不应大于 400mm 及构件截面的短边尺寸，且不应大于 $15d$（d 为纵向受力钢筋的最小直径）。

当柱中全部纵向受力钢筋配筋率超过 3%时，箍筋直径不应小于 8mm，其间距不应大于 $10d$ 且不应大于 200mm。箍筋末端应做 135° 弯钩且弯钩末端平直段长度不应小于 $10d$（d 为纵向受力钢筋的最小直径）。

在配有螺旋式或焊接环状箍筋的柱中，如在正截面受压承载力计算中考虑间接钢筋的作用时，箍筋间距不应大于 80mm 及 $\frac{d_{cor}}{5}$（d_{cor} 为按箍筋内表面确定的核心截面直径），且不宜小于 40mm。

2.3.2　轴心受压构件

讲解视频：轴心受压柱的破坏特征

1. 轴心受压柱破坏特征

轴心受压构件根据长细比（l_0/b）不同，分为短柱和长柱两种。对于正方形或矩形柱，当 $l_0/b \leq 8$ 时为短柱，否则为长柱（l_0 为柱的计算长度，b 为截面短边尺寸）。短柱和长柱在轴心压力作用下的破坏特征是不同的。

1）短柱的破坏特征。

配有普通箍筋的矩形截面短柱，其破坏形态如图 2-3-4 所示，在较小的轴向压力作用下，由于钢筋和混凝土之间的黏结作用，钢筋和混凝土的应变相等。随着荷载的增大，钢筋将先达到屈服强度，而后混凝土应变达到极限压应变，此时混凝土产生纵向裂缝，保护层剥落，箍筋间纵向钢筋发生压屈，向外突出，混凝土被压碎，构件破坏。破坏时，钢筋和混凝土的抗压强度都得到了充分应用。在整个受力过程中，短柱的纵向弯曲影响

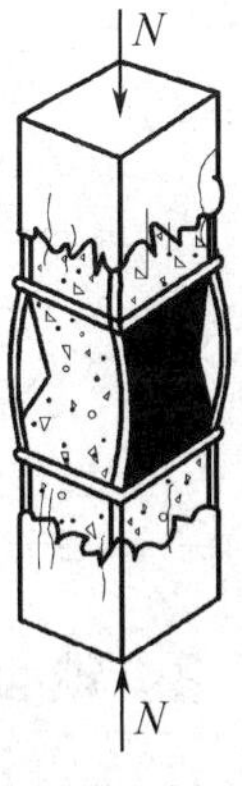

图 2-3-4　轴心受压短柱破坏形态

很小，可忽略不计。当短柱内配置高强度钢筋时，在混凝土应变达到极限压应变而被破坏时，钢筋往往达不到屈服强度，强度得不到应用。

2）长柱的破坏特征。

对于长细比较大的长柱，轴向受压初始偏心的影响是不容忽视的。长柱在压力作用下，初始偏心距的存在，使构件产生侧向挠曲，构件截面产生附加弯矩，而附加弯矩又使构件侧向挠曲增大，进一步加大了原来的初始偏心距，彼此相互影响，使长柱在弯矩和轴向压力的共同作用下发生破坏。对于长细比很大的长柱，还有可能发生“失稳破坏”。试验表明：长柱的承载力低于相同条件（如截面尺寸、配筋及材料强度等级相同）下的短柱。而且柱的长细比越大，承载力越小。《混凝土结构设计规范》（GB50010—2010）（2015 年版）采用钢筋混凝土轴心受压构件的稳定系数 φ 表示长柱承载力降低的程度，φ 值查表 2-3-2。

表 2-3-2　钢筋混凝土轴心受压构件的稳定系数 φ

l_0/b	l_0/d	l_0/i	φ	l_0/b	l_0/d	l_0/i	φ
≤ 8	≤ 7	≤ 28	1.0	30	26	104	0.52
10	8.5	35	0.98	32	28	111	0.48
12	10.5	42	0.95	34	29.5	118	0.44
14	12	48	0.92	36	31	125	0.40
16	14	55	0.87	38	33	132	0.36
18	15.5	62	0.81	40	34.5	139	0.32
20	17	69	0.75	42	36	146	0.29
22	19	76	0.70	44	38	153	0.26
24	21	83	0.65	46	40	160	0.23
26	22.5	90	0.60	48	41.5	167	0.21
28	24	97	0.56	50	43	174	0.19

注：① 表中 l_0 为构件计算长度，对钢筋混凝土柱可按表 2-3-3 的规定取用。

② b 为矩形截面的短边尺寸；d 为圆形截面直径；i 为截面最小回转半径。

表 2-3-3　框架结构各层柱的计算长度

楼盖的类型	柱 的 类 别	l_0
现浇楼盖	底层柱	$1.0H$
	其余各层柱	$1.25H$
装配式楼盖	底层柱	$1.25H$
	其余各层柱	$1.5H$

注：表中 H 为底层柱从基础顶面到一层楼盖顶面的高度，对其余各层柱为上、下两层楼盖顶面之间的高度。

2. 轴心受压构件正截面承载力计算

1）验算公式。

在轴向压力设计值 N 作用下，根据截面静力平衡条件并考虑长细比等因

轴心受压构件正截面承载力计算

素影响，承载力验算公式为

$$N \leqslant N_u = 0.9\varphi\,(f_c A + f_y' A_s') \quad (2\text{-}3\text{-}1)$$

式中 N——轴向压力设计值；

N_u——轴心受压构件的承载力；

φ——钢筋混凝土轴心受压构件的稳定系数，查表 2-3-2；

f_c——混凝土轴心抗压强度设计值；

A——构件截面面积，当纵向钢筋配筋率大于 3%时，式中 A 应改用（$A-A_s'$）代替；

A_s'——全部纵向受压钢筋的截面面积；

f_y'——纵向受压钢筋的强度设计值。

2）截面设计。

已知：构件截面尺寸 $b \times h$，材料强度等级，轴向压力设计值 N，构件的计算长度 l_0。

求解：纵向受力钢筋 A_s'。

求解步骤：根据材料强度等级确定混凝土和钢筋的受压强度设计值，确定受压构件的稳定系数，运用公式（2-3-2）计算纵向受力钢筋面积 A_s'，进行纵向受力钢筋选配，验算配筋率，并根据构造要求进行箍筋选配。

$$A_s' = \frac{N/(0.9\varphi) - f_c A}{f_y'} \quad (2\text{-}3\text{-}2)$$

【例 2.3.1】某现浇多层钢筋混凝土框架结构，其底层中柱按照轴心受压构件进行计算，柱高 $H = 3.6\text{m}$，柱截面面积 $b \times h = 400\text{mm} \times 400\text{mm}$，承受轴向压力设计值 $N = 2780\text{kN}$，采用 C30 等级混凝土，HRB400 级钢筋，求其纵向钢筋截面面积并进行钢筋配置。

【解】确定材料强度，C30 等级混凝土，$f_c = 14.3\text{N/mm}^2$，HRB400 级钢筋 $f_y' = 360\text{N/mm}^2$。

求稳定系数，现浇结构底层柱，其计算长度

$$l_0 = 1.0H = 1.0 \times 3600 = 3600\text{mm} \qquad \frac{l_0}{b} = \frac{3600}{500} = 7.2$$

查表 2-3-2，得 $\varphi = 1.0$。

计算纵向钢筋面积 A_s'

$$A_s' = \frac{N/(0.9\varphi) - f_c A}{f_y'} = \frac{2780 \times 10^3/(0.9 \times 1.0) - 14.3 \times 400^2}{360} \approx 2224.69\text{mm}^2$$

配置钢筋，选用纵向钢筋 8C20（$A_s' = 2513\text{mm}^2$）。

验算配筋率，

$$\rho = \frac{A_s'}{b \times h} \times 100\% = \frac{2513}{400 \times 400} \times 100\% = 1.57\%$$

$\rho > 0.55\%$，满足最小配筋率的要求。

$\rho < 3\%$ 不必用 $A - A_s'$ 代替 A。

选配箍筋。

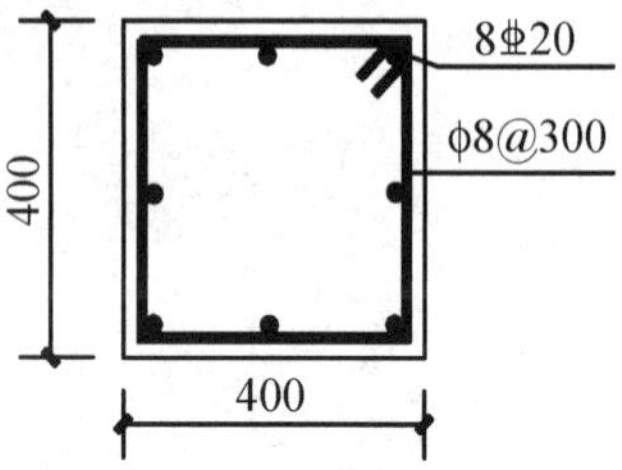

图 2-3-5 截面配筋图

$$箍筋直径\ d\begin{cases}\geqslant \dfrac{d}{4}=\dfrac{20}{4}=5\text{mm} & 取\ \phi 8\\ \geqslant 6\text{mm}\end{cases}$$

$$箍筋间距\ S\begin{cases}\leqslant 400\text{mm} & \\ \leqslant b=400\text{mm} & 取\ S=300\text{mm}\\ \leqslant 15d=15\times 20=300\text{mm}\end{cases}$$

综上，选用箍筋 φ8@300。

截面配筋图如图 2-3-5 所示。

3）截面复核。

已知：构件截面尺寸 $b\times h$，材料强度等级，轴向压力设计值 N，构件的计算长度 l_0，纵向受力钢筋 A_s'，轴向压力设计值 N。

求解：①计算构件受压承载力；②判断受压构件承载力是否足够。

求解步骤：根据材料强度等级确定混凝土和钢筋的受压强度设计值，确定受压构件的稳定系数，运用公式（2-3-3）计算受压构件的承载力。

$$N_u=0.9\varphi\ (f_cA+f_y'A_s') \qquad (2\text{-}3\text{-}3)$$

若已知轴向压力设计值 $N\leqslant N_u$，则承载力足够；否则承载力不满足要求。

【例 2.3.2】某现浇多层钢筋混凝土框架结构中轴心受压柱，柱截面面积 $b\times h=500\text{mm}\times 500\text{mm}$，柱计算长度 $l_0=5.25\text{m}$，承受轴向压力设计值 $N=3500\text{kN}$，采用 C30 等级混凝土，HRB400 级钢筋，配置箍筋 φ8@200，配置纵筋 4⌀25，试复核该柱。

【解】确定材料强度，C30 等级混凝土，$f_c=14.3\text{N/mm}^2$，HRB400 级钢筋，$f_y'=360\text{N/mm}^2$。

求稳定系数，

$l_0=5250\text{mm}$

$$\frac{l_0}{b}=\frac{5250}{500}=10.5$$

查表 2-3-2，用插入法得 $\varphi=0.97$。

验算配筋率，配置纵向钢筋 4⌀25（$A_s'=1964\text{mm}^2$）。

$$\rho=\frac{A_s'}{b\times h}\times 100\%=\frac{1964}{500\times 500}\times 100\%=0.79\%$$

$\rho>0.55\%$，满足最小配筋率的要求。

$\rho<3\%$ 不必用 $A-A_s'$ 代替 A。

验算承载力，

$$\begin{aligned}N_u&=0.9\varphi\ (f_cA+f_y'A_s')\\&=0.9\times 0.97\times(14.3\times 500\times 500+360\times 1964)\\&\approx 3738.22\text{kN}>N=3500\text{kN}\end{aligned}$$

该柱安全。

2.3.3 偏心受压构件

1. 偏心受压构件的分类及界限

1）偏心受压构件的分类。

由于作用在截面上的弯矩与轴向压力的数值相对大小及配筋情况不同，所以偏心受压构件的受力性能、破坏形态介于受弯构件与轴心受压构件之间。偏心受压构件的破坏特征主要与荷载的偏心距及纵向受力钢筋的数量有关，其截面配筋情况如图 2-3-6 所示，根据偏心距 e_0 大小和纵向钢筋配筋率的不同，偏心受压构件的破坏特征分为大偏心受压破坏（受拉破坏）和小偏心受压破坏（受压破坏）。

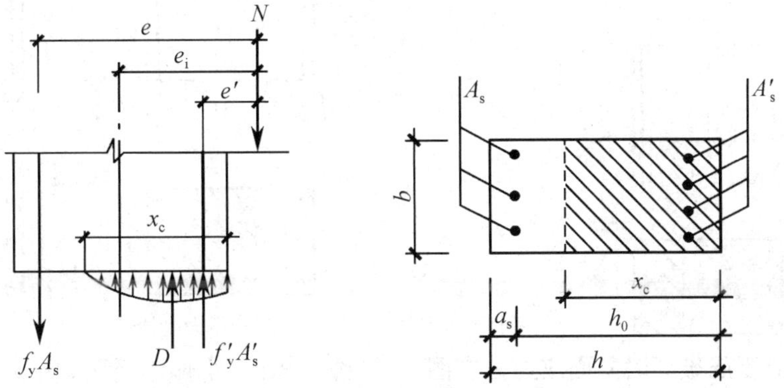

图 2-3-6 偏心受压构件截面配筋图

2）大、小偏心受压的界限。

大、小偏心受压破坏的本质区别在于离偏心力较远一侧钢筋是否达到屈服强度。从理论上讲，在大、小偏心受压破坏之间总存在着一种破坏，称为“界限破坏”：当受拉钢筋达到屈服强度的同时，受压区混凝土恰好达到极限压应变 ε_{cu}。界限破坏是大偏心受压破坏的特例。相对于界限破坏状态的界限受压区高度计算公式与受弯构件相同，即 $x=\xi_b h_0$。所以，当 $\xi \leqslant \xi_b$ 或 $x \leqslant \xi_b h_0$ 时，为大偏心受压破坏；当 $\xi > \xi_b$ 或 $x > \xi_b h_0$ 时，为小偏心受压破坏。

2. 偏心受压构件的破坏形态

1）大偏心受压破坏（受拉破坏）。

当轴向压力的相对偏心距（e_0/h_0）较大且纵向受拉钢筋不太多时发生受拉破坏。受压构件在偏心压力作用下，靠近纵向压力一侧截面受压，远离纵向压力一侧截面受拉。随着压力的增大，受拉一侧截面首先出现水平裂缝；荷载再增大，受拉钢筋达到屈服强度。然后，随着裂缝的开展和钢筋的塑性变形，混凝土受压区的高度减小，受压区钢筋和混凝土的压应力增长很大，最终，受压钢筋达到屈服强度，受压区混凝土被压碎，导致构件破坏。破坏时截面应力分布如图 2-3-7 所示。

构件的破坏特征与双筋截面适筋梁相似，其破坏都始于受拉钢筋的屈服，然后导致受压区混凝土被压碎，故大偏心受压破坏也称为受拉破坏。

2）小偏心受压破坏（受压破坏）。

当轴向压力的相对偏心距（e_0/h_0）较小，或相对偏心距较大但纵向受拉钢筋配置过多时发生受压破坏。在偏心压力作用下，构件截面全部受压或大部分受压，小部分受拉。靠近压力一侧截面压应力大，远离压力一侧截面压应力小或受拉。随着压力的增大，构件破坏时，压应力较大一侧的混凝土首先达到极限压应变 ε_{cu}，受压钢筋达到屈服强度，而远离压力一侧的钢筋不论受拉或受压，都没有达到屈服强度，应力值为 σ_s。构件的破坏始于受压区混凝土，所以小偏心受压破坏也称为受压破坏。这种破坏特征与轴心受压构件相似。构件破坏时截面应力分布如图 2-3-8 所示。

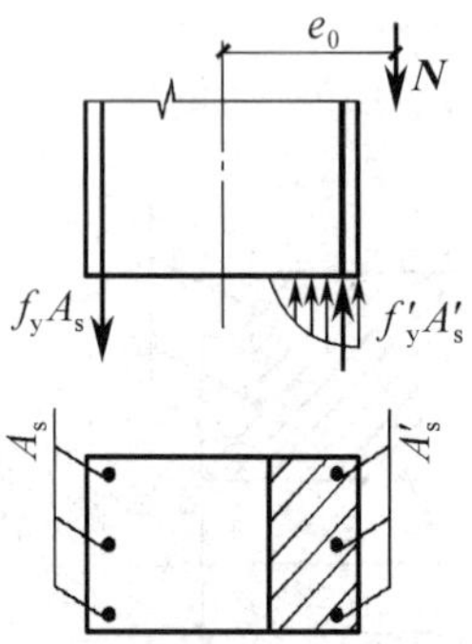

图 2-3-7　大偏心受压破坏时截面应力分布图

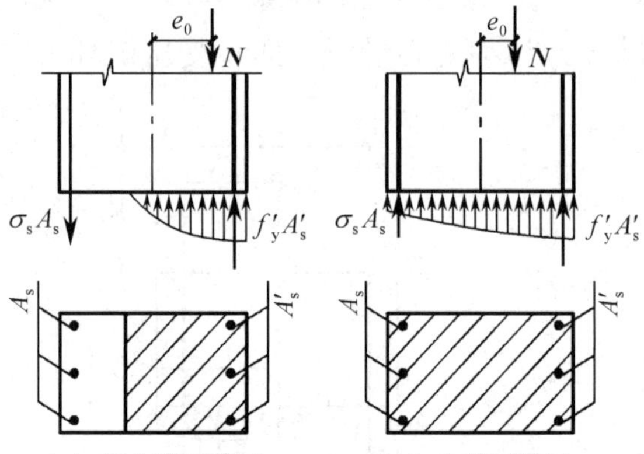

图 2-3-8　小偏心受压破坏时截面应力分布图

产生受压破坏的条件有以下两种情况：

（1）相对偏心距（e_0/h_0）较小。此时，大多数截面处于受压状态，甚至全截面受压，而受拉侧无论如何配筋，截面最终产生受压破坏。

（2）相对偏心距（e_0/h_0）较大，但受拉侧纵向钢筋 A_s 配置过多。这种情况类似于双筋截面超筋梁，即受压破坏是由于受拉侧钢筋 A_s 配置过多造成的，在实际工程中应尽量予以避免。

思考题

2.3.1　受压构件分为哪些类型？

2.3.2　钢筋混凝土受压柱的构造要求有哪些？

2.3.3　简述轴心受压构件的破坏特征。

2.3.4　如何区分偏心受压构件的类型？简述两种偏心受压构件的破坏形态。

2.3.5　某轴心受压柱截面尺寸为 $b \times h = 300\text{mm} \times 500\text{mm}$，计算长度 $l_0 = 3600\text{mm}$，采用 C30 等级混凝土，HRB400 等级钢筋，$N = 2500\text{kN}$，请确定其纵向钢筋截面面积，并配置纵向钢筋和箍筋。

2.3.6 某轴心受压柱截面为 $b \times h = 350\text{mm} \times 350\text{mm}$，计算长度 $l_0 = 3000\text{mm}$，钢筋配置为 4Φ22，箍筋配置情况为 ϕ10@200，混凝土强度等级 C30，$N = 1900\text{kN}$，试进行验算。

在线测试：受压构件

任务 2.4 预应力混凝土构件

知识目标

1.掌握预应力混凝土的基本原理；

2.掌握施加预应力的常用方法；

3.了解与普通混凝土相比预应力混凝土具有的优点。

能力目标

能明白预应力混凝土的工作原理及工程应用。

素养目标

通过对世界著名的结构设计大师：预应力先生——林同炎事迹的学习，让学生感受榜样的力量，激起学生对预应力混凝土的热爱和追求。

2.4.1 预应力混凝土的基本概念

讲解视频：预应力混凝土的基本原理

动画演示：预应力混凝土原理

1. 预应力混凝土的基本原理

普通钢筋混凝土结构或构件，由于混凝土的抗拉强度及极限拉应变很小（其极限拉应变约为 1×10^{-4}～1.5×10^{-4}），所以在使用荷载作用下，一般通常处于带裂缝工作状态。对使用上不允许开裂的构件，其受拉钢筋的最大应力仅为 20～30N/mm^2；对于允许开裂带裂缝工作的构件，规范规定的最大裂缝宽度限制为当裂缝宽度为 0.2～0.3mm 时，此时钢筋拉应力也只达到 150～250N/mm^2。

由于混凝土的过早开裂，使普通钢筋混凝土构件存在难以克服的两个缺点：一是裂缝的开展使高强度材料无法充分利用，从结构耐久性出发必须限制裂缝开展宽度，这就使受“裂缝控制等级及最大裂缝宽度限值”的约束高强度钢筋及高强度等级混凝土无法发挥作用，相应地也不可能充分发挥高级别混凝土的作用；二是过早开裂导致构件刚度降低，为了满足变形控制的要求，需加大构件截面尺寸，这样做既不经济又增加了构件自重，特别是随着跨度的增大，自重所占的比例也增大，使钢筋混凝土结构的应用范围受到很多限制。

为了避免普通钢筋混凝土结构过早出现裂缝，并充分利用高强度材料，在结构构件受外荷载作用之前，可通过一定方法预先对由外荷载引起的混凝土受拉区施加压力，用由此产生的预压应力来减小或抵消将来外荷载所引起的混凝土拉应力。这样在外荷载施加之后，裂缝就可延缓或不发生，即使发生了，裂缝也不会开展过宽，可满足适用要求产生裂缝其宽度也在限定值范围内。这种构件受外荷载以前预先对混凝土受拉区施加压应力的结构就称为预应力混凝土结构。

下面就以图 2-4-1 所示简支梁为例来说明预应力混凝土的基本原理。在外荷载作用之前，预先在梁的受拉区施加一对大小相等、方向相反的偏心预压力 N，使梁截面下边缘混凝土产生预压应力σ_c，使梁产生反拱，如图 2-4-1（a）所示；在使用荷载（包括梁自重）作用下，梁截面的下边缘将产生拉应力σ_t，如图 2-4-1（b）所示；这样梁截面上的最后应力是上述两种情况下截面应力的叠加，其截面下边缘的应力为$\sigma_t-\sigma_c$，如图 2-4-1（c）所示。由于预加压力 N 的大小可控制，这样就可通过对预加压力 N 的控制来达到抗裂控制等级的要求。对抗裂控制等级为一级的构件，可使预加压力 N 作用下截面下边缘（使用荷载作用下的受拉侧）的压应力大于使用荷载产生的拉应力，截面上就不会出现拉应力；对允许出现裂缝的构件，同样可以通过施加预应力来延缓混凝土的开裂，提高构件的抗裂度和刚度，节约材料，减轻结构自重的效果。

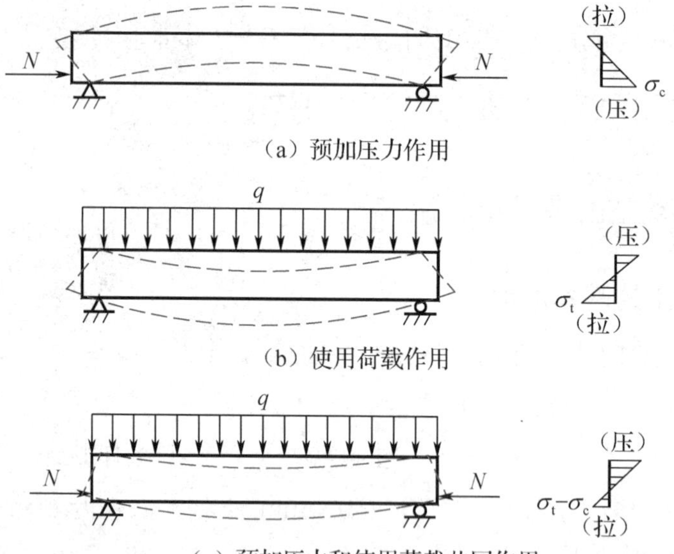

（a）预加压力作用

（b）使用荷载作用

（c）预加压力和使用荷载共同作用

图 2-4-1　预应力混凝土简支梁的受力分析

2. 预应力混凝土的分类

讲解视频：预应力混凝土的分类

1）根据预加应力值大小对构件截面裂缝控制程度的不同分类：

① 全预应力混凝土。

在使用荷载作用下，不允许截面上混凝土出现拉应力的构件，属严格要求不出现裂缝的构件和严格控制预应力构件的截面尺寸和预应力梁的挠度。

② 部分预应力混凝土。

允许出现裂缝，但最大裂缝宽度不超过允许值的构件，属允许出现裂缝的构件。

2）根据施加预应力的方法不同分类：

可分为先张法和后张法（在 2.4.2 节中将详细介绍）。

3）根据预应力筋与混凝土结构黏结方式分类：

① 有黏结预应力混凝土。

所谓有黏结预应力混凝土是指预应力筋沿全长均与周围混凝相黏结。先张法的预应力筋直接浇筑在混凝土内，预应力筋和混凝土是有黏结的；后张法的预应力筋通过孔道灌浆与混凝土形成黏结力，这种方法生产的预应力混凝土也是有黏结的。

② 无黏结预应力混凝土。

无黏结预应力混凝土的预应力筋沿全长与周围混凝土能发生相对滑动，为防止预应力筋腐蚀和与周围混凝土黏结，采用涂油脂和缠绕塑料薄膜等措施，将预应力钢筋的外表面涂以沥青，油脂或其他润滑防锈材料，以减小摩擦力并防锈蚀，并用塑料套管或以纸带、塑料带包裹，以防止施工中碰坏涂层，并使之与周围混凝土隔离，这样形成的预应力混凝土称为无黏结预应力混凝土。特点：不需要预留孔道，也不必灌浆、施工简便、快速、造价较低、易于推广应用。

3. 预应力混凝土的特点

讲解视频：预应力混凝土的特点

1）优点。

① 抗裂性好，刚度大。由于对构件施加预应力，大大推迟了裂缝的出现，在使用荷载作用下，构件可不出现裂缝，或使裂缝推迟出现，所以提高了构件的刚度，增加了结构的耐久性。

② 节省材料，减小自重。其结构由于必须采用高强度材料，因此可减少钢筋用量和构件截面尺寸，节省钢材和混凝土，降低结构自重，对大跨度和重荷载结构有着明显的优越性。

③ 可以减小混凝土梁的竖向剪力和主拉应力。预应力梁混凝土梁的曲线钢筋（束）可以使梁中支座附近的竖向剪力减小；又由于混凝土截面上预应力的存在，使荷载作用下的主拉应力也就减小。这利于减小梁的腹板厚度，使预应力混凝土梁的自重可以进一步减小。

④ 提高受压构件的稳定性。当受压构件长细比较大时，在受到一定的压力后便容易被压弯，以致丧失稳定而破坏。如果对钢筋混凝土柱施加预应力，使纵向受力钢筋张拉得很紧，不但预应力钢筋本身不容易压弯，而且可以帮助周围的混凝土提高抵抗压弯的能力。

⑤ 提高构件的耐疲劳性能。因为具有强大预应力的钢筋，在使用阶段因加荷或卸荷所引起的应力变化幅度相对较小，故此可提高抗疲劳强度，这对承受动荷载的结构来说是很有利的。

⑥ 预应力可以作为结构构件连接的手段，促进大跨结构新体系与施工方法的发展。

2）缺点。

① 工艺较复杂，对质量要求高，因而需要配备一支技术较熟练的专业队伍。

② 需要有一定的专门设备，如张拉机具、灌浆设备等。先张法需要有张拉台座；后张法还要耗用数量较多、质量可靠的锚具等。

③ 预应力混凝土结构的开工费用较大，对构件数量少的工程成本较高。

④ 预应力反拱度不易控制。它随混凝土徐变的增加而增大，造成桥面不平顺。

⑤ 高温条件下，施加预应力后的钢筋混凝土强度会明显下降，导致其耐火极限降低，因此在建筑消防上存在安全隐患。

4. 预应力混凝土的应用

预应力混凝土由于具有许多优点，目前在国内外应用非常广泛，特别是在大跨度或承受动力荷载的结构，以及不允许开裂带裂缝工作的结构中得到了广泛的应用。在房屋建筑工程中，预应力混凝土不仅用于屋架、吊车梁、空心板以及檩条等预制构件，而且在大跨度、高层房屋的现浇结构中也得到应用。预应力混凝土结构还广泛地应用于公路、铁路桥梁、立交桥、飞机跑道、蓄液池、压力管道、预应力混凝土船体结构，以及原子能反应堆容器和海洋工程结构等方面。

2.4.2 施加预应力的方法

根据张拉钢筋与浇筑混凝土的先后关系，施加预应力的方法可分为先张法和后张法两类。

1. 先张法

动画演示：先张法预应力混凝土施工

如图 2-4-2 所示，先张法是先在台座上或钢模内张拉预应力钢筋，并作临时锚固，然后浇灌混凝土，混凝土达到规定强度后切断预应力钢筋，预应力钢筋回缩时挤压混凝土，使混凝土获得预应力。先张法构件的预应力是靠预应力钢筋与混凝土之间的黏结力来传递的。

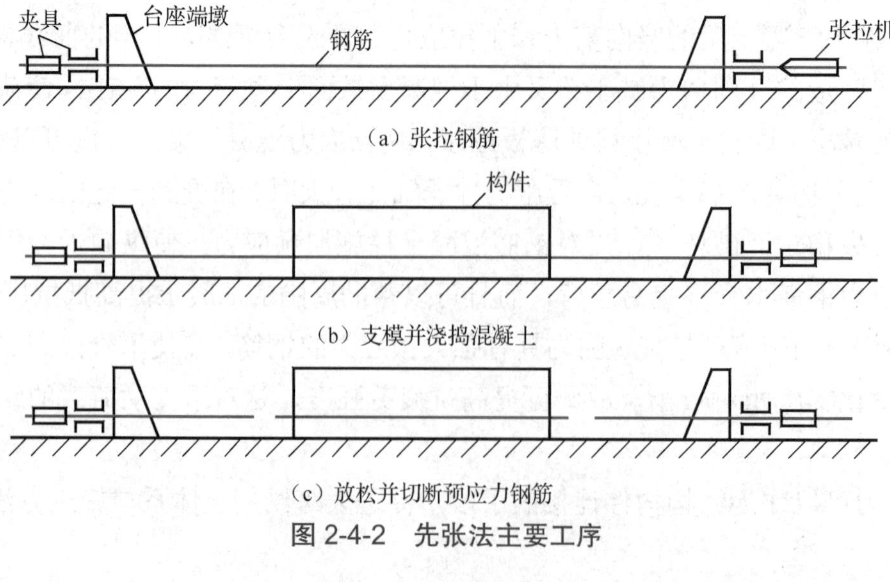

（a）张拉钢筋

（b）支模并浇捣混凝土

（c）放松并切断预应力钢筋

图 2-4-2 先张法主要工序

2. 后张法

动画演示：后张法预应力混凝土施工

如图 2-4-3 所示，先浇筑混凝土构件，在构件中预留孔道，待混凝土达到规定强度后，在孔道中穿预应力钢筋。然后利用构件本身作为加力台座，张拉预应力钢筋，在张拉的同时混凝土受到挤压。张拉完毕，在张拉端用锚具锚住预应力钢筋，并在孔道内实行压力灌浆使预应力钢筋与构件形成整体。后张法是靠构件两端的锚具来保持预应力的。

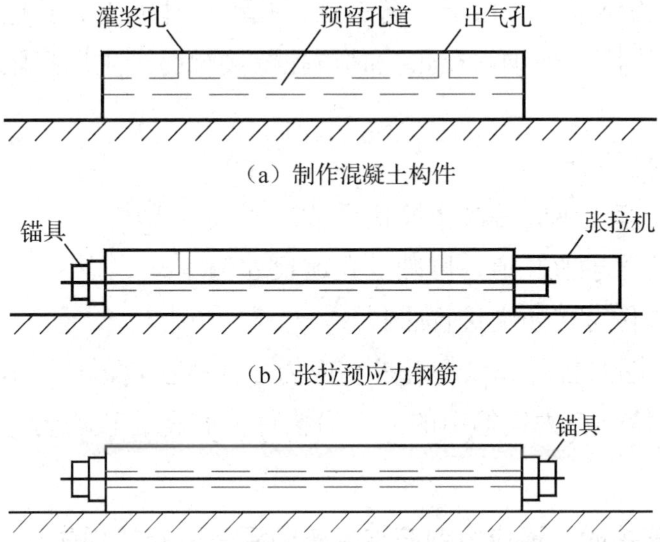

（a）制作混凝土构件

（b）张拉预应力钢筋

（c）张拉端锚固并对孔道灌浆

图 2-4-3 后张法主要工序

3. 两种方法优缺点比较

两种方法比较而言，先张法采用工厂化的生产方式，当前采用较多的是在台座上张拉，台座越长，一次生产的构件就越多。先张法的工序少、工艺简单、质量容易保证，但它只适于生产中、小型构件，如楼板、屋面板等。后张法的施工程序及工艺比较复杂，需要专用的张拉设备，需大量特制锚具，用钢量较大，但它不需要固定的张拉台座，可在现场施工，应用灵活。后张法适用于不便运输的大型构件。

2.4.3 预应力损失

讲解视频：预应力损失

由于预应力施工工艺和材料性能等种种原因，使得预应力钢筋中的初始预应力，在制作、运输及使用过程中不断降低，这种现象称为预应力损失。预应力损失从张拉钢筋开始，在整个使用期间都存在。按其引起预应力损失的因素分，预应力损失主要分为以下几种：

1. 张拉端锚具的变形和预应力筋回内缩引起的损失 σ_{l1}

预应力钢筋经张拉后，便锚固在台座或混凝土构件上，由锚具、垫板和构件间的缝隙被压紧，或预应力钢筋在锚具中滑动产生的回内缩，从而引起预应力损失为σ_{l1}。

减少此项损失的措施有：

1）选择锚具变形小或使预应力钢筋内缩小的锚具、夹具，尽量少用垫板。

2）对于先张法构件，则应选择较长的台座，因台座越长，预应力钢筋就越长，相对变形则较小，所以预应力损失就小。

2. 预应力筋与孔道壁间的摩擦、张拉端锚口摩擦、在转向装置处的摩擦所引起的损失σ_{l2}

后张法张拉预应力钢筋时，由于孔道不直、孔道尺寸偏差、孔壁粗糙、钢筋不直、预应力钢筋表面粗糙等原因，使钢筋在张拉时与孔壁接触而产生摩擦阻力，从而引起因摩擦导致的预应力损失σ_{l2}。

减少此项损失的措施有：

1）采用润滑剂，套上钢管等减小摩擦系数。

2）采用刚度大的管子留孔道，以减少孔道尺寸偏差。

3）对于较长的构件可在两端进行张拉。

4）采用超张拉。超张拉是先以超过控制应力之值张拉，再适当放松，最后再次张拉到控制应力值。这样可使预应力钢筋中的应力沿构件分布得比较均匀，同时预应力损失也能显著降低。

3. 混凝土加热养护时，预应力钢筋与台座间温差引起的损失σ_{l3}

对于先张法预应力混凝土构件，当进行蒸汽养护时，两端台座与地面相连，温度较低，而经张拉的钢筋则受热膨胀，导致张拉应力的降低，这就是温差引起的损失σ_{l3}。

减少此项损失的措施有：

1）采用两次升温养护措施。即先在常温下养护，待混凝土立方体强度达到 7.5～10N/mm^2 时，再继续升温。这时由于钢筋与混凝土已结成整体，两者能够一起膨胀而不会再产生预应力损失。

2）在钢模上张拉预应力钢筋。蒸汽养护时，钢模与构件一起加热升温不产生温差。

4. 预应力钢筋应力松弛引起的损失σ_{l4}

钢筋在高应力作用下具有随时间而增长的塑性变形性质。在钢筋长度保持不变的条件下，其应力随时间的增长而逐渐降低的现象称为钢筋应力松弛。钢筋的松弛引起预应力钢筋的应力损失，此损失称为钢筋应力松弛损失σ_{l4}。

减少此项损失的措施有：进行超张拉。

5. 混凝土收缩和徐变引起的损失σ_{l5}

混凝土在一般温度条件下，结硬时会发生体积收缩现象，而在预应力作用下，沿压力方向发生徐变。它们均使构件的长度缩短，预应力钢筋也随之内缩，造成预应力损失σ_{l5}。

减少此项损失的措施有：

1）采用高强度等级水泥，减少水泥用量，减少小水灰比，采用干硬性混凝土。

2）采用级配好的骨料，加强振捣，提高混凝土的密实性。

3）加强养护，以减少混凝土收缩。

6. 预应力钢筋挤压混凝土引起的损失 σ_{l6}

后张法环形预应力构件采用环形配筋，由于预应力钢筋对混凝土的挤压，环形构件的直径将减小，预应力钢筋也随之缩短，从而引起预应力损失 σ_{l6}。

减少此项损失的措施有：增大环形构件的直径。

思考题

2.4.1　什么是预应力混凝土结构？为什么对构件要施加预应力？

2.4.2　为什么在普通钢筋混凝土结构中不能有效地利用高强度钢材和高级别混凝土？而在预应力混凝土结构中却必须采用高强度钢材和高强度等级混凝土？

2.4.3　与普通钢筋混凝土构件相比，预应力混凝土构件有何优点？

2.4.4　预应力施加方法有几种？它们的主要区别是什么？其特点和适用范围如何？

2.4.5　预应力损失有哪些？它们是如何产生的？采取什么措施可以减少这些损失？

在线测试：预应力混凝土构件

项目 3

多层及高层建筑

任务 3.1 常用结构体系

知识目标

1. 熟悉常用结构体系；

2. 掌握框架结构、剪力墙结构及框架—剪力墙结构的优缺点；

3. 掌握钢筋混凝土梁、柱、墙的钢筋构造。

能力目标

1. 能够对框架结构、剪力墙结构及框架—剪力墙结构进行受力分析；

2. 能够正确分析钢筋混凝土梁、柱、墙的配筋构造。

素养目标

1. 通过对中国现代超级工程的学习，让学生了解当代中国的新八大建筑奇迹，感受中国人的智慧和永不放弃的精神；

2. 通过学习梁、柱、墙的钢筋构造，培养学生细心耐心、谦虚严谨、实事求是、知行合一的学习态度。

3.1.1 框架结构

1. 框架结构的概念

框架结构是由钢筋混凝土梁、柱组成的框架来承受房屋全部荷载的结构，如图 3-1-1 所示。框架结构的墙体不承重，仅起到围护和分隔的作用，一般采用加气混凝土空心砌块、膨胀珍珠岩、空心砖或多孔砖等轻质板材砌筑或装配而成。

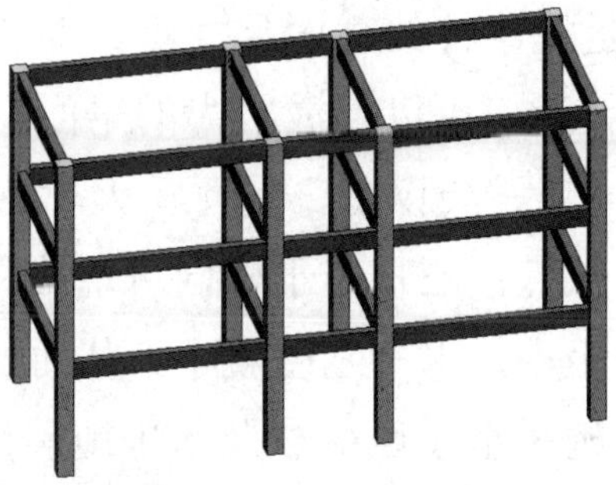

图 3-1-1　框架结构

2. 框架结构的分类

混凝土框架按施工方法不同，可分为全现浇框架、全装配式框架、装配整体式框架及半现浇框架四种形式。

1）全现浇框架。

全现浇框架的全部构件均为现浇钢筋混凝土构件。其优点是整体性及抗震性能好；缺点是模板消耗量大，现场湿作业多，施工周期长，在寒冷地区冬季施工困难等。对使用要求较高、功能复杂或处于地震高烈度区域的框架房屋，宜采用全现浇框架。

2）全装配式框架。

全装配式框架是指梁、板、柱全部预制，在现场通过焊接拼装连接成整体的框架结构。全装配式框架的构件可采用先进的生产工艺在工厂进行大批量生产，在现场以先进的组织处理方式进行机械化装配，因而构件质量容易保证，并可节约大量模板，改善施工条件，加快施工进度。但其结构整体性差，节点预埋铁件多，总用钢量较全现浇框架多，施工需要大型运输和拼装机械，在地震区域不宜采用。

3）装配整体式框架。

装配整体式框架是将预制梁、柱和板在现场安装就位后，焊接或绑扎节点区钢筋，在构件连接处现浇混凝土，使之成为整体式框架结构。与全装配式框架相比，装配整体式框架保证了节点的刚性，提高了框架的整体性，省去了大部分预埋铁件，节点用钢量减少，但增加了现场浇筑混凝土量。装配整体式框架是常用的框架形式之一。

4）半现浇框架。

半现浇框架是将部分构件现浇，部分预制装配而形成的框架。常见的做法有两种：一种是梁、柱现浇，板预制；另一种是柱现浇，梁、板预制。半现浇框架的施工方法比全现浇框架的简单，其整体受力性能也比全装配式框架优越。梁、柱现浇，节点构造简单，整体性较好；板预制，又比全现浇框架节约模板，省去了现场支模的麻烦。半现浇框架是目前采用最多的框架形式之一。

3. 框架结构的优缺点

钢筋混凝土结构中，梁和柱作为重要的承重构件一般采用全现浇。

优点：由于竖向承重构件是柱，柱的截面尺寸小，即便在室内布置柱也基本不影响整个空间视线，故建筑平面布置灵活，可以形成较大的平面空间。因此，适合建造对平面布置空间需求高的建筑，如大型商场、会议室、餐厅、火车站及飞机场的候车厅等。

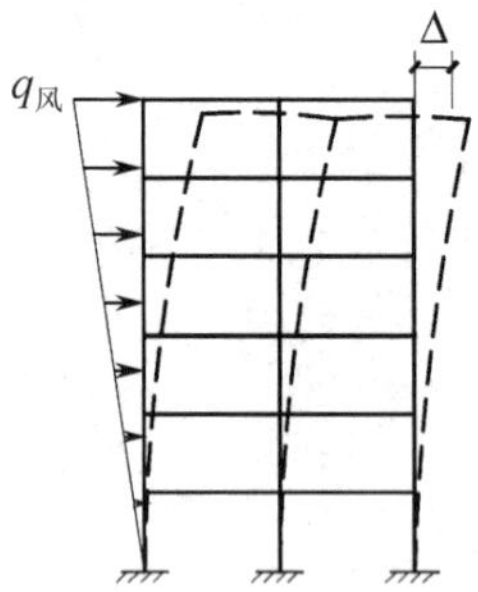

图 3-1-2 框架结构在风荷载作用下的侧向变形

缺点：还是由于竖向承重构件是柱，柱的截面尺寸小，截面惯性矩小，水平刚度就小，从而抵抗水平作用的能力弱，所以框架结构在水平风荷载及水平地震作用下，将引起较大的水平位移 Δ（如图 3-1-2 所示），不利于对结构变形的控制。也因此限制了框架结构的建造高度，不宜建造高层住宅。在抗震设防烈度较高的地区，高度更加受到限制。

整个框架结构的钢筋骨架由梁和柱内钢筋组成，如图 3-1-3 所示。

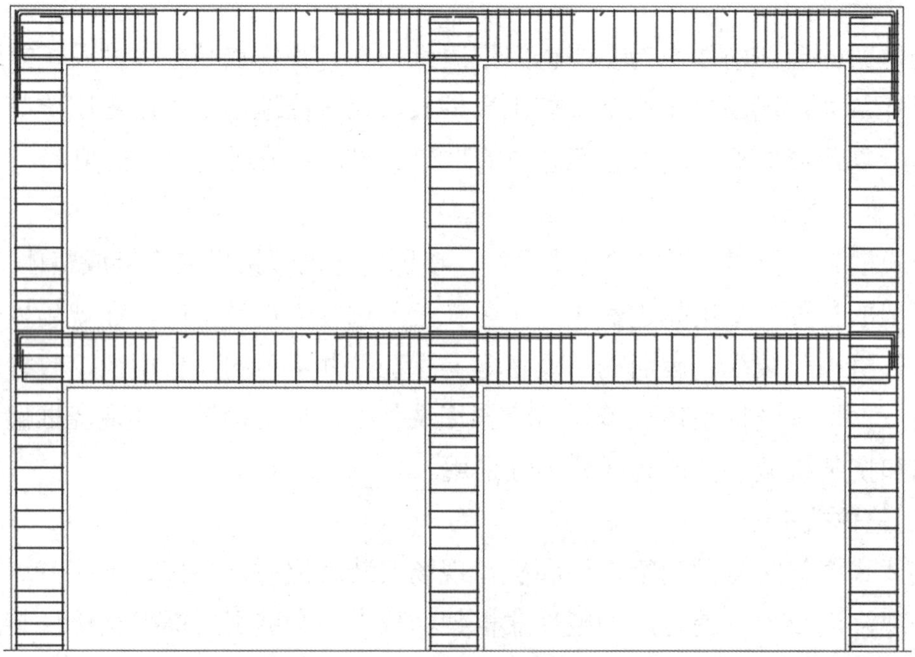

图 3-1-3 框架结构的钢筋骨架

4. 框架梁的配筋构造

框架梁的钢筋种类多、构造复杂，以两跨一端带悬挑的梁为例（如图 3-1-4、图 3-1-5 所示），来学习框架梁的配筋构造。假设本案例采用 C30 混凝土；构件抗震等级为二级；柱截面尺寸为 600mm × 600mm；所有梁截面宽度为 300mm。

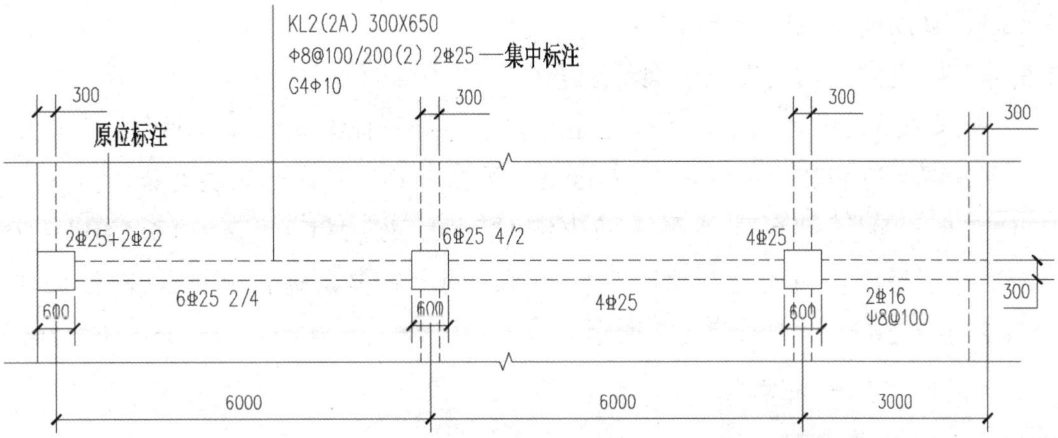

图 3-1-4　梁平法施工图

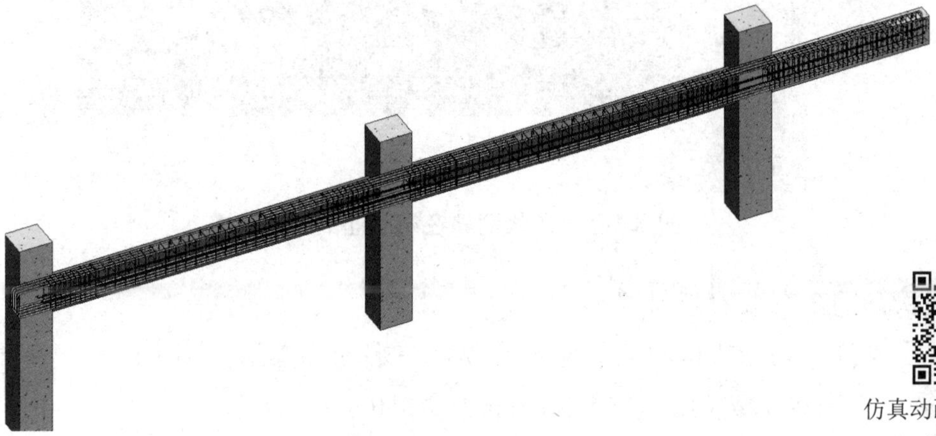

图 3-1-5　梁钢筋骨架

仿真动画：梁内钢筋整体展示

讲解视频：上部通长钢筋的构造

仿真动画：上部通长钢筋的构造

1）通长钢筋的构造。

该梁仅有上部通长钢筋为 2Φ25，如图 3-1-6 所示，在集中标注内进行了表达。通长钢筋分布在整根梁内，从最左端到最右端，跨越中间支座，通长布置，在支座处充当负筋的作用，在跨内充当架立钢筋的作用。

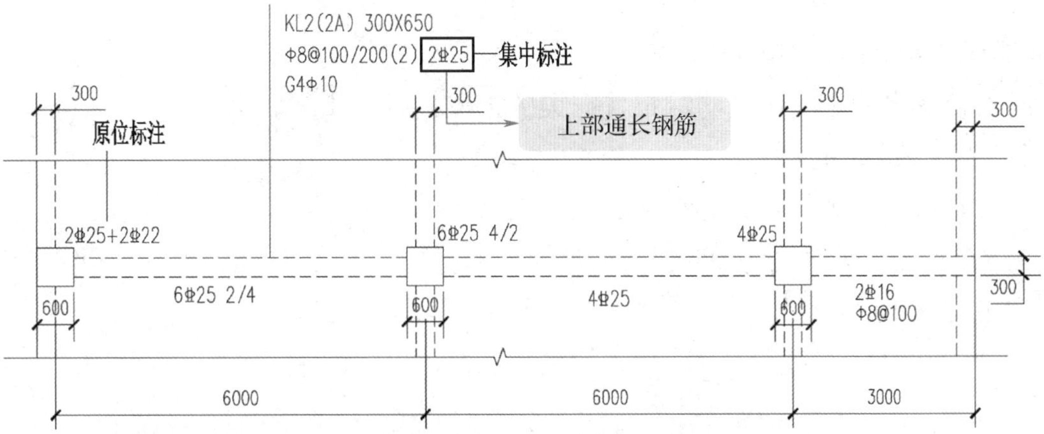

图 3-1-6　上部通长钢筋在梁平法施工图中的表达

（1）通长钢筋在左端的锚固。

梁左端是柱支撑，为端支座，通长钢筋在左端的锚固：

① 首先判断是否满足直锚，若柱宽足够大且钢筋直径不大时，可能会满足直锚，但是本案例 $l_{aE}=37d=37\times25=925\text{mm}>600\text{mm}$，所以不满足直锚，只能弯锚。

② 弯锚时，钢筋伸至柱外侧纵筋内侧且 $\geqslant 0.4l_{abE}$（$0.4l_{abE}=0.4\times40d=400\text{mm}<600\text{mm}$ - 保护层厚度，目的是判别柱宽是否满足要求，本案例满足要求），然后往下弯折 $15d$（$15\times25=375\text{mm}$），如图 3-1-7 所示。

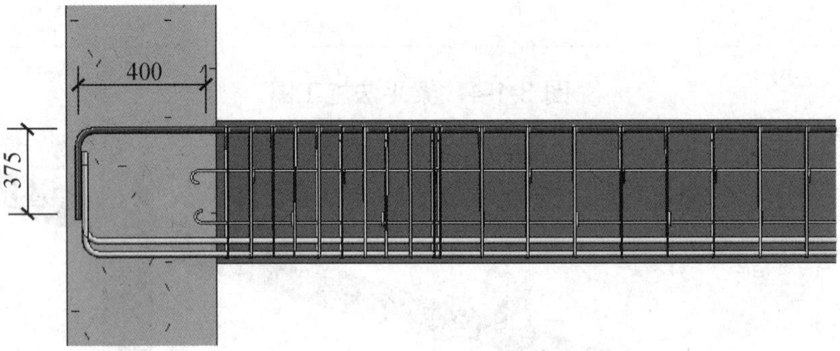

图 3-1-7　通长钢筋在端支座的锚固

（2）通长钢筋在右端的锚固。

梁右端无支撑，为悬挑自由端，通长钢筋在右端的锚固是伸到梁端部（留出混凝土保护层），然后往下弯折 $12d$（$12\times25=300\text{mm}$），如图 3-1-8 所示。

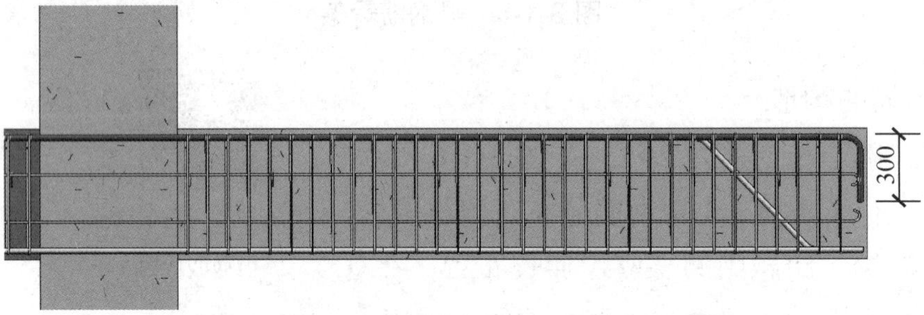

图 3-1-8　通长钢筋在悬挑自由端的锚固

2）非通长钢筋的构造。

非通长钢筋也就是支座负筋，布置在梁的上侧，承担由负弯矩所引起的拉力。

该梁的非通长钢筋在端支座处为 2ф22；第一个中间支座处为 4ф25；第二个中间支座处为 2ф25，如图 3-1-9、图 3-1-10 所示。

讲解视频：非通长钢筋的构造

仿真动画：非通长钢筋的构造

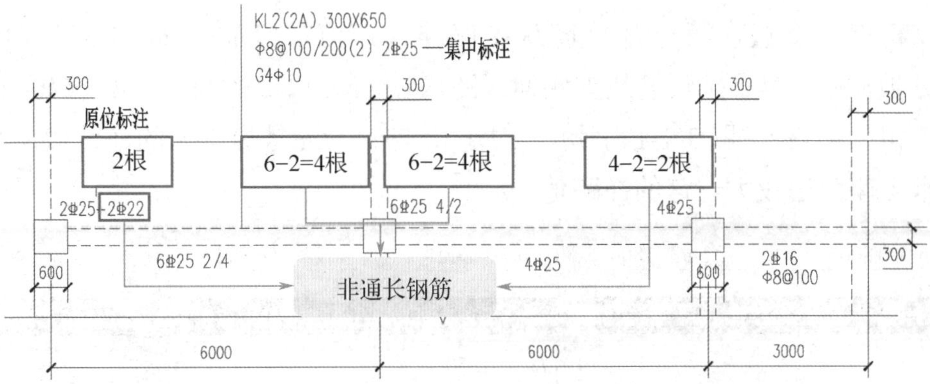

图 3-1-9　非通长钢筋在梁平法施工图中的表达

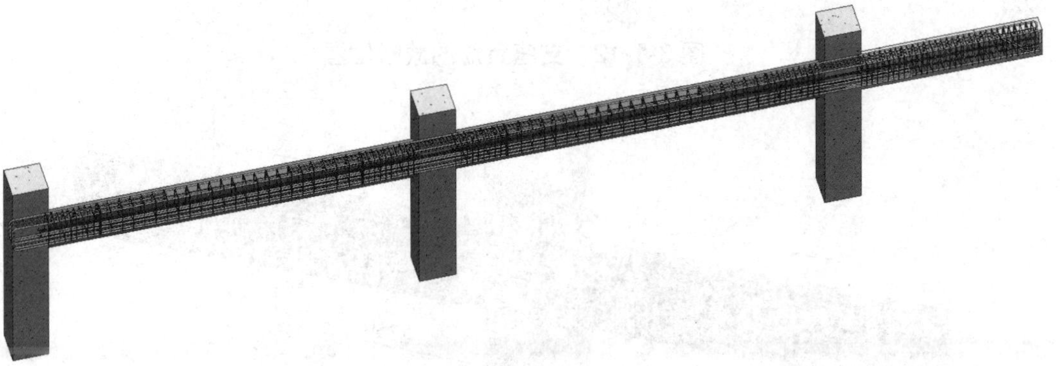

图 3-1-10　梁的非通长钢筋（用红色线表达）

（1）非通长钢筋在端支座的锚固与截断。

其同通长钢筋在端支座的锚固，能直锚则直锚，否则弯锚。即其伸至柱外侧纵筋内侧，往下弯折 15d（本案例左端支座负筋为 2 根直径为 22mm 的钢筋，故弯折长度：15 × 22 = 330mm）；

端支座处非通长钢筋（负筋）的截断为第一跨净跨的 1/3，即 1/3Ln = 1/3 ×（6000 − 600）= 1800mm，如图 3-1-11 所示。

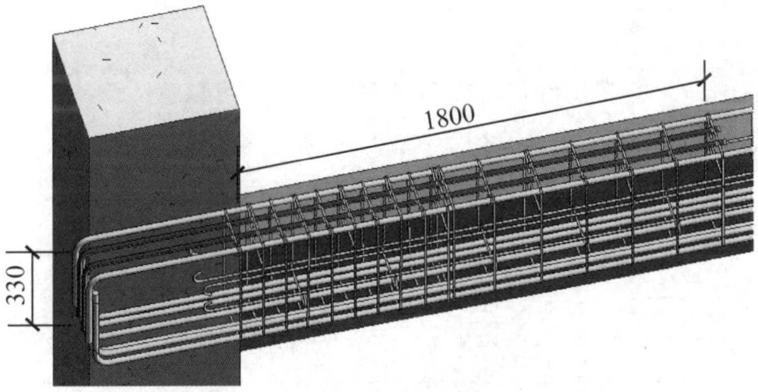

图 3-1-11　支座负筋在端支座的锚固

（2）非通长钢筋在中间支座的截断。

由于中间支座两侧的负弯矩值相等，所配置的负筋是同样多的。非通长钢筋一般跨越中间支座，伸入跨内一定距离被截断。

钢筋截断点的位置，第一排负筋从支座伸入跨内在 $Ln/3$（即 $1/3Ln = 1/3 \times 5400 = 1800$mm）处被截断；第二排负筋从支座伸入跨内在 $Ln/4$（即 $1/4Ln = 1/4 \times 5400 = 1350$mm）处被截断，如图 3-1-12、图 3-1-13 所示。对于端支座，Ln 是指本跨的净跨值；对于中间支座，Ln 是指支座两边较大一跨的净跨值。

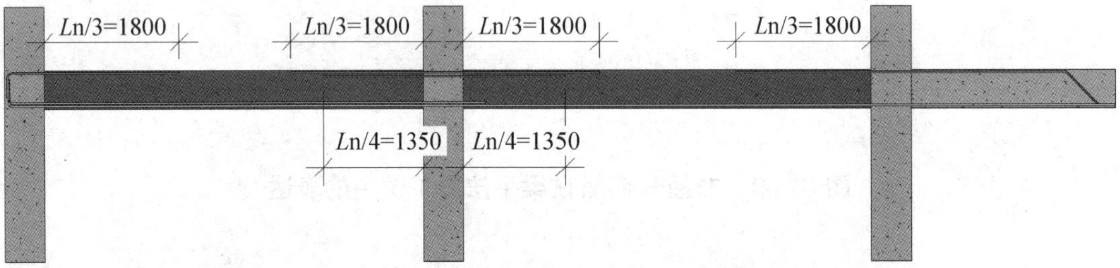

图 3-1-12　支座负筋的截断位置

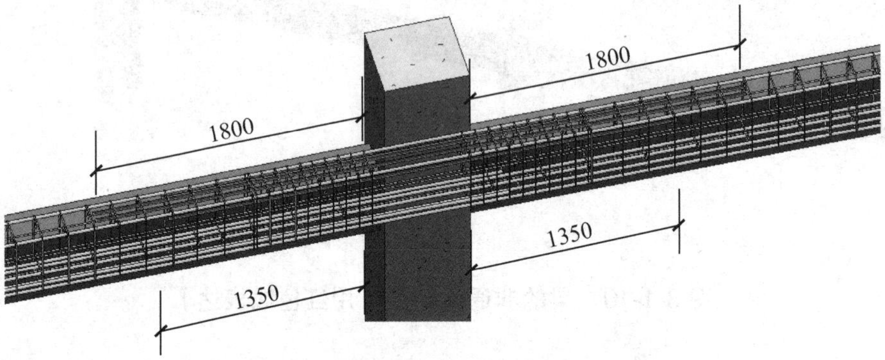

图 3-1-13　支座负筋在中间支座的截断

3）下部受力筋的构造。

梁的下部受力筋俗称主筋，布置在梁的下部，主要承担由于正弯矩所引起的拉力。在第一跨布置了 6Φ25，第二跨布置了 4Φ25，悬挑部分的下部纵筋不是受力钢筋，如图 3-1-14、图 3-1-15 所示。

讲解视频：下部受力筋的构造

仿真动画：下部受力筋的构造

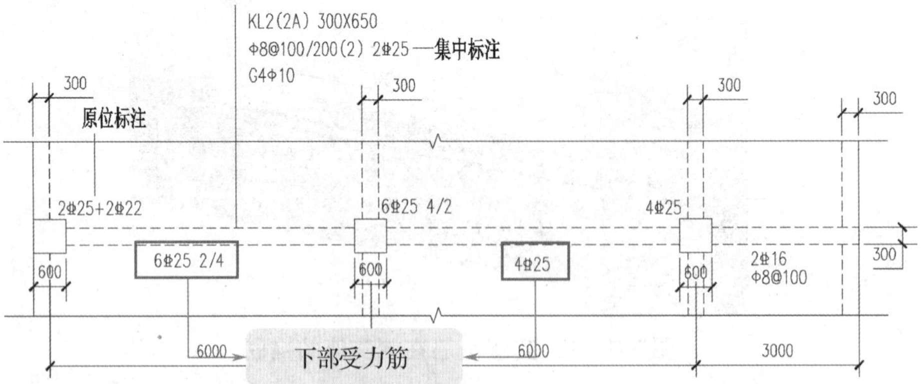

图 3-1-14　下部受力筋在梁平法施工图中的表达

梁的下部纵筋通常情况下是不能被截断的，大多全部伸入支座，该梁的下部纵筋就是全部伸入支座的。

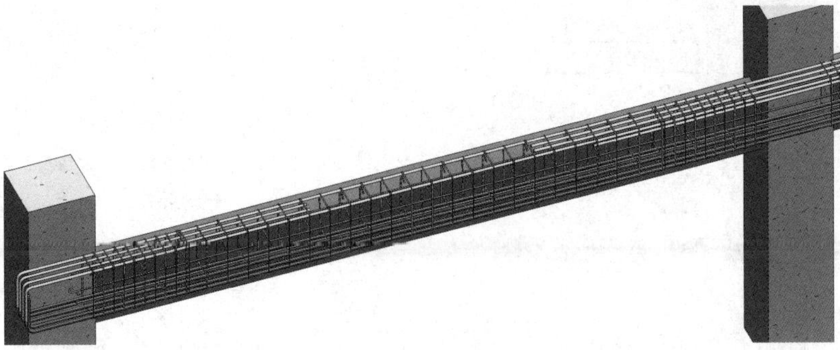

图 3-1-15　梁下部纵筋（用红色线表达）

（1）在端支座的锚固。

其同通长筋在端支座的锚固，即伸至柱外侧纵筋内侧，往上弯折 15d，等于 $15 \times 25 = 375$mm，如图 3-1-16 所示。

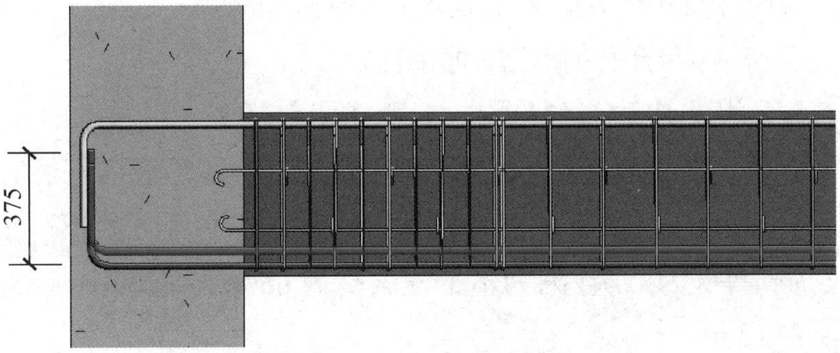

图 3-1-16　梁下部纵筋在端支座的锚固

（2）在中间支座的锚固。

其在中间支座的锚固，为伸入柱内 $\geqslant l_{aE}$ 且 $\geqslant 0.5h_c + 5d$。l_{aE} 可查表确定，h_c 是指柱截面宽度，d 指下部纵筋的直径。通长情况下 $l_{aE} > 0.5h_c + 5d$。

本案例为：$l_{aE} = 40d = 40 \times 25 = 1000\text{mm} > 0.5h_c + 5d = 0.5 \times 600 + 5 \times 25 = 425\text{mm}$，如图 3-1-17 所示。

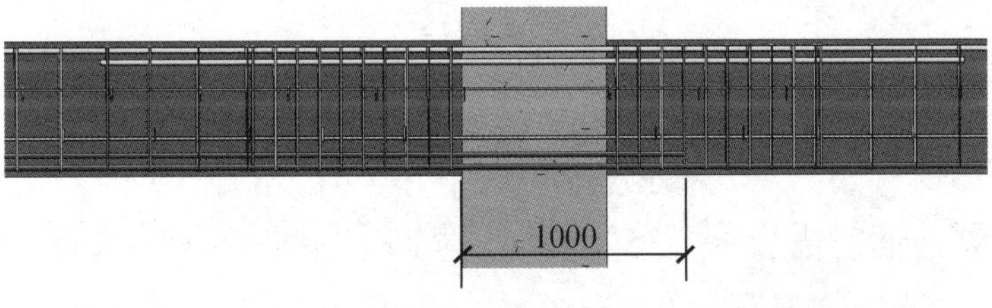

图 3-1-17　梁下部纵筋在中间支座的锚固

4）箍筋的构造。

该梁的箍筋为 ф8@100/200(2)，在集中标注进行了表达，如图 3-1-18 所示。直径为 8mm 的 HPB300 级钢筋，加密区间距为 100mm，非加密区间距为 200mm，双肢箍筋，悬挑段箍筋加密。

讲解视频：箍筋的构造　　仿真动画：箍筋的构造

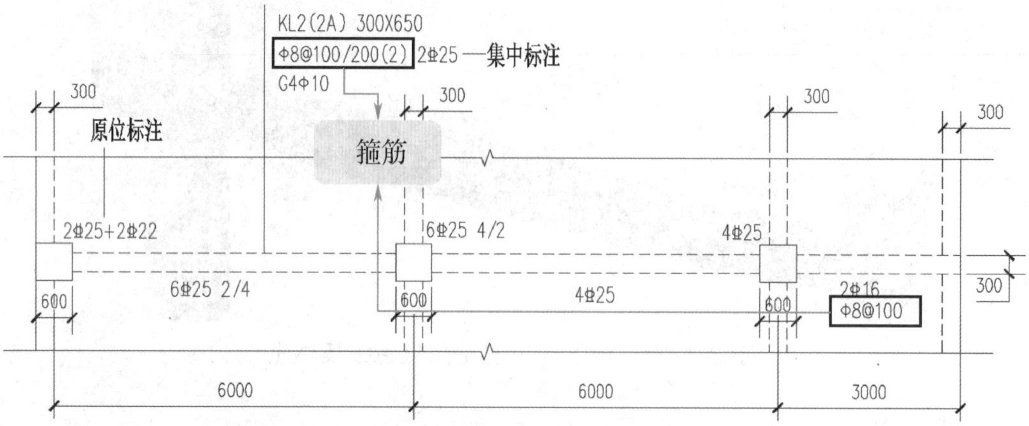

图 3-1-18　箍筋在梁平法施工图中的表达

箍筋的主要作用是承担剪力、形成钢筋骨架。由于梁在荷载作用下支座处剪力值大，跨内剪力值小，将梁两端箍筋加密，目的是增加截面的抗剪承载力，以抵抗更大的剪力值，故梁的端部为箍筋加密区，跨内为箍筋非加密区。

箍筋加密区范围，从支座边起到跨内一定距离，包括第一根箍筋的起步距离 50。加密区范围与两个因素有关，即抗震等级和梁截面高度 H_b，抗震等级为一级时，加密区范围不小于 $2.0H_b$ 且不小于 500mm；抗震等级为二至四级时，加密区范围不小于 $1.5H_b$ 且不小于 500mm。假如该梁抗震等级为二级，因为本工程梁高为 650mm，箍筋加密区范围：$1.5 \times 650 = 975$mm，如图 3-1-19 所示。

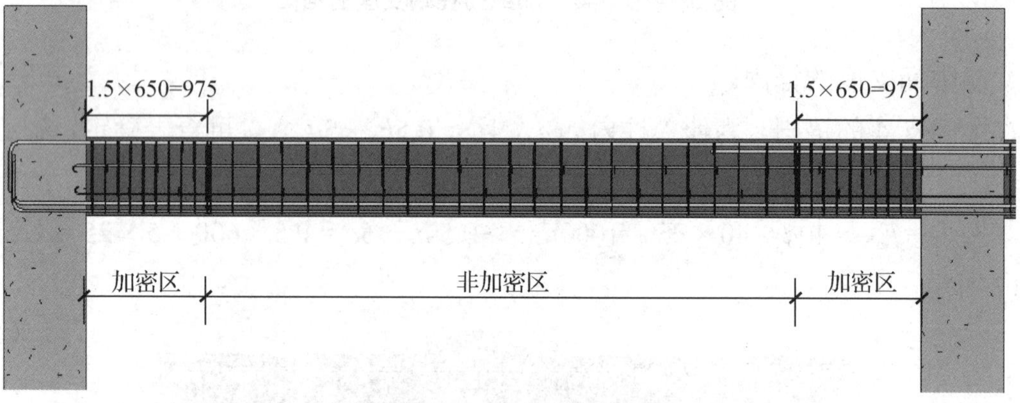

图 3-1-19　箍筋加密区范围

对于框架抗震梁，箍筋需要做 135° 弯钩，弯钩末端平直段的长度为 $10d$ 和 75mm 取较大值，本案例箍筋直径为 8mm，$10d$ 为 80mm，所以弯钩末端平直段长度取 80mm，如图 3-1-20 所示。

如果对于非框架梁，一般为非抗震构件，箍筋也需要做 135° 弯钩，弯钩末端平直段长度为 $5d$ 和 50mm 取较大值，如图 3-1-21 所示。

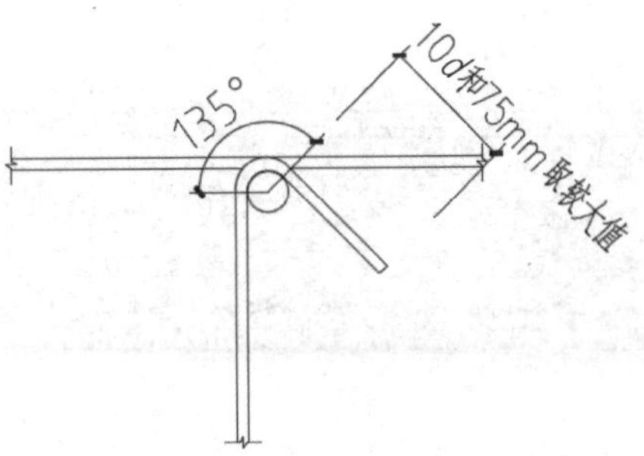

图 3-1-20 抗震时箍筋 135°弯钩

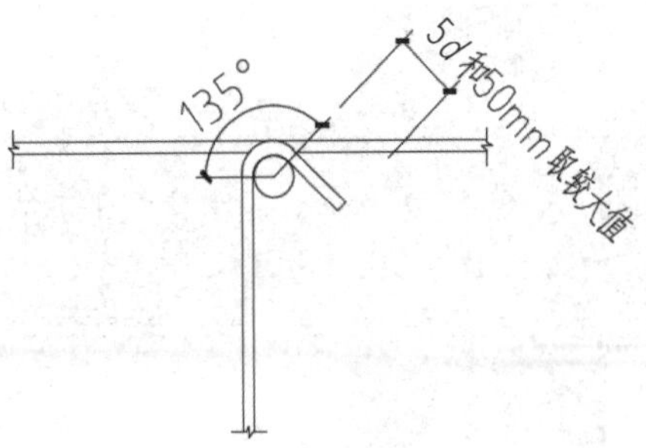

图 3-1-21 非抗震时箍筋 135°弯钩

5）架立钢筋的构造。

讲解视频：架立钢筋的构造

仿真动画：架立钢筋的构造

架立钢筋简称架立筋，对于简支梁，下侧受拉、上侧受压，所以将受力钢筋布置在下侧，架立钢筋在上侧；而悬挑梁是上侧受拉、下侧受压的，所以将受力钢筋布置在上侧，架立钢筋布置在下侧。

该梁的架立钢筋位于悬挑段，在原位标注中进行了表达，为2Φ16，主要作用是形成钢筋骨架，如图 3-1-22、图 3-1-23 所示。

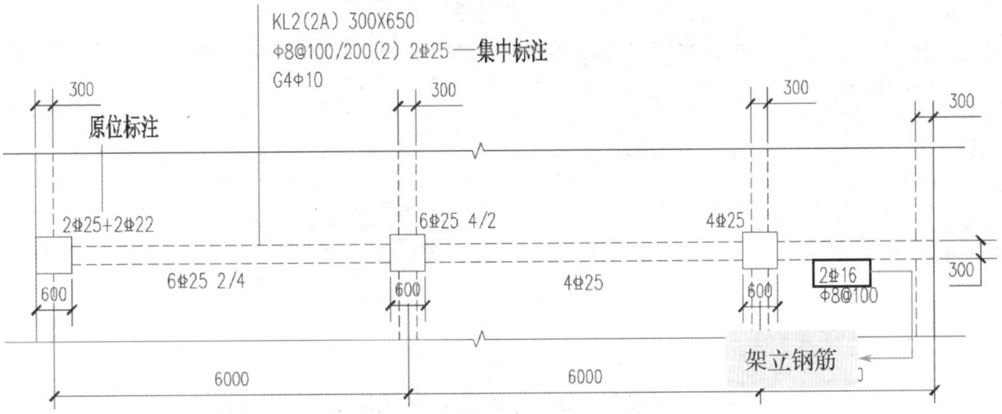

图 3-1-22 架立钢筋在梁平法施工图中的表达

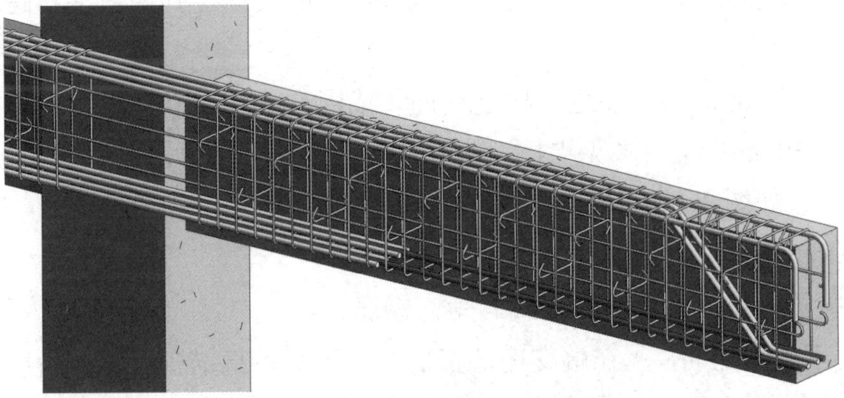

图 3-1-23 悬挑梁架立钢筋

架立钢筋在支座的锚固：伸入柱内 15d，也就是 15 × 16 = 240mm，如图 3-1-24 所示。架立钢筋在自由端的锚固：伸到梁端部即可（留出混凝土保护层 20mm），不必弯折。

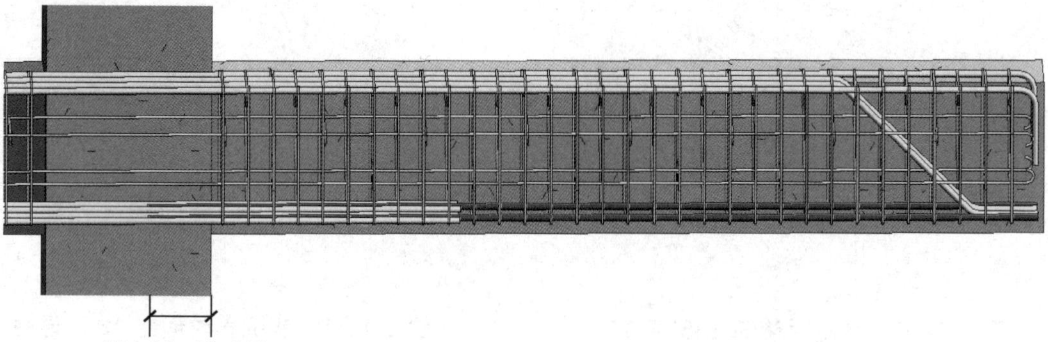

图 3-1-24　悬挑梁架立钢筋的构造

6）梁侧面纵向构造钢筋的构造。

梁侧面纵向构造钢筋简称梁侧向构造钢筋，其作用是承受梁侧面温度变化及混凝土收缩所引起的应力，并抑制混凝土裂缝的开展。该梁侧向构造钢筋为4Φ10，在集中标注中进行了表达，如图 3-1-25 所示。

讲解视频：梁侧向构造钢筋的构造

仿真动画：梁侧向构造钢筋

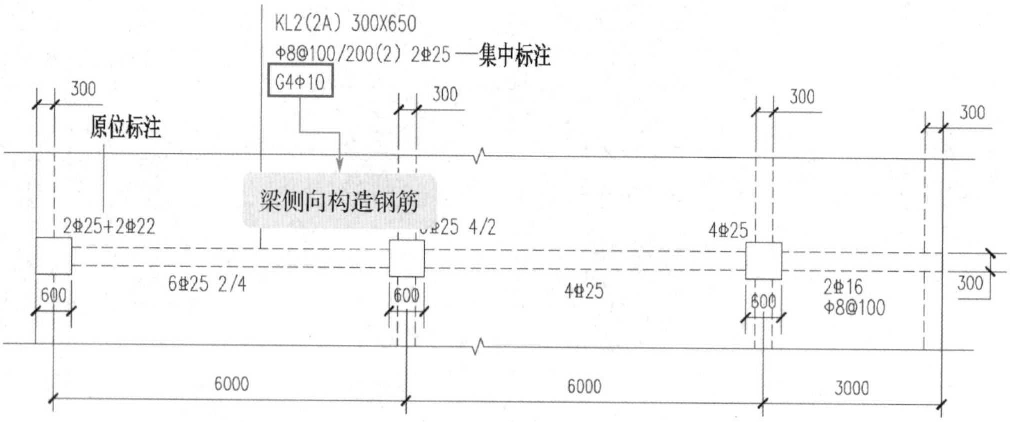

图 3-1-25　梁侧向构造钢筋在梁平法施工图中的表达

梁侧向构造钢筋设置在梁的两个侧面，从整根梁的最左端到最右端，跨越中间支座，通长布置。

这 4 根直径 10mm 的腰筋也是构造钢筋，锚固方式同架立钢筋，即伸入柱内长度为 $15d = 15 \times 10 = 150$mm；梁右端无支撑，为悬挑自由端，伸到梁端部（留出混凝土保护层）即可，不必弯折，如图 3-1-26 所示。

由于是一级钢筋，所以钢筋在端部做 180° 弯钩。

如果侧向腰筋为扭筋时，锚固方式同受力钢筋。

【小结】对于受力钢筋，①在端支座的锚固为：若满足直锚则直锚，否则伸至柱外侧纵筋内侧，向下或向上弯折 $15d$；②在中间支座的锚固：$\geqslant l_{aE}$ 且 $\geqslant 0.5h_c + 5d$；③在自由端的锚固：伸到梁端部向下或向上弯折 $12d$。

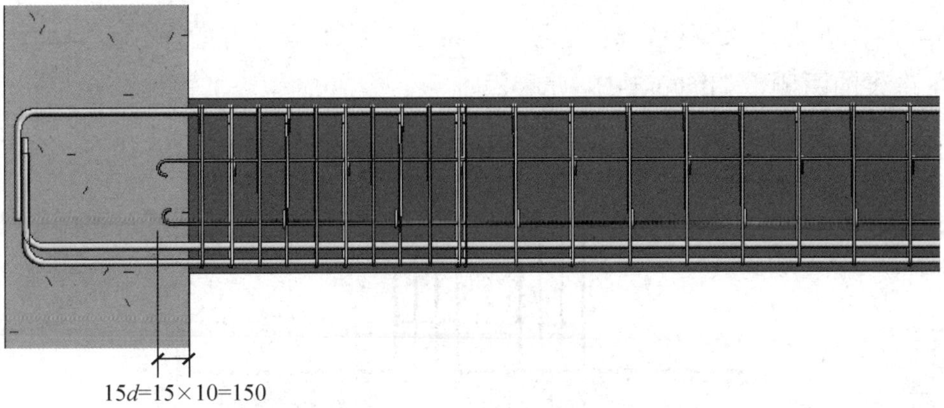

图 3-1-26　梁侧向构造钢筋的构造

对于构造钢筋，①在支座的锚固：伸入柱内 15*d*；②在自由端的锚固：伸到梁端部即可，不必弯折。

如果能分清哪些是受力筋（受力钢筋），哪些是分布筋（分布钢筋），关于框架梁内纵筋锚固问题就会迎刃而解。

7）拉筋的构造。

讲解视频：拉筋的构造

仿真动画：拉筋的构造

拉筋是勾住梁侧向构造钢筋和箍筋，更好地形成钢筋骨架。拉筋的弯钩同箍筋；拉筋的间距为箍筋非加密区的两倍；拉筋直径取决于梁截面宽度，截面宽度不大于 350mm 时取 6mm 的一级钢筋，大于 350mm 时取 8mm 的一级钢筋，如图 3-1-27 所示。

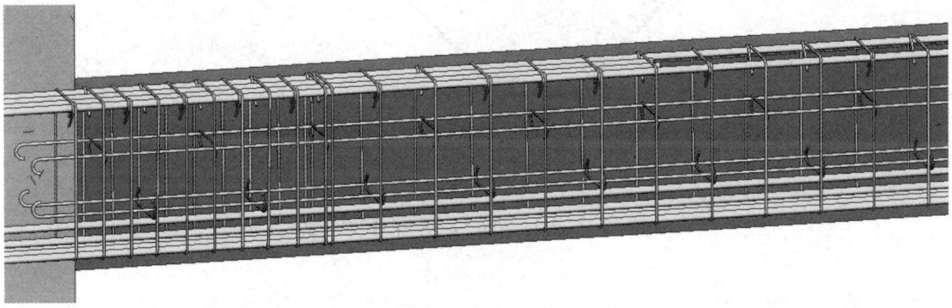

图 3-1-27　拉筋的构造

8）附加横向钢筋的构造。

讲解视频：附加横向钢筋的构造

在主次梁相交处，次梁把较大的集中荷载传递给主梁，这样主次梁相交处的主梁下部混凝土很容易被压坏。所以，需要在主次梁相交处的主梁内布置附加横向钢筋，包括附加箍筋和附加吊筋，其作用是承担局部应力，防止主次梁相交处主梁局部受压过大而产生裂缝。

实际工程中可以只布置附加箍筋或附加吊筋，也可以同时布置附加箍筋和附加吊筋，具体根据设计图纸进行布置。

（1）附加箍筋的构造。

箍筋的起步距离是 50mm，也就是第一根箍筋距离次梁边 50mm；附加箍筋的布置范围

为 $3b+2h_1$，其中 b 为次梁宽度，h_1 为主次梁高差；附加箍筋用量多少根据设计图纸决定，均匀布置在次梁的两侧，如图 3-1-28 所示。

讲解视频：附加箍筋的构造

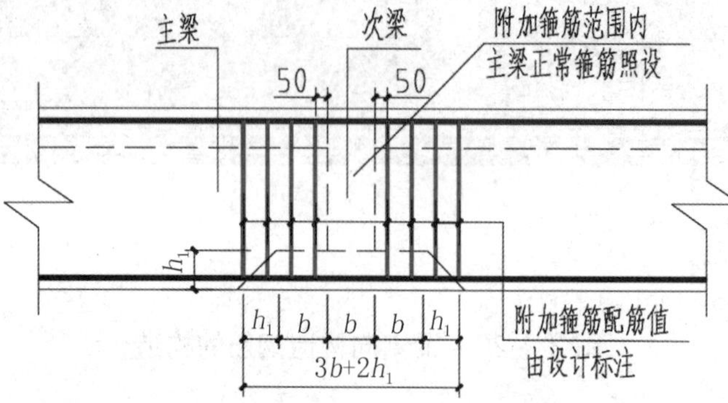

图 3-1-28　附加箍筋的构造

（2）附加吊筋的构造。

吊筋下部弯折点，距离次梁边是 50mm；下平直段的长度，等于次梁宽度每侧加 50mm；弯折角度与梁高有关，梁高大于 800mm 时弯折角度为 60°，不大于 800mm 时弯折角度为 45°；上平直段的长度为该吊筋直径的 20 倍，如图 3-1-29 所示。

讲解视频：附加吊筋的构造

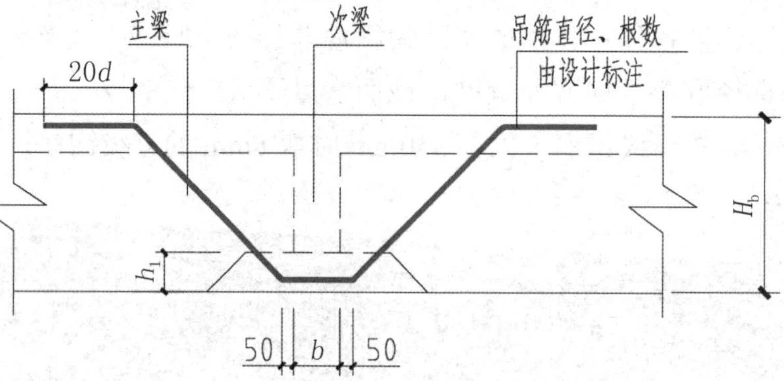

图 3-1-29　附加吊筋的构造

以上仅为框架梁的部分钢筋构造，实际工程中还有非框架梁、井字梁、框支梁等，具体详见 22G101-1 图集。

【注】本节内容通过引入典型案例，学习了梁内各种钢筋的构造。钢筋种类较多，希望大家真正静下来慢慢领会其内涵，做到知行合一，争做行业的佼佼者。

5. 框架柱的配筋构造

柱内钢筋种类和构造，相对梁来说较为简单。但作为竖向构件，柱是分层施工的，柱纵筋是分层连接的，不同楼层柱的截面尺寸可能不一样，所以接下来从纵筋连接方式、柱纵筋非连接区与连接区、柱箍筋加密区范围、柱纵筋（柱插筋）在基础中的构造、柱纵筋封顶构造、柱变截面位置纵筋构造 6 部分内容来展开学习。

仿真动画：柱内钢筋展示

1）纵筋连接方式。

纵筋连接方式有三种，分别是绑扎搭接、机械连接和焊接，如表 3-1-1 所示。当受拉钢筋直径大于 25mm 及受压钢筋直径大于 28mm 时，不宜采用绑扎搭接；轴心受拉及小偏向受拉构件中的纵筋不应采用绑扎搭接；纵筋连接位置宜避开梁端、柱端箍筋加密区，如必须在此连接时，应采用机械连接或焊接；钢筋采用机械连接时，其最小直径不宜小于 16mm。

讲解视频：钢筋连接方式

表 3-1-1　纵筋连接方式

连 接 方 式	图 片 示 例
绑扎搭接	
机械连接	
焊接	

2）柱纵筋非连接区与连接区。

讲解视频：柱纵筋连接区与非连接区

（1）分析柱受力。

钢筋接头是受力的薄弱环节，故接头应设置在受力较小处。

柱在水平地震作用及风荷载作用下，柱上下两端受力（M、V）较大，且梁柱相交的节点核心区受力较大。故纵筋的非连接区设置在节点核心区及柱上下两端，而连接区设在柱中间部位。

（2）柱纵筋非连接区与连接区（如图 3-1-30 所示）。

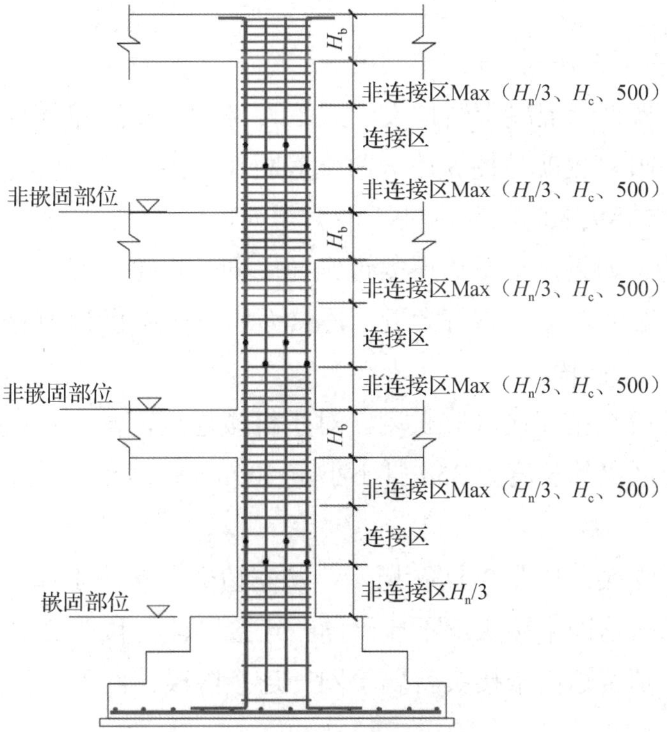

图 3-1-30　柱纵筋非连接区与连接区

非连接区：对于结构的嵌固部位，柱净高的 1/3（$H_n/3$）范围内为非连接区；对于结构的非嵌固部位，节点核心区为非连接区（即梁高 H_b 范围内），柱上下两端（即 $1/6H_n$、柱截面长边尺寸 H_c 和 500mm 取较大值）为非连接区。

连接区：其余部位是柱纵筋的连接区。

（3）纵筋同一连接区段。

实际工程施工时，柱纵筋是分层施工与连接的，如图 3-1-31 所示，黑粗线代表首层纵筋。

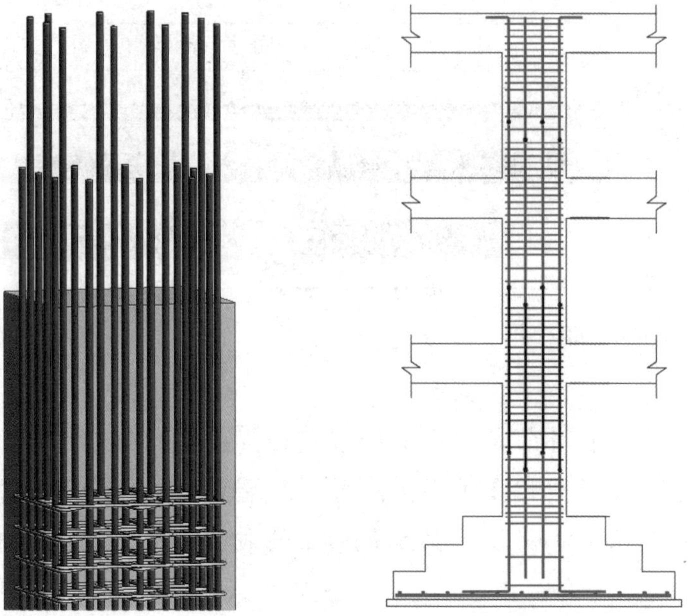

图 3-1-31　柱纵筋分层连接示意图

① 所有的柱纵筋可否在同一截面断开？

答案是否定的。根据《混凝土结构设计规范》，柱纵筋连接面积百分率不宜大于 50%，实际工程中通常取 50%，也就是柱纵筋分两批截断和连接。

② 柱纵筋接头与接头之间的距离能不能离得太近？

答案也是否定的。如果接头间离得太近则属于同一连接区段，也就是说两根钢筋即便截断的位置不在同一截面，接头离得太近，连接面积百分率仍为 100%。

③ 什么是同一连接区段？

所谓同一连接区段是指连接区段长度。对于机械连接，同一连接区段的长度为 $35d$；对于焊接，同一连接区段的长度为 $35d$ 且不小于 500mm；对于绑扎搭接，同一连接区段的长度为 $1.3l_l$。

对于机械连接或焊接，如图 3-1-32 所示，从左边数，接头 1 和接头 2 的距离较大，大于连接区段长度，那么这两个接头就不属于同一连接区段；接头 2 和接头 3 的距离较小，小于连接区段长度，那么这两个接头就属于同一连接区段；同理，接头 3 和接头 4 不属于同一连接区段。

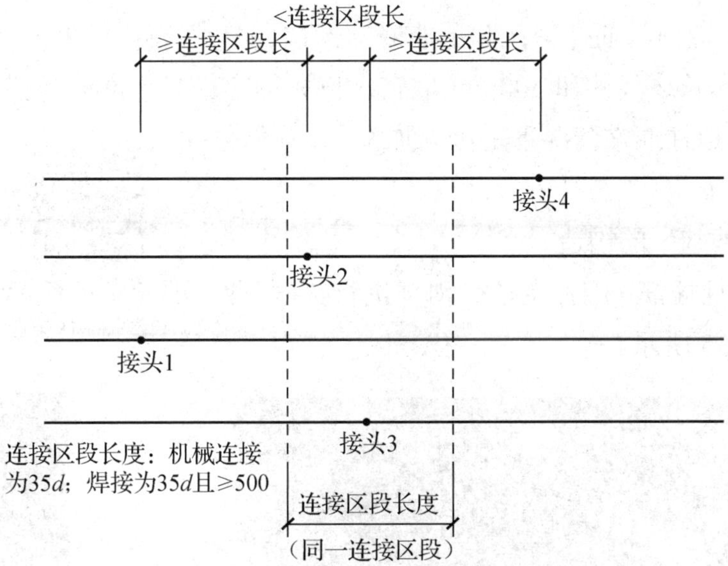

图 3-1-32　同一连接区段内纵筋机械连接、焊接接头

对于绑扎搭接，同理。需要注意的是，绑扎搭接的接头本身不是一个点，而是有一定的距离，即搭接长度 l_l。接头中心点之间的距离称为两个接头的距离。只有两个接头中心点的距离大于 $1.3l_l$ 或者净距离大于 $0.3l_l$ 才不属于同一连接区段，净距离小于 $0.3l_l$ 属于同一连接区段，如图 3-1-33 所示。

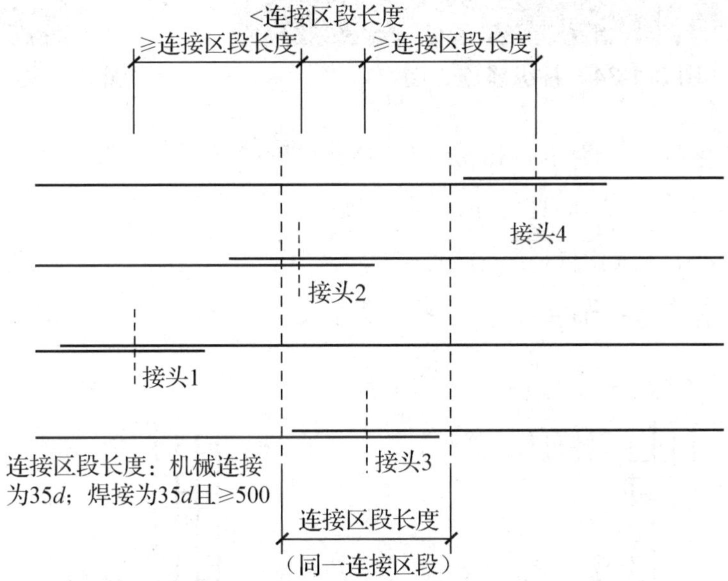

图 3-1-33　同一连接区段内纵筋绑扎搭接接头

柱纵筋上下层连接时，22G101-1 图集规定：对于机械连接，上下两批接头之间的距离大于等于 35d；对于焊接，上下两批接头之间的距离大于等于 35d 且不小于 500mm；对于绑扎搭接，上下两批接头中心点之间的距离大于等于 $1.3l_l$，或净距离大于等于 $0.3l_l$。

讲解视频：柱箍筋加密区范围

3）柱箍筋加密区范围。

柱箍筋加密区的规定同非连接区规定：对于结构的嵌固部位，在柱净高的 1/3（H_n/3）范围内箍筋加密；对于非嵌固部位，节点核心区加密，柱上下两端（即柱净高的 1/6、柱截面长边尺寸和 500mm 取较大值）加密。其余部位是箍筋的非加密区，当然对于首层角柱和边柱通常情况下是全高加密的，具体根据设计图纸决定。

4）柱纵筋在基础中的构造。

柱纵筋，又称柱插筋，应伸至基础内部进行锚固，如图 3-1-34、图 3-1-35 所示。

讲解视频：柱纵筋在基础中的构造

仿真动画：柱纵筋钢筋展示

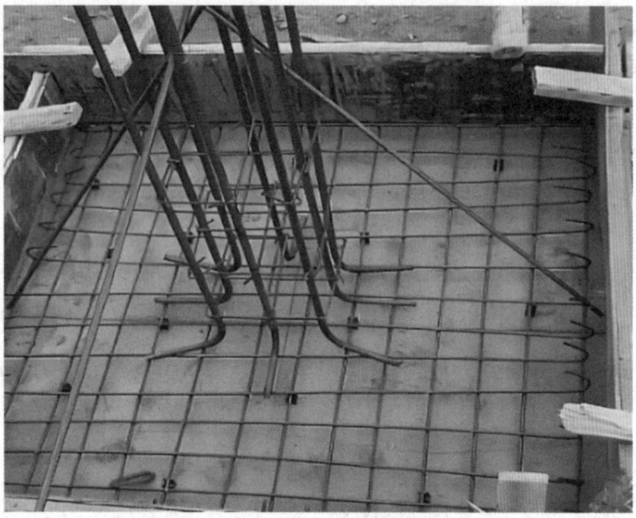

图 3-1-34　柱纵筋施工图

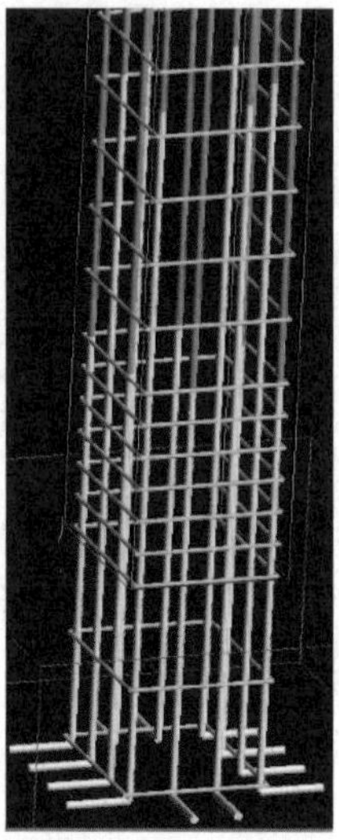

图 3-1-35　柱纵筋仿真图

如果满足直锚条件，如图 3-1-36 所示，柱纵筋应伸到基础底部，支撑在基础底板的钢筋网片上，弯折 6d 且大于等于 150mm；基础顶面以上箍筋起步距离 50mm；基础顶面以下箍筋起步距离 100mm；基础内箍筋间距小于等于 500mm，且不少于两道矩形封闭非复合箍筋；对于某些边柱或角柱，锚固区横向箍筋要加密，同样也是采用非复合箍筋，弯折方向朝向结构的内侧。

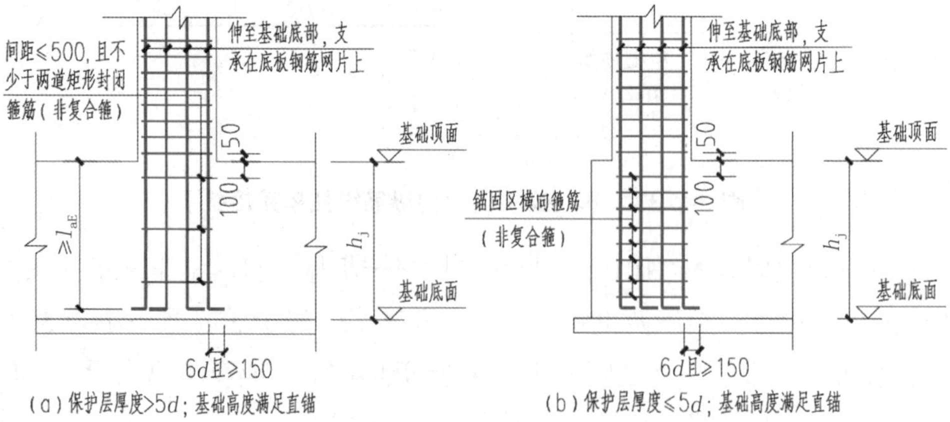

（a）保护层厚度>5d；基础高度满足直锚　　（b）保护层厚度≤5d；基础高度满足直锚

图 3-1-36　满足直锚时柱纵筋在基础中的构造

如果基础高度不满足直锚条件，如图 3-1-37 所示，柱纵筋应伸入基础底部，支撑在底板钢筋网片上弯折 15d；并且要求柱纵筋伸到基础的长度不小于 0.6l_{abE} 且不小于 20d。

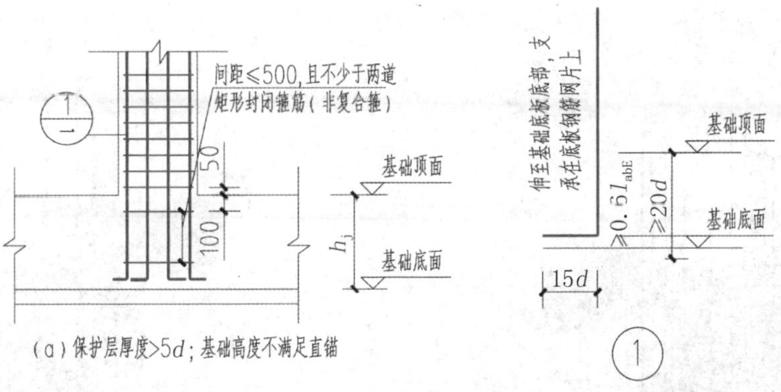

图 3-1-37　不满足直锚时柱纵筋在基础中的构造

5）柱纵筋封顶构造。

顶层柱纵筋应伸至屋面框架梁或屋面板内，进行锚固，俗称封顶，如图 3-1-38、图 3-1-39 所示。

图 3-1-38　柱纵筋封顶施工图

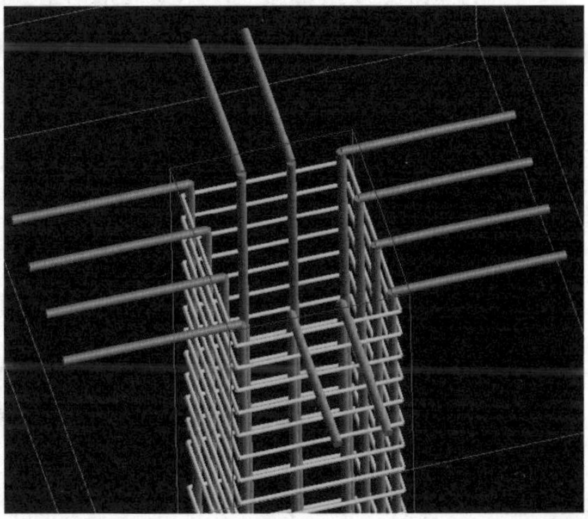

图 3-1-39　柱纵筋封顶仿真图

讲解视频：中柱纵筋封顶构造

（1）中柱纵筋封顶构造（如表 3-1-2 所示）。

表 3-1-2　中柱纵筋封顶构造

梁宽范围内	$H_b - 20 \geq l_{aE}$	直锚
	$H_b - 20 < l_{aE}$	伸至柱顶，留出保护层厚度
梁宽范围外	$h < 100$mm	伸至柱顶，向内弯折 12d
	$h \geq 100$mm	伸至柱顶，（向内或向外）弯折 12d

① 满足直锚时柱纵筋构造。

对于中柱，当梁高大于 l_{aE} 时，即满足直锚条件；对于梁宽范围内的纵筋，伸至柱顶，留出保护层厚度即可；对于梁宽范围外的纵筋，伸至柱顶，向内或向外弯折 12d；当柱顶有不小于 100mm 厚的现浇板时，可向外弯折 12d。满足直锚时柱纵筋顶部构造如图 3-1-40、图 3-1-41 所示。

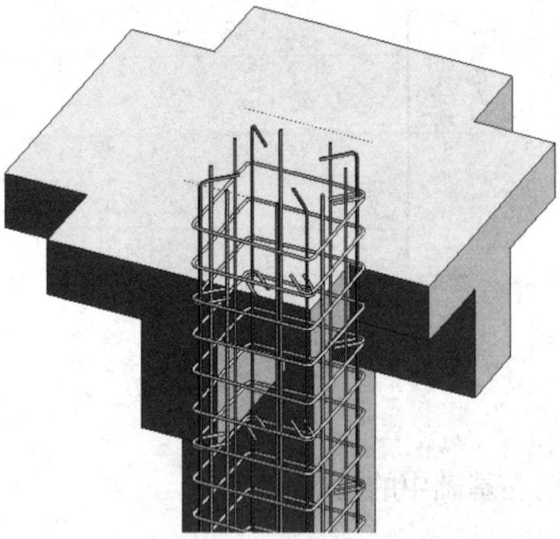

图 3-1-40　满足直锚时柱纵筋顶部构造（一）

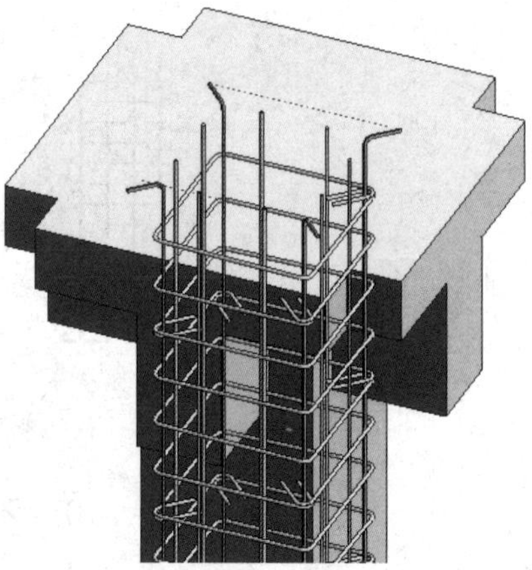

图 3-1-41　满足直锚时柱纵筋顶部构造（二）

② 不满足直锚时柱纵筋顶部构造。

当梁高小于 l_{aE}，且柱顶有不小于 100mm 厚的现浇板时，柱纵筋伸至柱顶向外，或向内弯折 12d；如果板厚小于 100mm，则向内弯折 12d；也可以将柱纵筋伸至柱顶然后加锚头或锚板进行锚固，不必弯折，如图 3-1-42 所示。

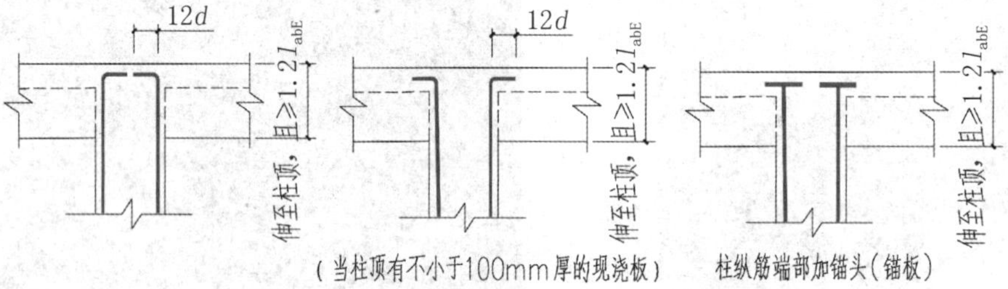

图 3-1-42　不满足直锚时柱纵筋顶部构造

（2）边柱、角柱纵筋封顶构造。

首先，将柱纵筋分为外侧纵筋和内侧纵筋。中柱纵筋都是内侧纵筋，而边柱和角柱纵筋既有外侧纵筋又有内侧纵筋，如图 3-1-43 所示。角柱斜角切开，外侧纵筋 7 根、内侧纵筋 5 根；边柱，外侧纵筋 4 根、内侧纵筋 8 根；中柱，内侧纵筋 12 根，无外侧纵筋。

讲解视频：边柱、角柱纵筋封顶构造

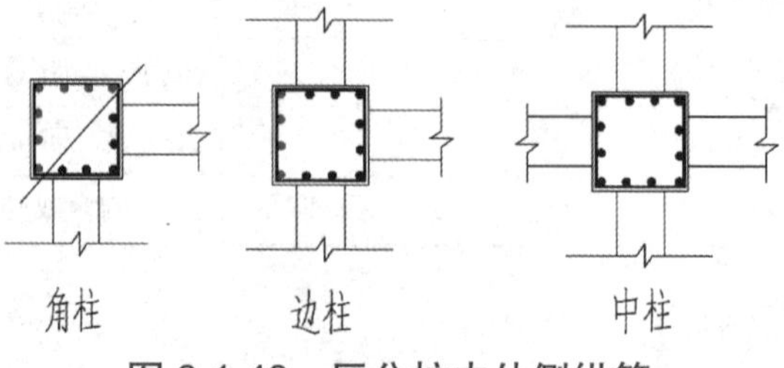

图 3-1-43　区分柱内外侧纵筋

依据 22G101-1 图集，梁柱相交的节点核心区钢筋构造做法有三种：柱锚梁、梁锚柱、柱外侧纵筋弯入梁内做梁筋等，下面主要介绍柱锚梁和梁锚柱。

① 柱锚梁。

柱锚梁构造如表 3-1-3 所示。

表 3-1-3 柱锚梁构造

柱 锚 梁			
梁内纵筋			伸至柱纵筋内边线，向下弯折 15d，且伸至梁底
柱纵筋	内侧纵筋		同中柱，伸至柱顶弯折 12d
	梁宽范围内柱外侧纵筋	（梁高 - 保护层 + 柱宽 - 保护层）≤ 1.5l_{abE}	从梁底起锚固长度为 1.5l_{abE}，柱纵筋已锚入梁内。若柱外侧纵筋配筋率> 1.2%，分两批截断，截断点之间的距离 ≥ 20d
		（梁高 - 保护层 + 柱宽 - 保护层）> 1.5l_{abE}	从梁底起锚固长度为 1.5l_{abE}，但柱纵筋锚不进梁内，故要求水平段长度 ≥ 15d。若柱外侧纵筋配筋率 > 1.2%，分两批截断，截断点之间的距离 ≥ 20d
	梁宽范围外柱外侧纵筋	在节点内的锚固	柱顶第一层纵筋，伸至柱内边向下弯折 8d；柱顶第二层纵筋，伸至柱内边
		伸入现浇板内的锚固	当板厚 ≥ 100mm 时，可伸至现浇板内进行锚固，锚固长度 ≥ 1.5l_{abE}，且至少超过柱内侧边缘 15d

a．梁内纵筋：

伸至柱纵筋内边线，向下弯折 15d，且伸至梁底。

b．内侧纵筋：同中柱，伸至柱顶弯折 12d。

c．梁宽范围内柱外侧纵筋：

若（梁高 - 保护层 + 柱宽 - 保护层）≤ 1.5l_{abE}，参照图 3-1-44 做法，从梁底起锚固长度为 1.5l_{abE}，柱纵筋已锚入梁内。若柱外侧纵筋配筋率 > 1.2%，则分两批截断，两批截断点之间的距离 ≥ 20d。

若（梁高 - 保护层 + 柱宽 - 保护层）> 1.5l_{abE}，参照图 3-1-45 做法。从梁底起锚固长度为 1.5l_{abE}，但柱纵筋长度还是不够，锚入不进梁内，故要求水平段长度 ≥ 15d。若柱外侧纵筋配筋率 > 1.2%，则分两批截断，截断点之间的距离 ≥ 20d。

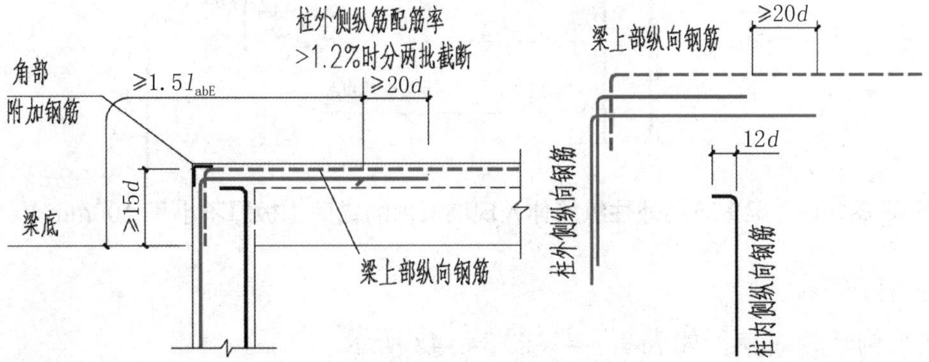

图 3-1-44 梁宽范围内柱纵筋做法（从梁底算起 1.5l_{abE} 超过柱内侧边缘）

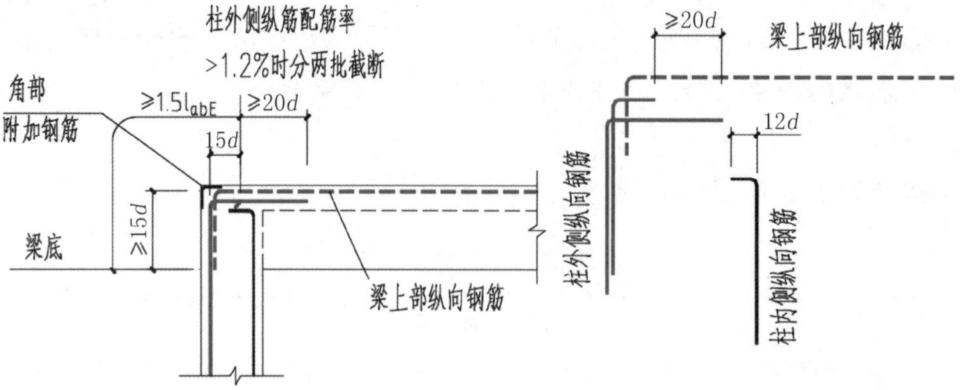

图 3-1-45　梁宽范围内柱纵筋做法（从梁底算起 1.5l_{abE} 未超过柱内侧边缘）

d．梁宽范围外柱外侧纵筋：

柱顶第一层纵筋，伸至柱内边向下弯折 8*d*；柱顶第二层纵筋伸至柱内边即可，如图 3-1-46 所示。

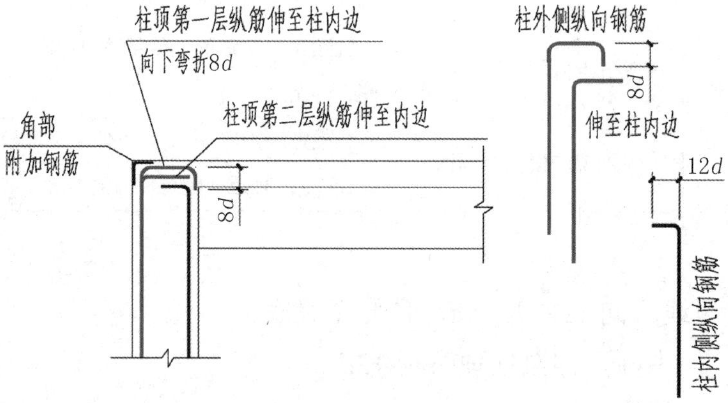

图 3-1-46　梁宽范围外纵筋做法

当板厚 ≥ 100mm 时，可伸至现浇板内进行锚固，锚固长度 ≥ 1.5l_{abE}，且至少超过柱内侧边缘 15*d*，如图 3-1-47 所示。

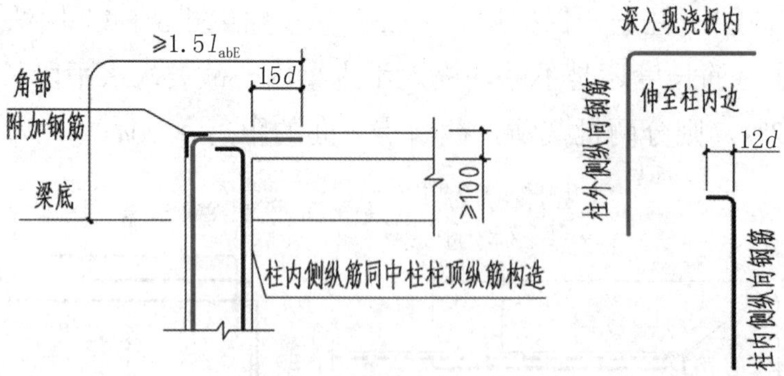

图 3-1-47　梁宽范围外柱纵筋伸入现浇板内的锚固（板厚不小于 100mm）

② 梁锚柱。

梁锚柱结构较为简单，如表 3-1-4、图 3-1-48 所示。

表 3-1-4 梁锚柱结构

梁锚柱			
梁内纵筋			弯锚 ≥ $1.7l_{abE}$ 且伸至梁底。若配筋率 > 1.2%，分两批截断，截断点之间的距离 ≥ 20d
柱纵筋	内侧纵筋		同中柱，伸至柱顶弯折 12d
	外侧纵筋	梁宽范围内柱外侧纵筋	直锚至梁顶减去混凝土保护层厚度
		梁宽范围外柱外侧纵筋	同中柱，伸至柱顶弯折 12d

a．梁内纵筋：弯锚 ≥ $1.7l_{abE}$ 且伸至梁底。若配筋率 > 1.2%，分两批截断，截断点之间的距离 ≥20d。

b．内侧纵筋：同中柱，伸至柱顶弯折 12d。

c．梁宽范围内的柱外侧纵筋：直锚至梁顶减去混凝土保护层厚度。

d．梁宽范围外柱外侧纵筋：同中柱，伸至柱顶弯折 12d。

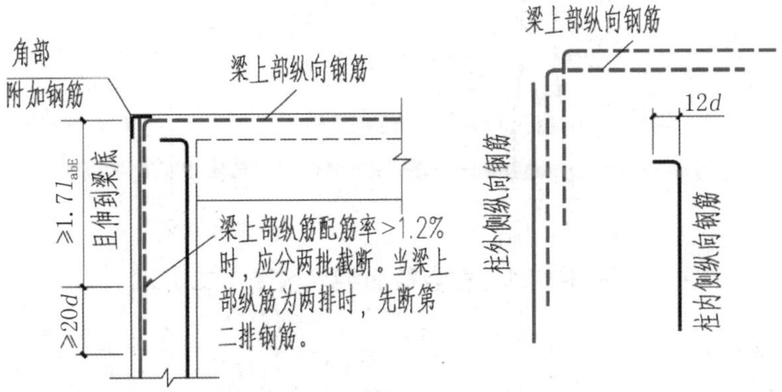

图 3-1-48 梁宽范围内做法

（3）角部附加钢筋。

在宽度范围的柱箍筋内侧设置间距不大于 150mm，且不少于 3 根直径不小于 10mm 的角部附加钢筋，如图 3-1-49 所示。

讲解视频：角部附加钢筋的构造

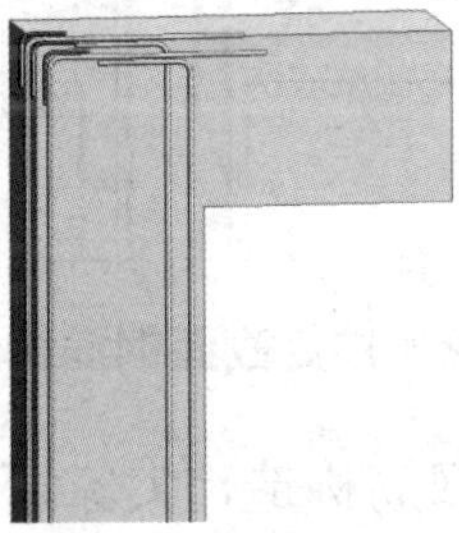

图 3-1-49 角部附加钢筋

6）柱变截面位置纵筋构造。

（1）上下柱截面尺寸相差较大。

即当 $\Delta/H_b > 1/6$ 时，上柱纵筋伸入下柱的锚固长度不小于 $1.2l_{aE}$，下柱纵筋伸到楼面顶弯折 12d，如图 3-1-50 所示。

讲解视频：柱变截面纵筋的构造

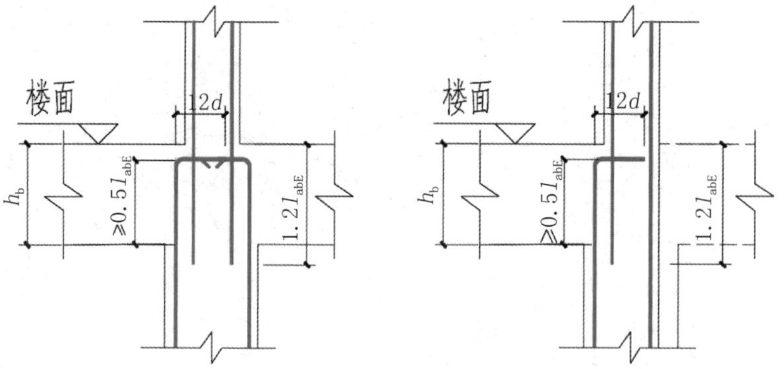

图 3-1-50　柱变截面钢筋构造（一）

（2）上下柱截面尺寸相差不大。

即 $\Delta/H_b \leqslant 1/6$ 时，上下柱纵筋弯折后贯通布置，上折点距板顶 50mm，下折点与梁底平齐，如图 3-1-51 所示。

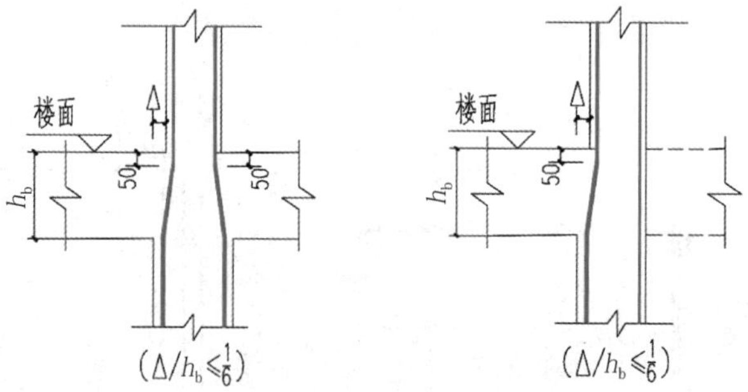

图 3-1-51　柱变截面钢筋构造（二）

（3）对于边柱和角柱。

上柱纵筋锚固长度不小于 $1.2l_{aE}$，下柱纵筋伸到楼面顶弯折，截断点位置距柱外边线 l_{aE}，如图 3-1-52 所示。

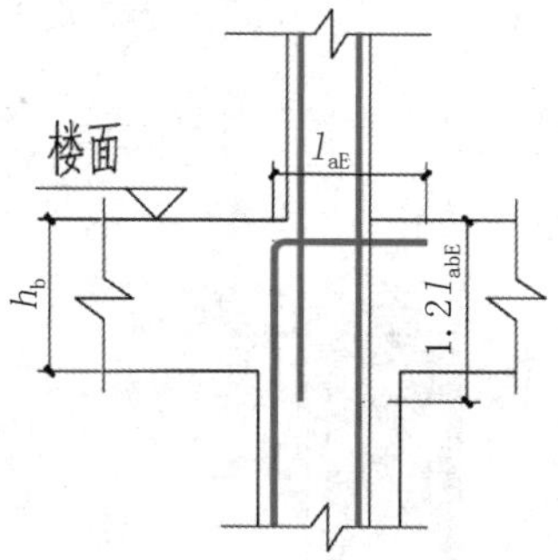

图 3-1-52　柱变截面钢筋构造（三）

【注】本节内容主要学习了柱内钢筋构造，大家可以结合实际工程的图片和视频，研究总结、记忆于心，争做行业的顶梁柱！

3.1.2　剪力墙结构

讲解视频：剪力墙的概念

1. 剪力墙结构概念

剪力墙即为现浇钢筋混凝土墙，剪力墙结构的水平承重体系为钢筋混凝土楼盖，竖向承重体系为纵、横向的现浇钢筋混凝土墙，如图 3-1-53 所示。

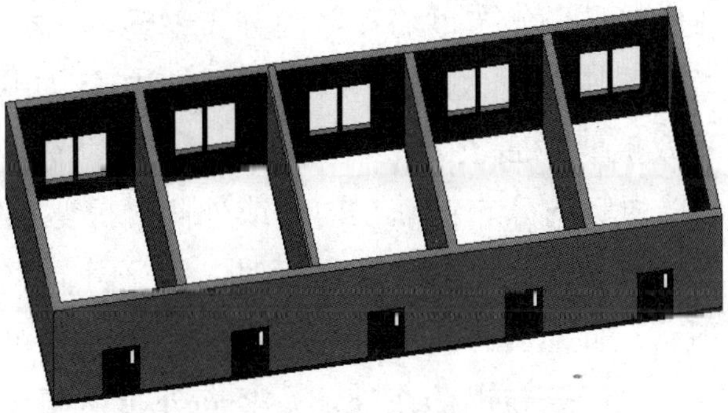

图 3-1-53　剪力墙结构

2. 剪力墙结构的优缺点

优点：由于竖向构件是剪力墙，剪力墙的截面尺寸较大，截面惯性矩大，水平刚度大，从而抵抗水平作用的能力强，所以剪力墙结构在水平风荷载及水平地震作用下，结构的水平侧移量较小，利于对结构变形的控制，故在《建筑抗震设计规范》中也称为抗震墙。剪力墙适合建造高层房屋，以及对平面空间要求不大的房屋，如居民住宅、旅馆、宾馆、医院病房等。

缺点：还是由于竖向承重构件是剪力墙，剪力墙不同于填充墙，装饰装修时不能被打掉，故建筑平面布置不灵活，不适合建造对平面空间要求较大的房屋。

讲解视频：组成剪力墙的构件

3. 组成剪力墙结构的构件

组成剪力墙结构的构件：墙柱、墙身和连梁等，如图 3-1-54 所示。

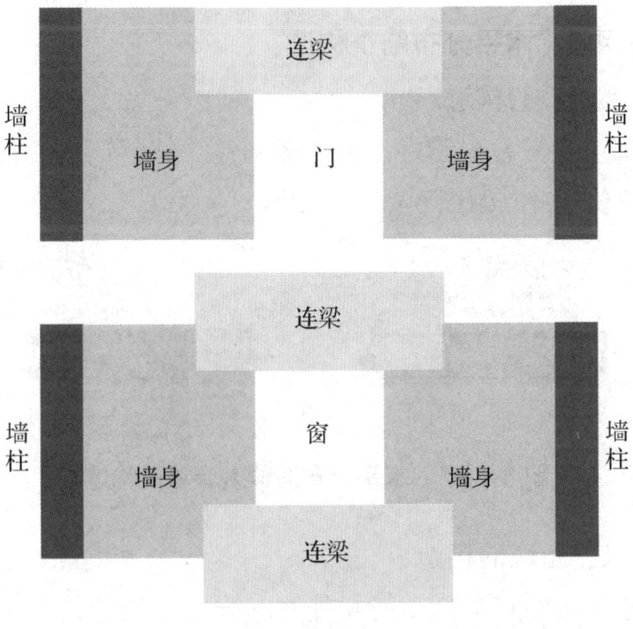

图 3-1-54　剪力墙结构构件

4. 剪力墙身内钢筋种类

组成剪力墙的钢筋网片有水平分布钢筋和竖向分布钢筋。

讲解视频：剪力墙身内钢筋种类

对于上部结构，水平分布钢筋在外侧、竖向分布钢筋在内侧，如图 3-1-55 所示。这样剪力墙身的有效抗剪截面较大，以抵抗较大的风荷载和水平地震作用，并且施工方便，墙内竖向分布钢筋在内侧或外侧对抗弯承载力没有影响。

对于地下室外墙，当外墙的支点是基础和楼板时，水平分布钢筋在内侧，竖向分布钢筋在外侧，如图 3-1-56 所示。此时，竖向分布钢筋是主要的受力钢筋。当然，当外墙的支点是扶壁柱等竖向构件时，水平分布钢筋在外侧，竖向分布钢筋在内侧，此时，水平分布钢筋是主要的受力钢筋。

图 3-1-55　上部结构剪力墙钢筋网片

图 3-1-56　下部结构剪力墙钢筋网片

【注】本节主要介绍剪力墙身水平分布钢筋和竖向分布钢筋构造、连梁内钢筋构造。由于剪力墙柱内钢筋构造和普通框架柱的构造大致相似，故本节不做介绍。

5. 墙身水平分布钢筋（水平分布筋）构造

1）水平分布筋伸入暗柱的构造。

讲解视频：水平分布筋伸入暗柱的构造

端部无论是矩形暗柱还是 L 形暗柱，水平分布筋（红色钢筋）都伸至端部紧贴角筋内侧弯折 10*d*，如图 3-1-57 所示。

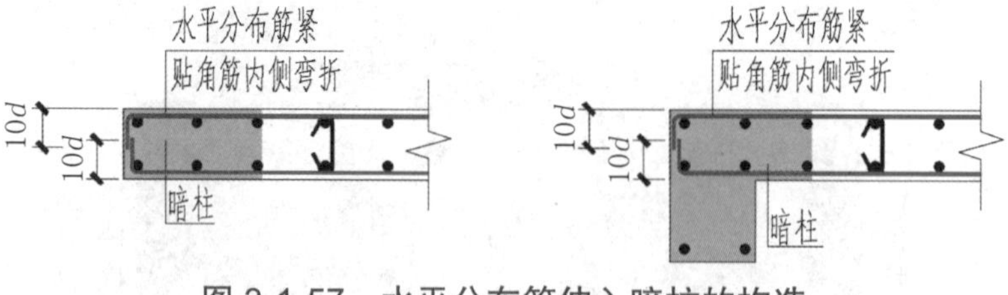

图 3-1-57　水平分布筋伸入暗柱的构造

2）水平分布筋伸入转角墙的构造。

讲解视频：水平分布筋伸入转角墙的构造

墙身水平分布筋分为内侧水平分布筋和外侧水平分布筋，其在转角墙处的构造有三种做法，如图 3-1-58、图 3-1-59、图 3-1-60 所示。

无论哪种做法，内侧水平分布筋（图中红色粗线）都是伸至墙对边，然后弯折 15d；外侧水平分布筋可以在转角外搭接，也可以在转角处搭接，有三种做法，分别如下。

（1）暗柱为转角墙且两侧配筋量不相等（如图 3-1-58 所示）。

外侧水平分布筋连续通过转角，且在配筋量较小一侧交错搭接；连接区在暗柱范围之外，搭接长度 ≥ 1.2l_{aE}，两批接头净距离 ≥ 500mm。

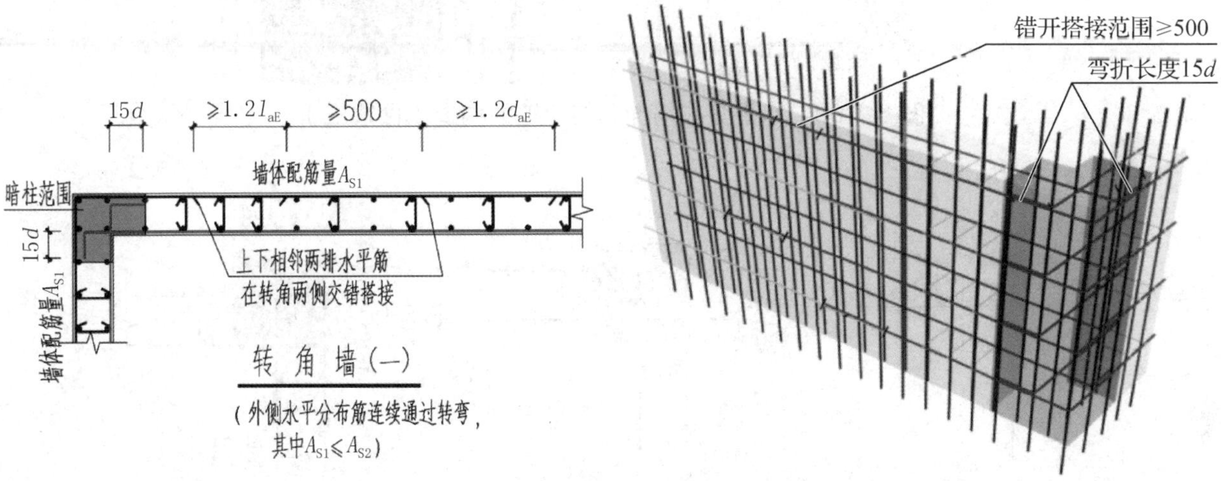

图 3-1-58　水平分布筋伸入转角墙的构造（做法一）

（2）暗柱为转角墙且两侧配筋量相等（如图 3-1-59 所示）。

上下相邻两层外侧水平分布筋在转角外两侧交错搭接，且连接区在暗柱外，搭接长度≥ 1.2l_{aE}。

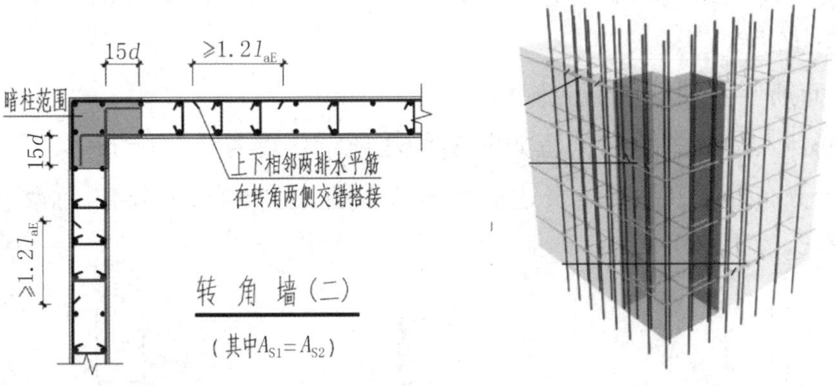

图 3-1-59　水平分布筋伸入转角墙的构造（做法二）

（3）暗柱为转角墙（无论两侧配筋量是否相等，都可以采用此做法）（如图 3-1-60 所示）。外侧水平分布筋可以在转角处搭接，搭接长度为 0.8l_{aE} + 0.8l_{aE} = 1.6l_{aE}。

3）水平分布筋伸入端柱转角墙的构造。

水平分布筋伸入端柱转角墙的构造如图 3-1-61 所示，墙身水平分布筋分为内侧水平分布筋（黑粗线表达的水平分布筋）、外侧水平分布筋（红色粗线表达的水平分布筋）。

讲解视频：水平分布筋伸入端柱转角墙的构造

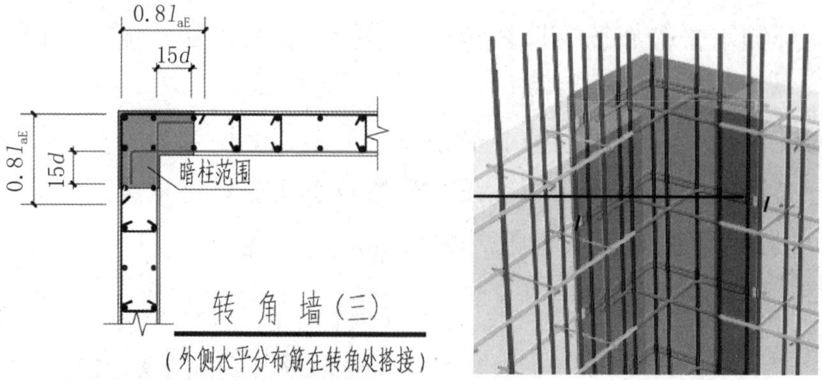

图 3-1-60　水平分布筋伸入转角墙的构造（做法三）

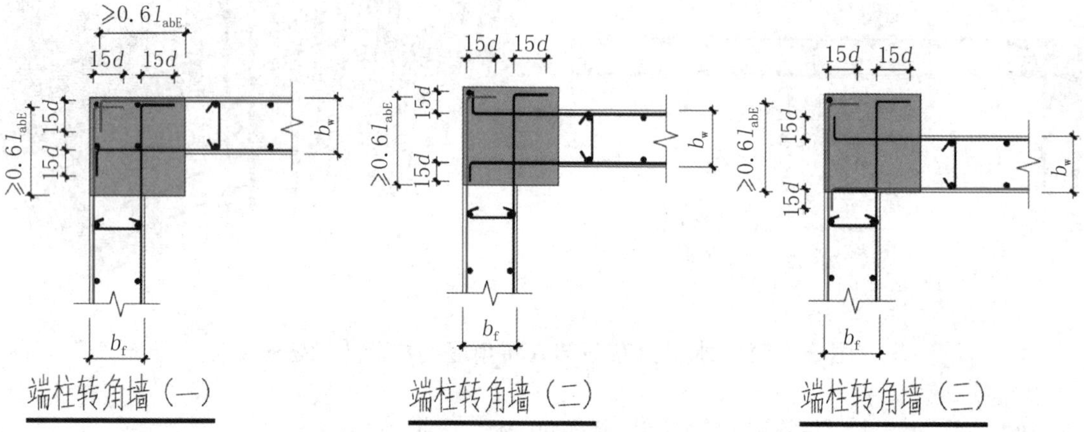

图 3-1-61　水平分布筋伸入端柱转角墙的构造

（1）红色水平分布筋伸至端柱对边紧贴角筋弯折 15d；

（2）黑色水平分布筋伸入端柱的长度 ≥l_{aE} 时可直锚，不满足直锚时则弯锚，弯锚时伸至端柱对边弯折 15d。

4）水平分布筋伸入端柱翼墙的构造。

水平分布筋伸入端柱翼墙的构造如图 3-1-62 所示，墙身水平分布筋分为内侧水平分布筋（黑色粗线表达的水平分布筋）、外侧水平分布筋（红色粗线表达的水平分布筋）。

讲解视频：水平分布筋伸入端柱翼墙的构造

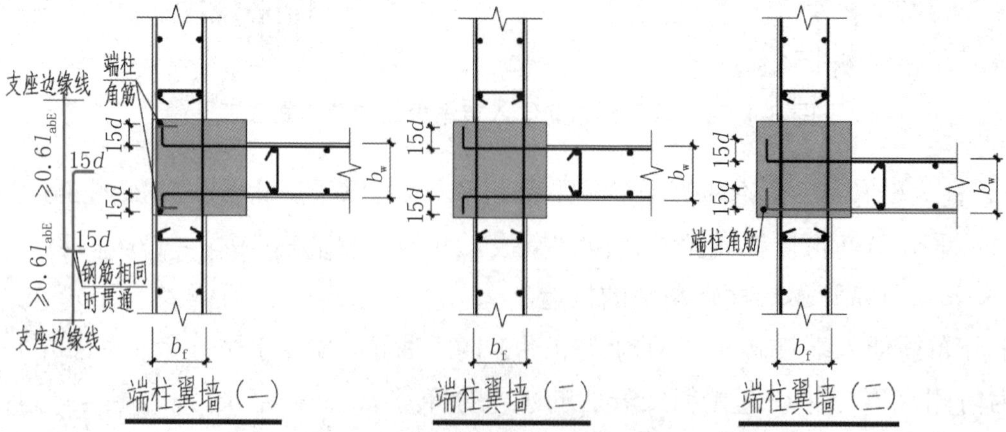

图 3-1-62　水平分布筋伸入端柱翼墙的构造

（1）外侧水平分布筋构造：钢筋相同时则贯通；不能贯通时则伸至端柱对边紧贴角筋弯折 15*d*。

（2）内侧水平分布筋构造：能直通则直通；不能直通时伸入端柱的长度 ≥l_{aE} 可直锚；不满足直锚时则弯锚，弯锚时伸至端柱对边弯折 15*d*。

5）水平分布筋伸入端柱端部墙的构造。

水平分布筋伸入端柱端部墙的构造如图 3-1-63 所示。

外侧水平分布筋（红色粗线表达）伸至端柱角筋内侧弯折 15*d*；黑色水平分布筋伸入端柱内的长度 ≥l_{aE} 时可直锚，不满足直锚时则弯锚，弯锚时伸至端柱对边弯折 15*d*。

讲解视频：水平分布筋伸入端柱端部墙的构造

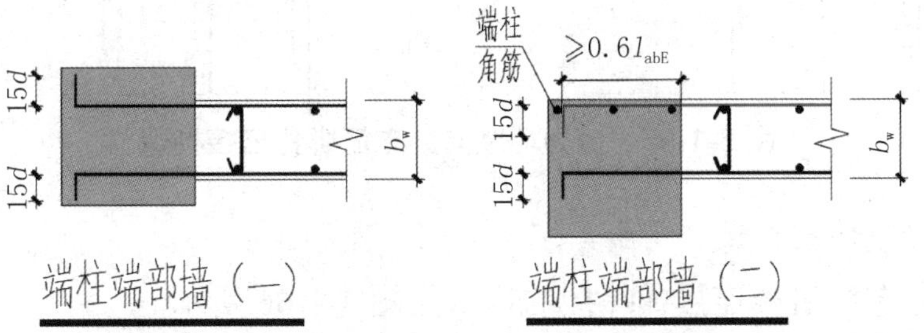

图 3-1-63 水平分布筋伸入端柱端部墙的构造

6）水平分布筋伸入翼墙的构造。

水平分布筋伸入翼墙的构造如图 3-1-64 所示。

对于翼墙（一），墙内水平分布筋弯折 15*d*；对于翼墙（二），当为变截面翼墙时，较厚一侧墙的水平分布筋伸至对边弯折 15*d*，较薄一侧墙内钢筋锚固长度为 1.2l_{aE}；对于翼墙（三），左右两边墙厚相差不大，水平分布筋贯通布置。

讲解视频：水平分布筋伸入翼墙的构造

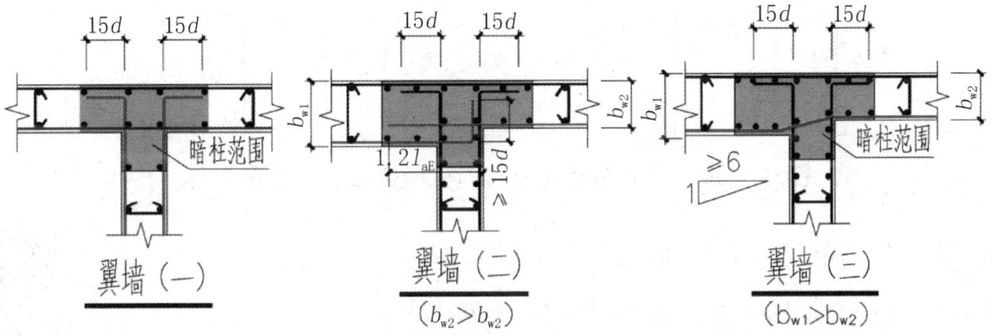

图 3-1-64 水平分布筋伸入翼墙的构造

6. 墙身竖向分布钢筋（竖向分布筋）构造

1）墙身竖向分布筋连接构造。

（1）绑扎搭接构造。

剪力墙竖向分布筋绑扎搭接构造如图 3-1-65 所示。

讲解视频：墙身竖向分布筋连接构造

对于一、二级抗震等级底部加强部位，竖向分布筋交错搭接，搭接面积百分率为 50%。搭接长度为 1.2l_{aE}，两批接头间净距离 ≥ 500mm；对于一、二级抗震等级的非底部加强部位及三、四级抗震等级，可在同一部位搭接，不同于柱，其搭接面积百分率可以为 100%。

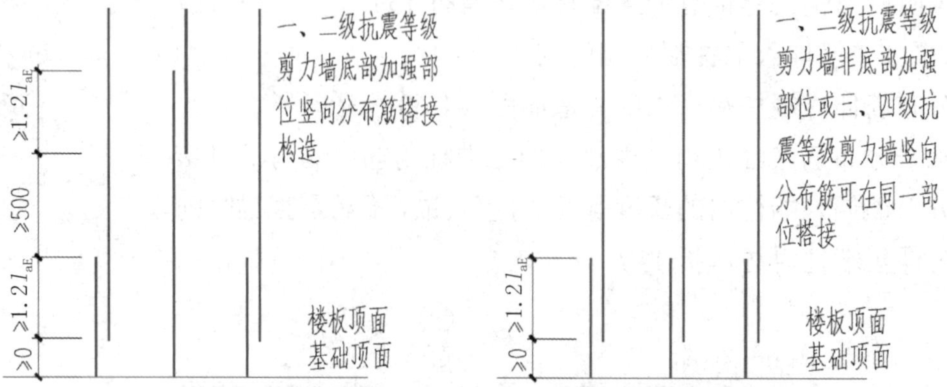

图 3-1-65　剪力墙竖向分布筋绑扎搭接构造

（2）机械连接或焊接构造。

剪力墙竖向分布筋机械连接或焊接的构造如图 3-1-66 所示。

对于各级抗震等级，机械连接或焊接要求交错搭接，搭接面积百分率为 50%。第一批接头露出楼面 ≥ 500mm；两批接头之间的距离 ≥ 35d（对于焊接还需≥ 500mm）。

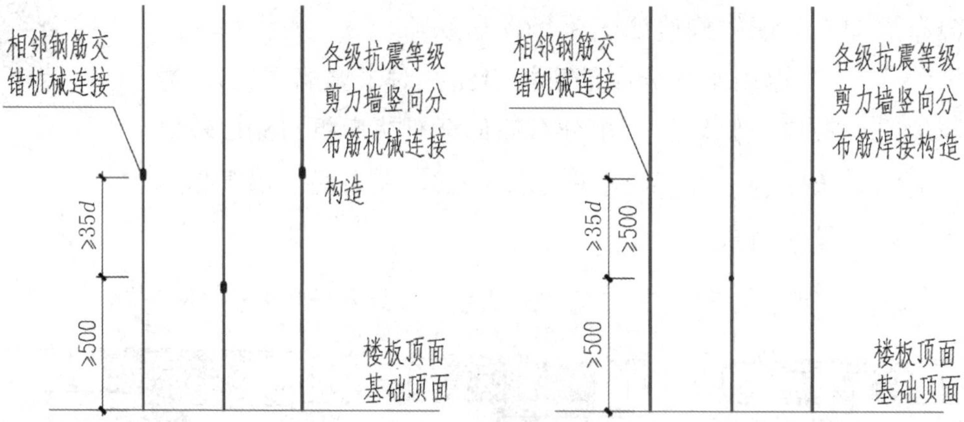

图 3-1-66　剪力墙竖向分布筋机械连接、焊接的构造

2）墙身竖向分布筋顶部构造。

剪力墙竖向分布筋顶部构造如图 3-1-67 所示。

竖向分布筋对伸入边框梁情况，若满足直锚条件则直锚，即竖向分布筋伸入边框梁 l_{aE}；其他情况，竖向分布筋全部伸至屋面板顶弯折 12d。

讲解视频：剪力墙竖向分布筋顶部构造

【注】端柱竖向分布筋和箍筋的构造较框架柱相似，剪力墙身和边缘构件的钢筋在基础中的构造较框架柱相似，剪力墙身变截面处的钢筋构造较框架柱相似，本节不再赘述。

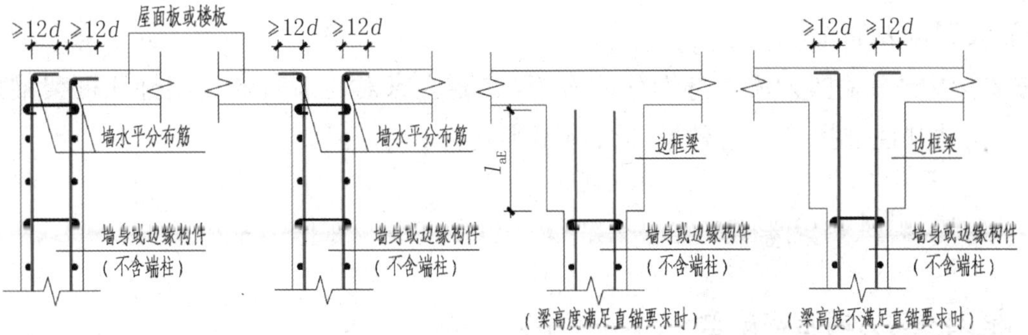

图 3-1-67　剪力墙竖向分布筋顶部构造

3）连梁钢筋构造。

讲解视频：连梁钢筋构造

连梁纵筋和箍筋的构造如图 3-1-68 所示。

（1）连梁纵筋的构造。

连梁纵筋的锚固长度，无论端部、中部，只要满足直锚条件，即伸入支座的尺寸 ≥l_{aE} 且 ≥ 600mm，直锚即可，不必弯折；不满足直锚时，无论上部纵筋还是下部纵筋都需弯折 15d。

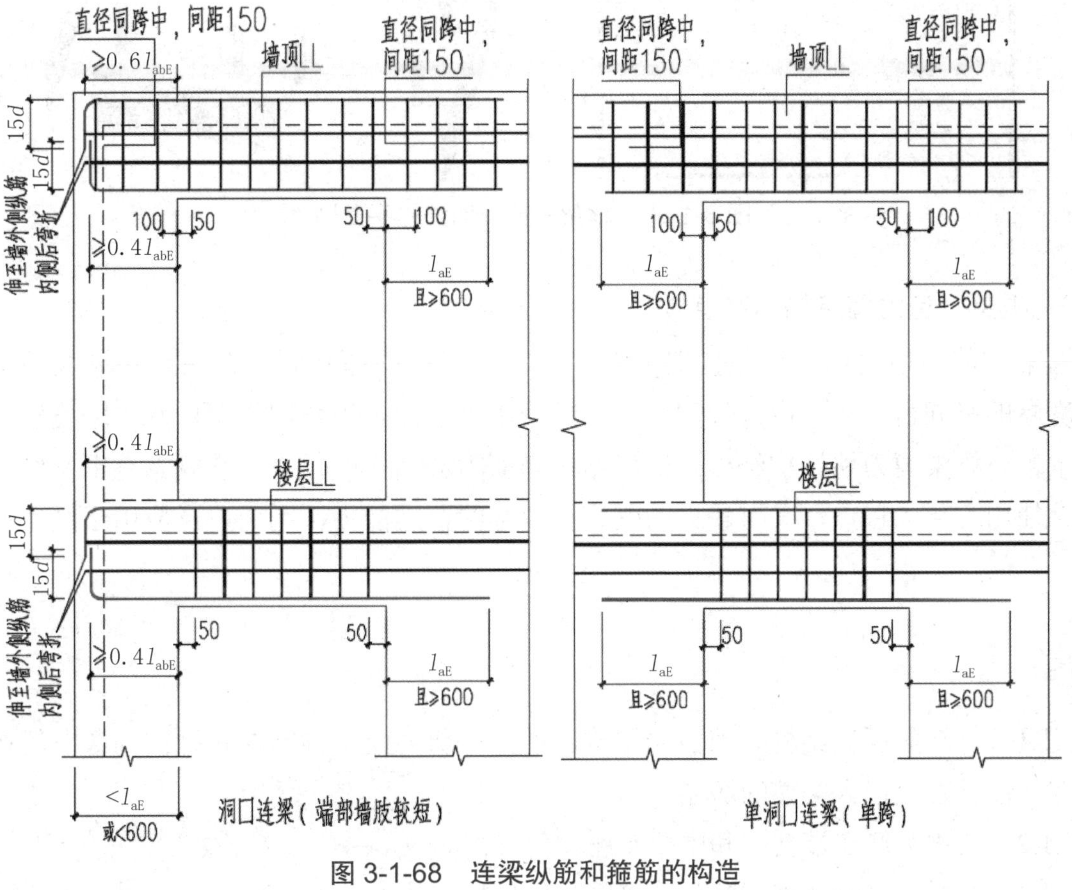

图 3-1-68　连梁纵筋和箍筋的构造

（2）连梁箍筋的构造。

洞口范围内的连梁箍筋详见设计图纸，起步距离同普通梁即 50mm；洞口范围外的箍筋直径同范围内，间距为 150mm，起步距离为 100mm。

拉筋设置同普通梁。

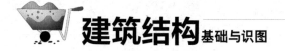

【注】本节学习了剪力墙内部钢筋的构造，希望大家对比着普通框架柱和框架梁来学习，找到各类构件共性，提升学习效率，必将事半功倍！

3.1.3 框架—剪力墙结构

1. 框架—剪力墙结构概念

框架—剪力墙结构也称框剪结构，它是在框架结构中布置一定数量的剪力墙结构，这种剪力墙称为框架—剪力墙，其结构平面图如图 3-1-69 所示。由于竖向构件既有柱又有剪力墙，构成灵活自由的使用空间，同时又有足够的剪力墙，有较大的刚度，满足不同建筑功能的要求。

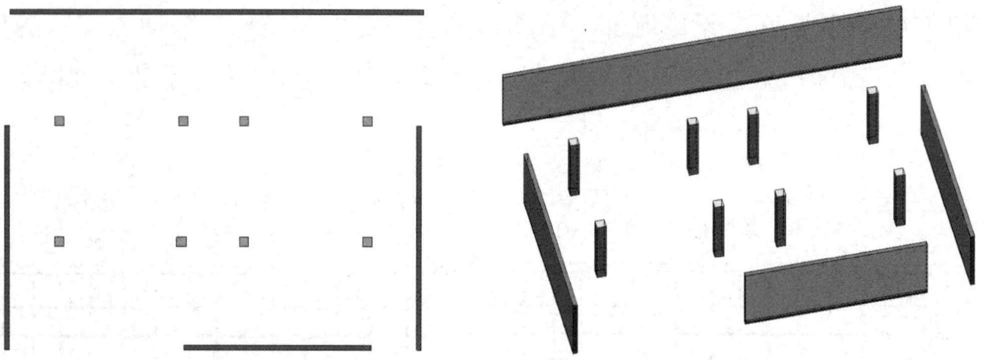

图 3-1-69 框架—剪力墙结构平面图

2. 框架—剪力墙结构的特点

框架—剪力墙结构体系是指把框架和剪力墙两种结构共同组合在一起形成的结构体系。房屋的竖向荷载分别由框架和剪力墙共同承担，而水平作用主要由水平刚度较大的剪力墙承担。框架剪力墙结构结合了框架结构和剪力墙结构的优点，它既具有框架结构布置灵活、使用方便的特点，又有较大的刚度和较强的抗震能力，因而广泛应用于高层办公建筑中。

思考题

3.1.1 什么叫框架结构、剪力墙结构、框架—剪力墙结构？这三种结构各自的优缺点是什么，适合建造什么类型的房屋？

3.1.2 梁内纵筋在端支座和中间支座如何锚固？

3.1.3 柱内纵筋的非连接区与连接区是如何规定的？

3.1.4 梁和柱内箍筋的加密区范围是如何规定的？

3.1.5 组成剪力墙结构的构件有哪三类？

3.1.6 绑扎搭接、机械连接和焊接的连接渠段长度分别有何规定？

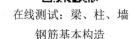

3.1.7　剪力墙墙身内钢筋种类有哪些？

3.1.8　对中柱柱顶的顶部构造，若柱纵筋不满足直锚，则需伸至柱顶弯折多少？

3.1.9　剪力墙水平分布筋伸入边缘构件的锚固思路是什么？

在线测试：梁、柱、墙钢筋基本构造

任务 3.2　梁板结构

知识目标

1. 熟悉楼盖的分类及特点；
2. 掌握肋形楼盖的受力特点及配筋特点；
3. 熟悉楼梯的类型及配筋特点；
4. 掌握 AT 型楼梯的平法施工图制图规则及构造详图。

能力目标

1. 能够区分单向板和双向板；
2. 能够正确分析楼梯的受力特点；
3. 能够布置楼板及梯板内钢筋。

素养目标

1. 通过学习建筑专家买到糟心“建筑”的事件经过，让学生树立诚信意识；
2. 通过学习梁板结构的受力特点和钢筋布置原则，使学生具备能够区分主要矛盾的“大格局品质”工匠思维。

3.2.1　楼盖的分类及特点

房屋建筑的结构体系由竖向支撑体系、水平支撑体系和基础支撑体系组成。楼盖是整个结构的水平支撑体系，由受弯构件梁和板组成，是典型的梁板结构，是建筑结构的重要组成部分，其材料用量和造价在整个建筑物材料总用量和总造价中占很大比例，其设计是否合理直接影响建筑物的安全性、适用性、耐久性和经济性。

1. 楼盖的分类

楼盖常采用钢筋混凝土结构，根据施工工艺可分为现浇式楼盖、预制装配式楼盖和装配整体式楼盖，如图 3-2-1、图 3-2-2、图 3-2-3 所示。

讲解视频：楼盖的分类

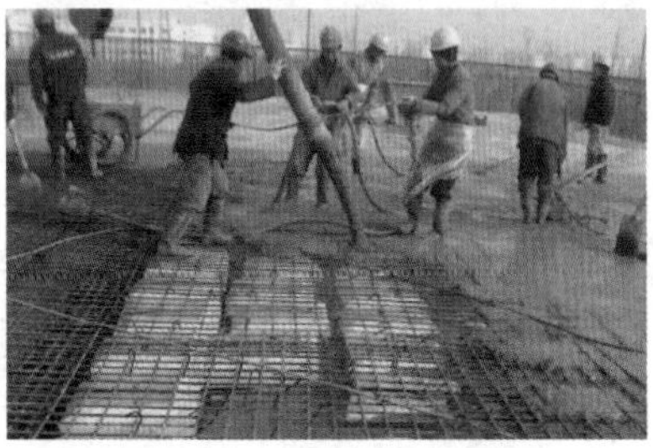

图 3-2-1　现浇式楼盖

图 3-2-2　预制装配式楼盖

图 3-2-3　装配整体式楼盖

1）现浇式楼盖。

现浇式楼盖整体性好、刚度大、防水性和抗震性好，在结构布置方面容易满足各种特殊要求，适应性强。只要能够把模板搭设好，那么任何造型的结构构件都可以现场浇筑成型，能够很好地满足建筑设计师的构思。其缺点是费工、费模板、工期长、施工受季节限制等。

2）预制装配式楼盖。

大多采用预制构件，与现浇式楼盖相比，缺点是整体性、防水性及抗震性差，且不便开设孔道。优点是便于工业化生产，施工速度快，节约模板，缩短工期。

3）装配整体式楼盖。

装配整体式楼盖克服了前面两种楼盖的缺点，其整体性比预制装配式楼盖好，又比现浇式楼盖节省工期，虽然需要二次浇灌混凝土，但总体来说节能环保，符合绿色建筑的要求。以新型建筑工业化带动建筑业全面转型升级，装配整体式楼盖是社会发展所需，其在新建建筑物中所占比例将会越来越大。

2. 现浇式楼盖的分类

现浇式楼盖根据受力方式和支撑条件可分为肋形楼盖（也称肋梁楼盖）、无梁楼盖（也称板柱楼盖）、井式楼盖，如图 3-2-4、图 3-2-5、图 3-2-6 所示。

讲解视频：现浇板的分类

图 3-2-4　肋形楼盖

图 3-2-5　无梁楼盖

图 3-2-6　井式楼盖

1）肋形楼盖。

肋形楼盖是工程中一种普遍采用的楼盖结构，由梁和板组成，又可分为单向板肋形楼盖和双向板肋形楼盖，如图 3-2-7、图 3-2-8 所示。肋形楼盖通常为多跨连续的超静定结构，四边梁围成的板块称为一个板区隔，也就是每一区隔的板由四边梁来支撑。

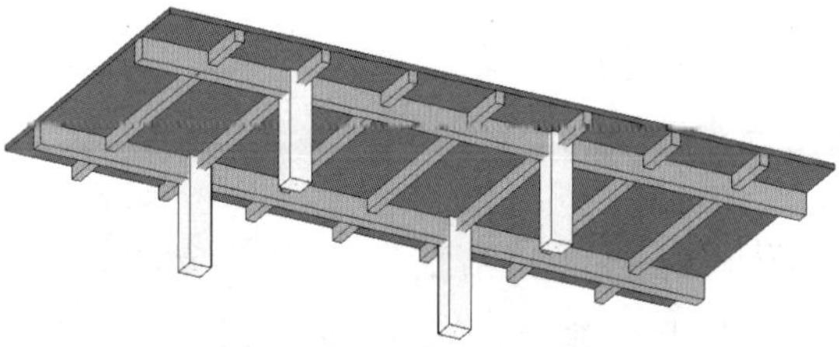

图 3-2-7　单向板肋形楼盖

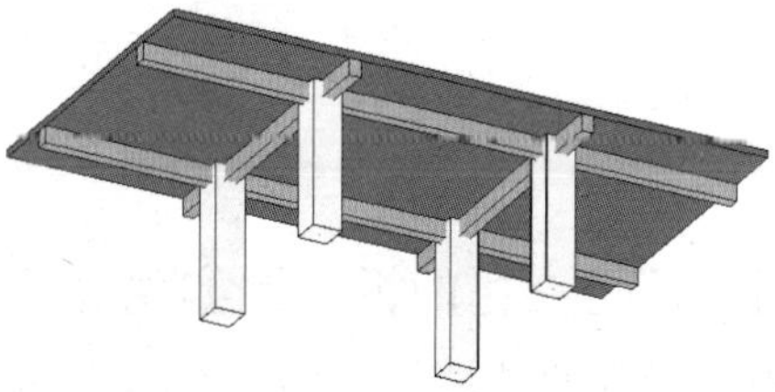

图 3-2-8　双向板肋形楼盖

2）无梁楼盖。

无梁楼盖不设梁，楼板直接支承在柱上，一般在柱头处设置柱帽，以抵抗柱对板的冲切作用。无梁楼盖结构高度小、净空大，支模简单，但用钢量较多，当楼面有很大的集中荷载作用时不宜采用。无梁楼盖适用于柱网尺寸不超过 6m 的公共建筑，常用于仓库、商场等柱网布置接近方形的建筑。

3）井式楼盖。

井式楼盖由板和两个方向相交的等截面梁组成，可少设置或取消内柱，能跨越较大空间，其中楼板为四边支承的双向板，是双向受弯体系，二者相互协同工作。井式楼盖可以跨越较大的空间，外形美观，但它的用钢量大，造价高。该楼盖适用于平面形状为方形或接近方形的公共建筑门厅，以及中、小型礼堂和餐厅等。

3. 肋形楼盖

讲解视频：单向板、双向板的概念

1）单向板、双向板概念。

顾名思义，所谓单向板是指板上荷载单向传递，板单向弯曲；双向板是指板上荷载双向传递，板双向弯曲，如图 3-2-9、图 3-2-10 所示。

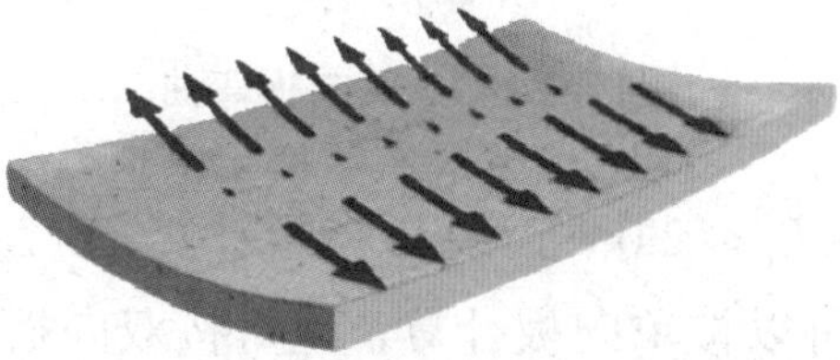

图 3-2-9　单向板荷载传递

图 3-2-10　双向板荷载传递

对于两边支撑的板来说，比如简支板（板支撑在两端的砖墙上），一定是单向板，与板的两个方向的尺寸无关，如图 3-2-11 所示。

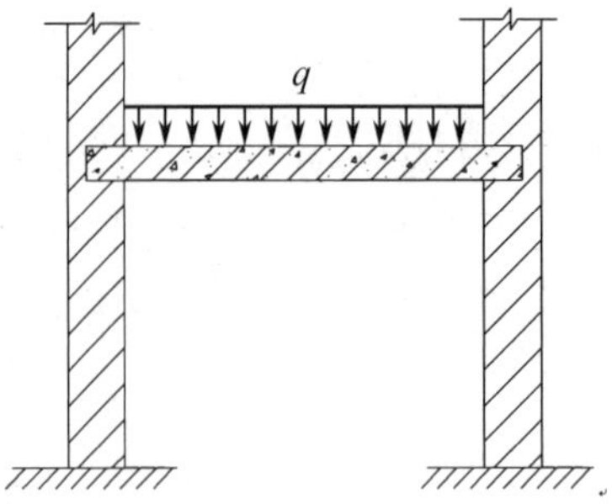

图 3-2-11　简支板

对于四边支撑的板，比如现浇肋形楼盖，板区隔四周通常情况下是梁支撑，对于四边支撑的一个区隔的板，当把梁的支承刚度视为无限大且视为不动铰支座时，板在两个方向上承担弯曲，呈现双向弯曲状态。

【注】只要是四边支撑的板，荷载就会比较均匀地传递到四边支撑支座上吗？

答案是否定的。假想同学们站在教学楼长长的走廊上，如果这个走廊板的支撑构件是四周的墙（或梁），那么由“同学们”所引起的重力荷载是往两边较近一侧的墙上传递，还是传递到远端的墙上呢？

理论和实践研究表明，荷载是就近传递的，荷载也好“偷懒”，它是“就近入座”的，是向两边墙（或梁）上传递的。

假定板在两个方向上的跨度分别为短边 L_1 和长边 L_2，当板区隔的长边 L_2 与短边 L_1 之比较大时，板上的荷载主要沿短边方向传递到支撑构件上，而沿长边方向传递的荷载很小可忽略不计，受力主要在短跨方向，形成单向板；如果板长短边差别不大，沿长边传递的荷载较大，板在长跨方向的弯曲也较大，受力主要在两个方向，形成双向板，如图 3-2-12、图 3-2-13 所示。

图 3-2-12　单向板弯曲

图 3-2-13　双向板弯曲

根据《混凝土结构设计规范》相关规定，当 $L_2/L_1 \leqslant 2.0$ 时应按双向板计算；当 $L_2/L_1 \geqslant 3.0$ 时可按单向板计算；当 L_2/L_1 在 2.0～3.0 之间时可以按单向板计算，也可按双向板计算，但如果按单向板计算，应沿长边方向布置足够多的构造钢筋。

2）单向板、双向板荷载传递路线。

如前述，荷载就近传递。对于单向板来说，荷载离长边支座近，故大部分荷载沿着板的短边传给长边支座即次梁，次梁再把荷载（连同次梁自重）传给主梁，主梁把荷载（连同主梁自重）传给柱或墙。次梁是板的支座，

讲解视频：板荷载传递路线

主梁是次梁的支座，柱或墙是主梁的支座。

对于双向板来说，板首先承受荷载，然后传给两个方向的纵横梁，梁再把荷载传给柱或墙。

3）单向板、双向板钢筋布置原则。

（1）单向板钢筋布置原则。

讲解视频：板内钢筋布置原则

① 下部受力筋：板底受力筋（抵抗跨内正弯矩的钢筋）沿着短边，垂直于长边，垂直于次梁，且伸入次梁内进行锚固。

② 上部受力筋（负筋）：板面受力筋（抵抗支座处负弯矩的钢筋）垂直于次梁，跨越次梁，伸入跨内一定长度被截断。

③ 分布筋：与板底受力筋和板面负筋垂直的分布钢筋。其中受力筋在外侧，分布筋在内侧，其目的是提高截面有效高度，从而提高板的抗弯承载力。

（2）双向板钢筋布置原则。

① 板底筋：板下侧在两个方向均需要配置受力筋，但是短的钢筋在外侧，长的钢筋在内侧，其目的同样是提高板的抗弯承载力。

② 上部负筋：板面布置负筋，垂直于梁，跨越梁，伸入跨内一定长度然后被截断。

③ 分布筋：与板负筋垂直的分布钢筋。其中负筋在外侧，分布筋在内侧，其目的同样是提高截面有效高度，从而提高板支座处的抗弯承载力。

以上为板内钢筋配筋的基本原则，板内钢筋布置图如图 3-2-14 所示。

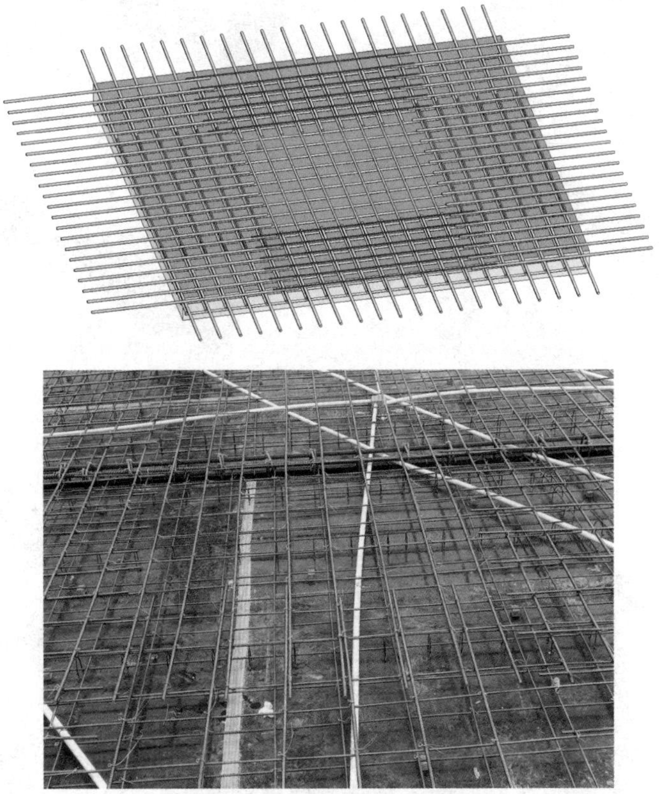

图 3-2-14 板内钢筋布置图

【小结】本节课学习了楼盖的分类及受力特点，单向板和双向板的划分原则、受力特点和板内钢筋配置特点，请结合实际施工图片，融会贯通、灵活应用。

3.2.2　楼梯的类型及特点

楼梯作为楼层间垂直交通构件，用于楼层之间和高差较大时的交通联系，是多层和高层房屋的竖向通道。高层建筑虽采用电梯作为主要垂直交通工具，但仍然要保留楼梯供火灾或地震时逃生之用。

楼梯的组成构件有梯段斜板、平台板、平台梁、斜梁等。现浇楼梯根据有无斜梁，分为板式楼梯和梁式楼梯。板式楼梯的优点是施工方便、支模简单，实际工程中大多采用板式楼梯，本书仅介绍现浇板式楼梯。

1. 楼梯的类型

讲解视频：楼梯的类型

依据 22G101-2 图集，现浇板式楼梯包含 14 种类型，分别为 AT、BT、CT、DT、ET、FT、GT、ATa、ATb、ATc、BTb、CTa、CTb、DTb，如图 3-2-15 所示。

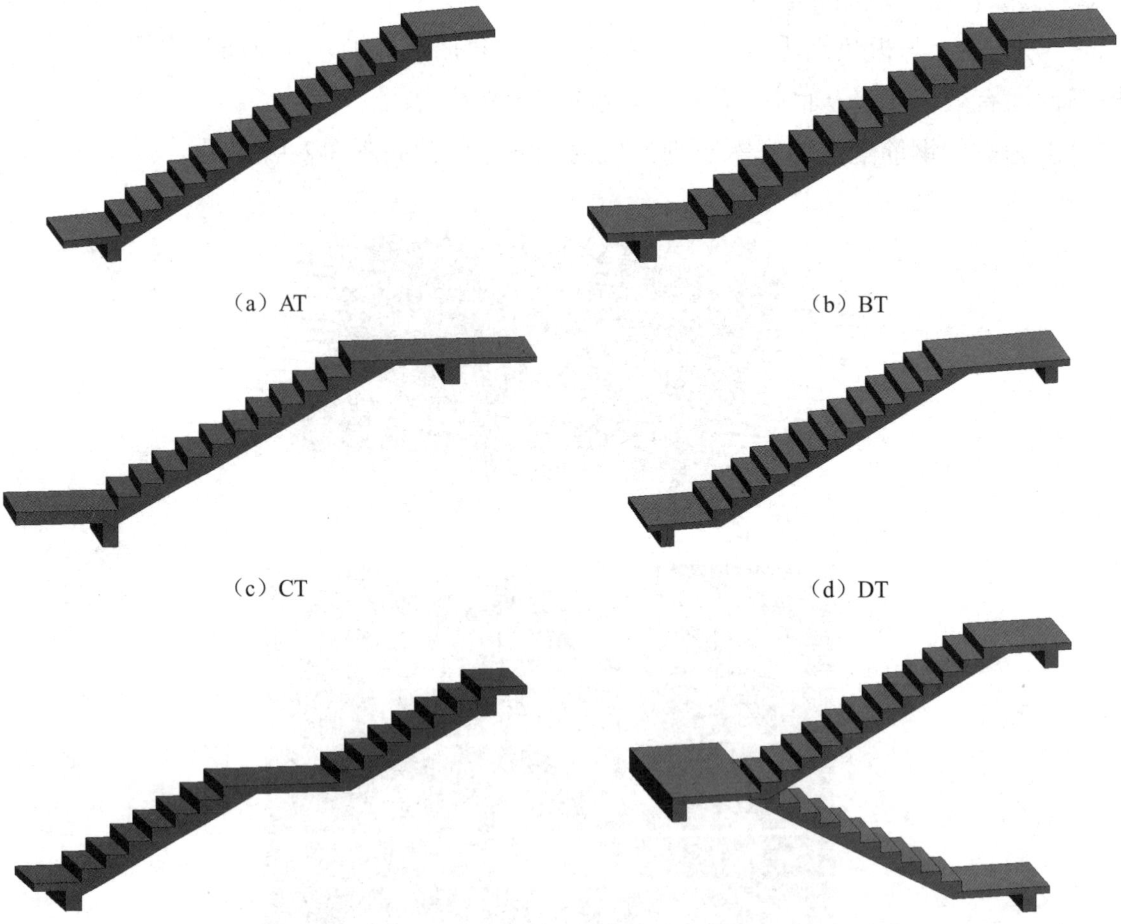

（a）AT　（b）BT

（c）CT　（d）DT

（e）ET　（f）FT

图 3-2-15　楼梯类型

（g）GT

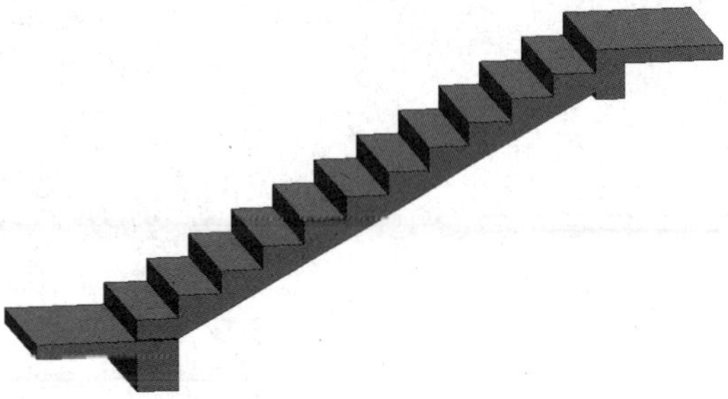

（h）ATa

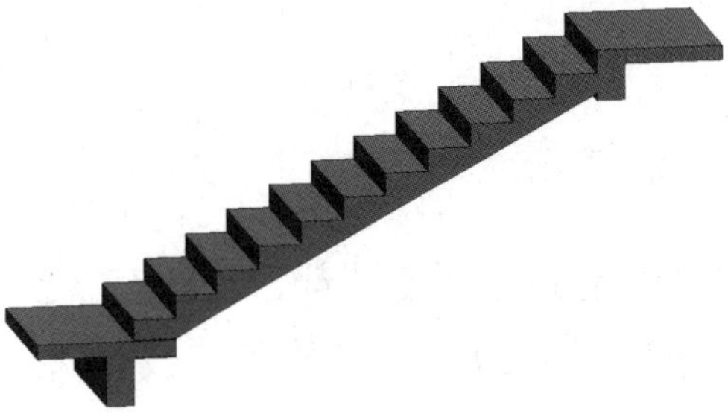

（i）ATb

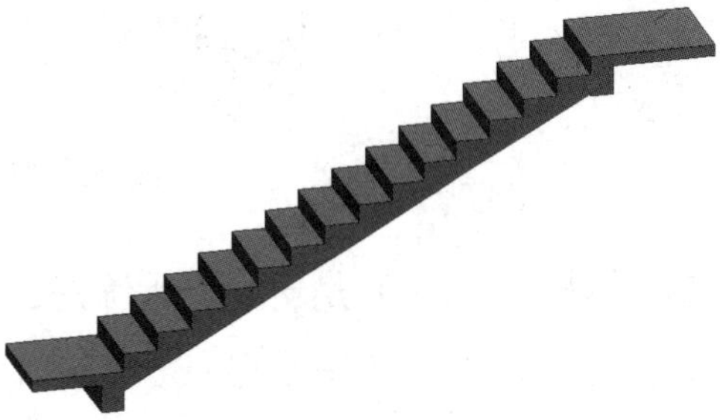

（j）ATc

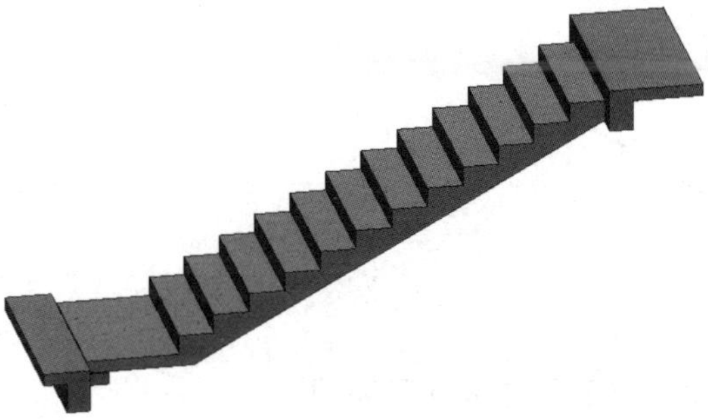

（k）BTb

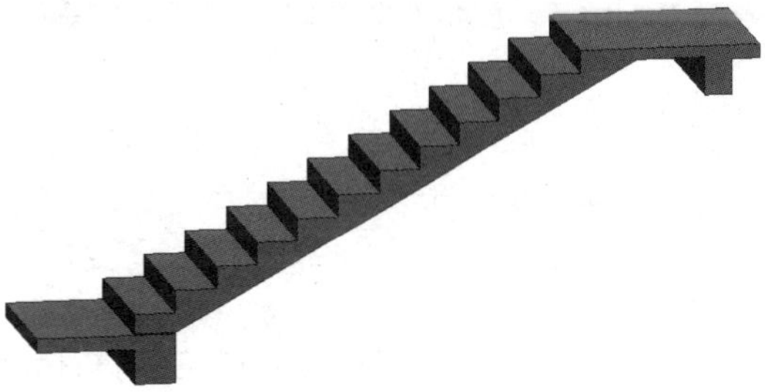

（l）CTa

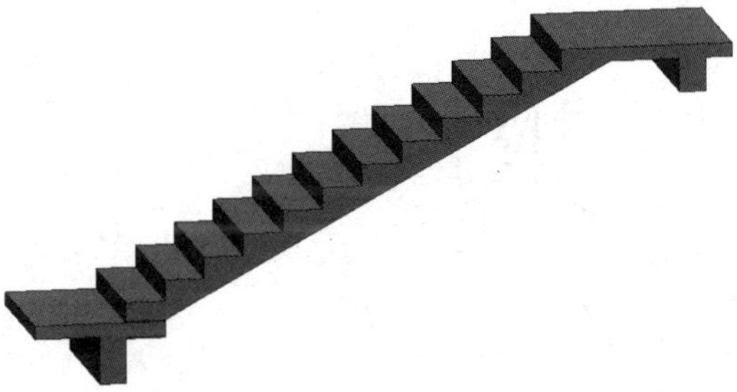

（m）CTb

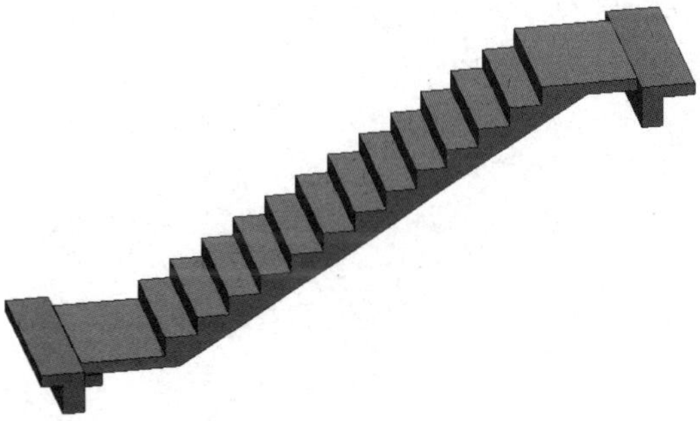

（n）DTb

图 3-2-15 楼梯类型（续）

2. 梯板的受力特点

楼梯与楼盖类似，也属梁板结构。组成楼梯的构件也是梁和板，属受弯构件。梯梁的受力特点类似框架梁，平台板的受力特点类似楼面板。

本书主要以 AT 型楼梯（两梯梁之间的梯板全部由踏步段构成，即踏步段两端均以梯梁为支座）为例，如图 3-2-16 所示，来讲述楼梯的受力特点及配筋构造。

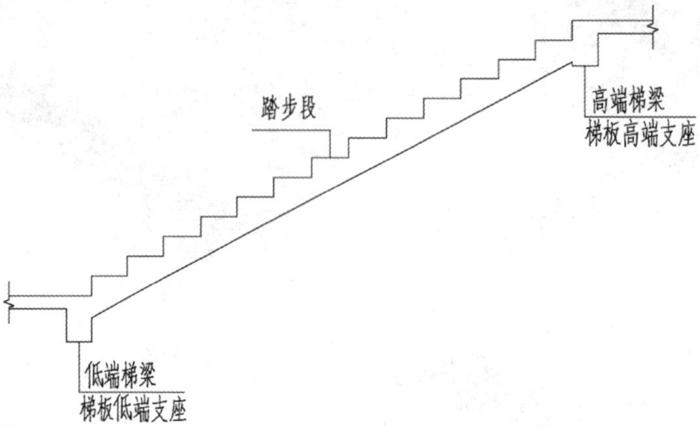

图 3-2-16　AT 型梯板示意图

梯段斜板（梯板）是一锯齿形斜板，承受其自重及其楼面活荷载，支撑在平台梁上，平台梁是斜板的支座（由于是现浇楼梯，故简化为固定端支座），梯板把荷载传递给梯梁，梯梁是梯板的固定端支座，在均布荷载 q 作用下 AT 型梯板计算简图如图 3-2-17 所示。

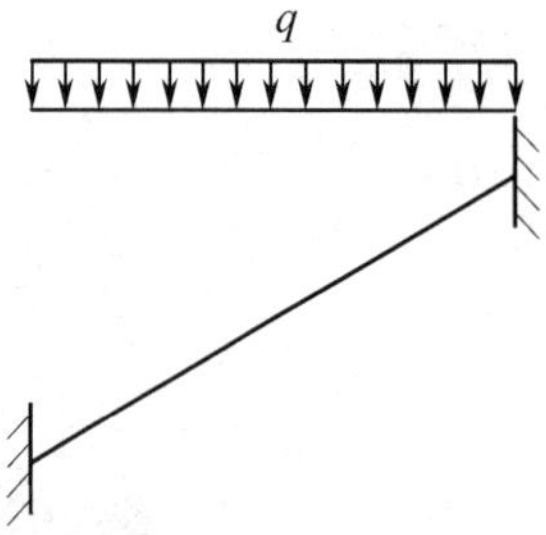

图 3-2-17　在均布荷载 q 作用下 AT 型梯板计算简图

根据力学知识，斜板在重力荷载作用下所引起的内力是弯矩（M）和剪力（V），其弯矩图如图 3-2-18 所示。

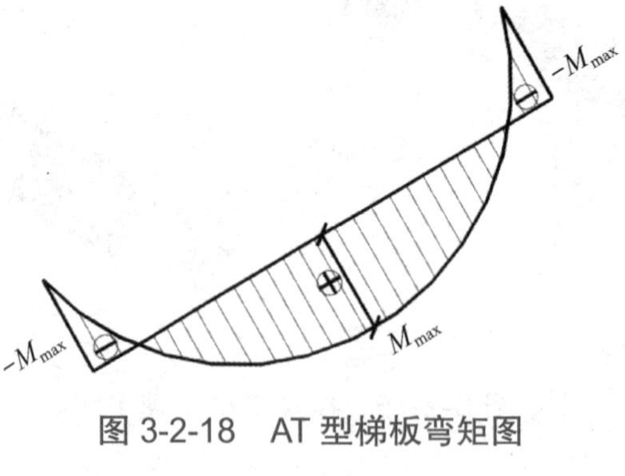

图 3-2-18　AT 型梯板弯矩图

3. 梯板的配筋

如图 3-2-19 所示，梯板内钢筋由下部纵筋（下部受力筋，黄色线表达的钢筋）、上部纵筋（上部受力，绿色线表达的钢筋）、分布筋（红色线表达的钢筋）组成。

仿真视频：AT 型梯板的配筋仿真动画

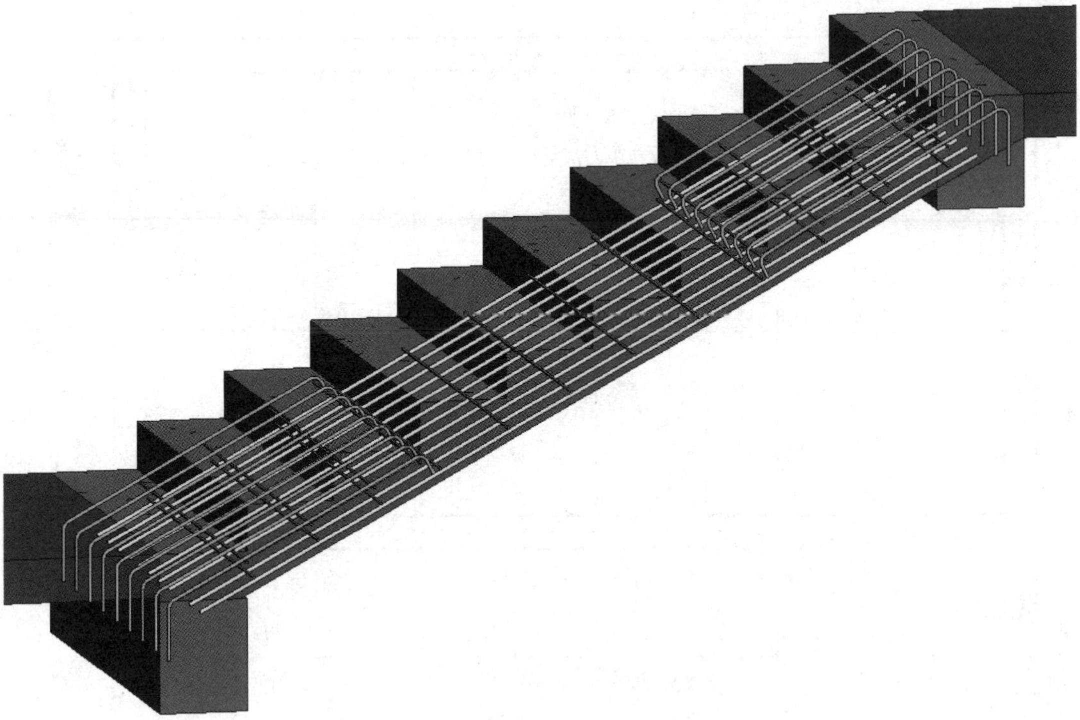

图 3-2-19　AT 型梯板内部钢筋仿真图

1）下部受力筋（下部纵筋）。

根据弯矩图，梯板跨中大部分区域下侧受拉，产生正弯矩，其中跨中所在截面弯矩值最大为 M_{max}。结构设计时将根据 M_{max} 配置受力钢筋，放置在梯板下侧，以抵抗由于正弯矩所引起的拉力。由于正弯矩所作用的区段较大，且下部受力筋为梯板受力主筋，所以要通长（或贯通）布置，不能被截断。

仿真视频：AT 型梯板下部受力筋的仿真动画

2）上部受力筋（上部纵筋）。

梯板在支座（梯梁）附近上侧受拉，产生负弯矩，支座处所在截面产生的负弯矩值最大为 $-M_{max}$。结构设计时将根据 $-M_{max}$ 配置上部受力筋（俗称支座负筋，或支座筋、负筋），放置在梯板上侧，以抵抗由于负弯矩所引起的拉力。由于负弯矩所作用的区段很小，通常把上部受力筋截断，以起到节约钢材的目的，故上部受力筋也称非通长钢筋（或非贯通钢筋）。

仿真视频：AT 型梯板上部受力筋的仿真动画

3）分布筋。

梯板分布筋为与梯板下部受力筋和上部受力筋垂直的分布钢筋。其中受力筋在外侧，分布筋在内侧，其目的是提高截面有效高度，从而提高板的抗弯承载力。

仿真视频：AT 型梯板分布筋的仿真动画

4. AT 型楼梯的平面注写方式

如图 3-2-20 所示，表达了某标高段的 AT 型楼梯的平面注写方式。其中，5.370～7.170 标高段内楼梯平面图如图 3-2-21 所示。

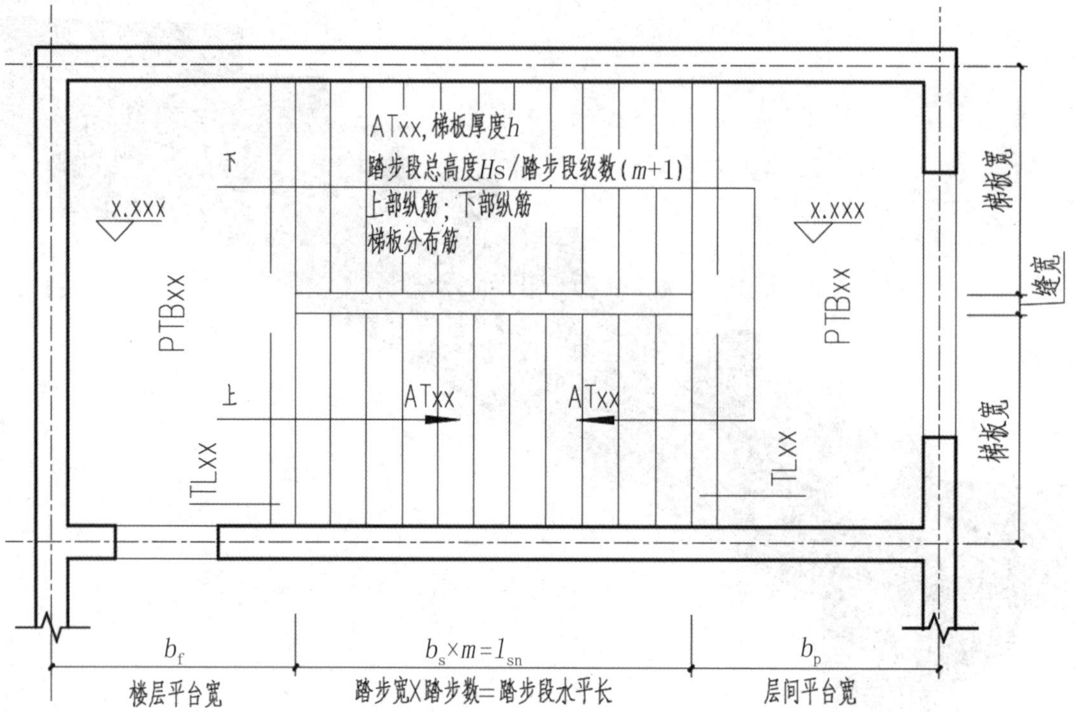

图 3-2-20 楼梯剖面图

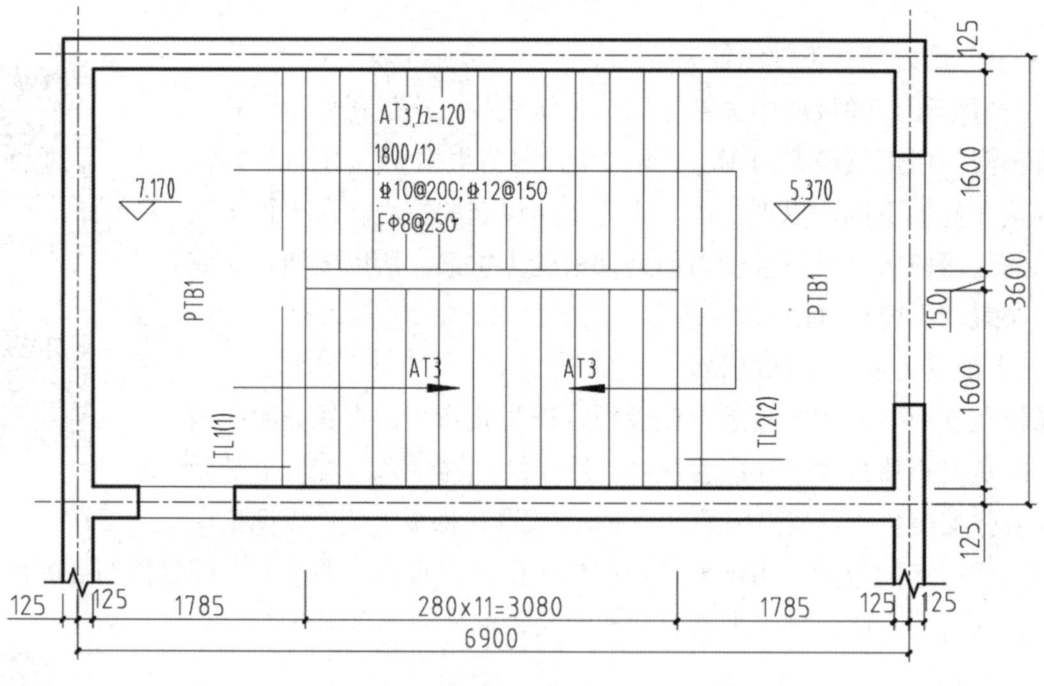

图 3-2-21 5.370～7.170 标高段内楼梯平面图

图 3-2-21 中各符号及数字含义如下。

（1）5.370：休息平台标高。

（2）7.170：楼层标高。

（3）PTB：平台板。

（4）TL：梯梁。

（5）AT3：3 号 AT 型梯板。

（6）$h = 120$：梯板厚为 120mm。

（7）1800/12：踏步段总高度为 1800mm，踏步级数为 12（踏步级数 = 踏步数 + 1；12 = 11 + 1），踏步高度为 1800/12 = 150mm。

（8）⏀10@200：上部纵筋，直径为 10mm、间距为 200mm 的 HRB400 级钢筋。

（9）⏀12@150：下部纵筋，直径为 12mm、间距为 150mm 的 HRB400 级钢筋。

（10）FΦ8@250：分布筋，直径为 8mm、间距为 250mm 的 HPB300 级钢筋。

（11）280 × 11 = 3080：踏步宽为 280mm，踏步数为 11（踏步数 = 踏步级数−1；11 = 12−1），踏步段水平长 3080mm。

（12）1785：层间平台宽同楼层平台宽，都为 1785mm。

（13）1600：梯板宽为 1600mm。

（14）150：缝宽（楼梯井宽）为 150mm。

5. AT 型梯板配筋构造

AT 型梯板配筋构造如图 3-2-22 所示。

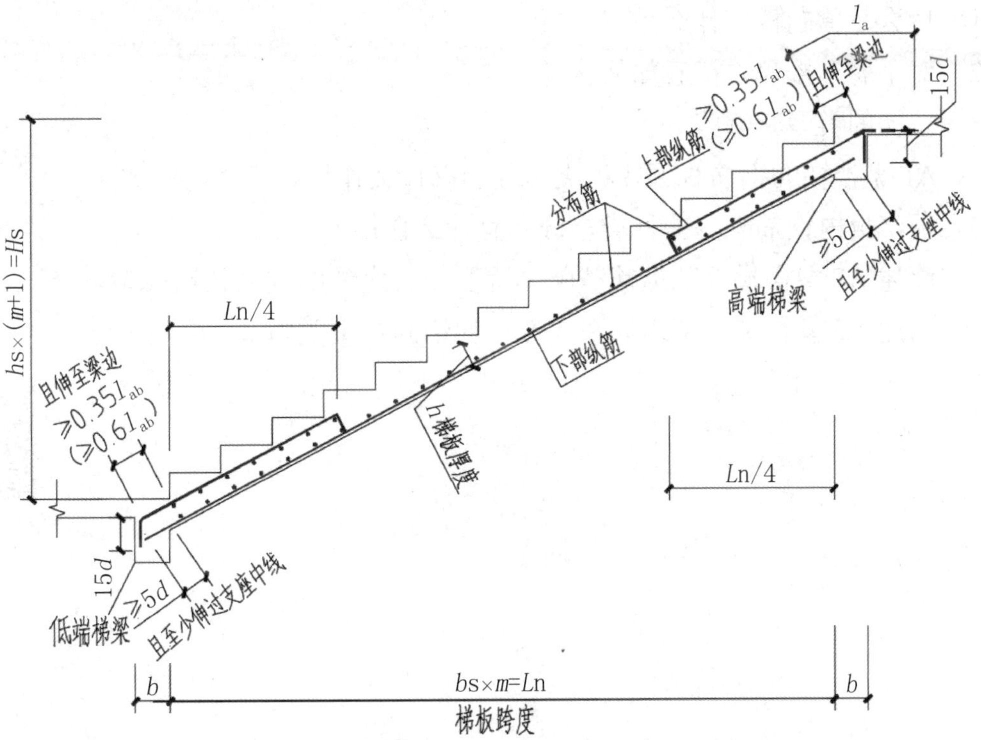

图 3-2-22　AT 型梯板配筋构造

1）下部纵筋。

在支座（梯梁）的锚固长度：$5d$ 且至少伸至支座中心线。

【注】 由于梯板内下部纵筋的直径（假设 $d = 12$mm，$5d = 60$mm）一般不大，梯梁的截面宽度（梯梁宽度大多为 200mm 左右）不会太小，所以通常情况梯板下部纵筋伸至梯梁中心线。

2）上部纵筋。

（1）截断位置。

在净跨的 $L_n/4$ 处截断。

（2）锚固长度。

有两种锚固方法：方法一，上部纵筋伸至梯梁外边线（留出保护层厚度）往下弯折 15d；方法二，上部纵筋有条件时也可直接伸入平台板内锚固，从支座内边算起应满足锚固长度 L_a。

3）分布筋。

布置在受力筋的内侧，与受力筋形成钢筋网片，分布筋间距 ≤ 250mm。

【小结】本节课学习了楼梯的分类、受力特点及 AT 型楼梯的钢筋种类及构造。希望同学们在 AT 型楼梯学习的基础上，自学其他类型楼梯（以楼梯钢筋种类和钢筋构造为切入点），培养耐心的品质和举一反三的能力。

思考题

3.2.1　什么是单向板，什么是双向板？

3.2.2　对于肋形楼盖，荷载如何传递？

3.2.3　楼梯的类型有哪些？

3.2.4　AT 型楼梯的钢筋有哪些种类，分别有什么作用？

3.2.5　现浇板内钢筋有哪些种类，分别有什么作用？

3.2.6　简述 AT 型楼梯上部纵筋截断位置及在支座处的锚固构造类型。

3.2.7　简述 AT 型楼梯下部纵筋在支座处的锚固构造类型。

在线测试: 梁板结构

项目 4

结构施工图识读

任务 4.1 梁平法施工图识读

知识目标

1. 掌握梁平法集中标注；

2. 掌握梁平法原位标注。

能力目标

能识读梁平法施工图。

素养目标

1. 观看 CCTV《特别呈现》节目，通过对超级工程——港珠澳大桥的学习，让学生体会中国力量和结构设计的魅力，增强学生的爱国情怀和爱岗敬业精神；

2. 在识读梁平法施工图纸的过程中，培养学生养成规范、标准、严谨细致的职业素养。

梁平法施工图是指在梁的平面布置图上采用平面注写方式或截面注写方式表达。本章重点讲解梁平法施工图的平面注写方式。

梁的平面注写方式，系在梁平面布置图上，分别在不同编号的梁中各选一根梁，在其上注写截面尺寸和配筋具体数值的方式来表达梁平法施工图。平面注写包括集中标注与原位标注，集中标注表达梁的通用数值，原位标注表达梁的特殊数值。当集中标注中的某项数值不适用于梁的某部位时，则将该项数值原位标注，施工时，以原位标注取值优先（如图 4-1-1 所示）。

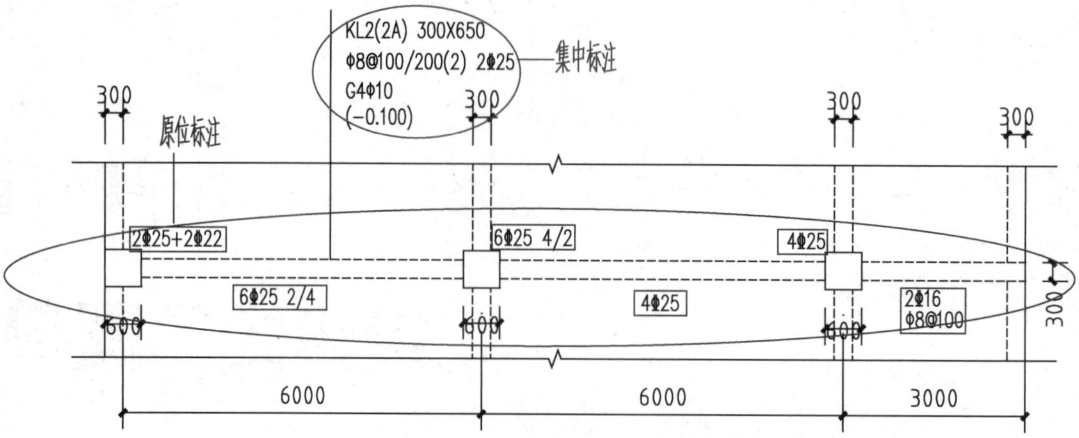

图 4-1-1 梁平面注写方式示意图

4.1.1 集中标注

梁平法施工图的集中标注用来表达梁的通用数值，可从梁的任意一跨引出，包括六项标注内容，即五项必注值（梁编号、梁截面尺寸、梁箍筋、梁上部通长筋或架立筋、梁侧面纵向构造钢筋或受扭钢筋）和一项选注值（梁顶面标高高差）。梁平法集中标注注写内容示意图如图 4-1-2 所示。

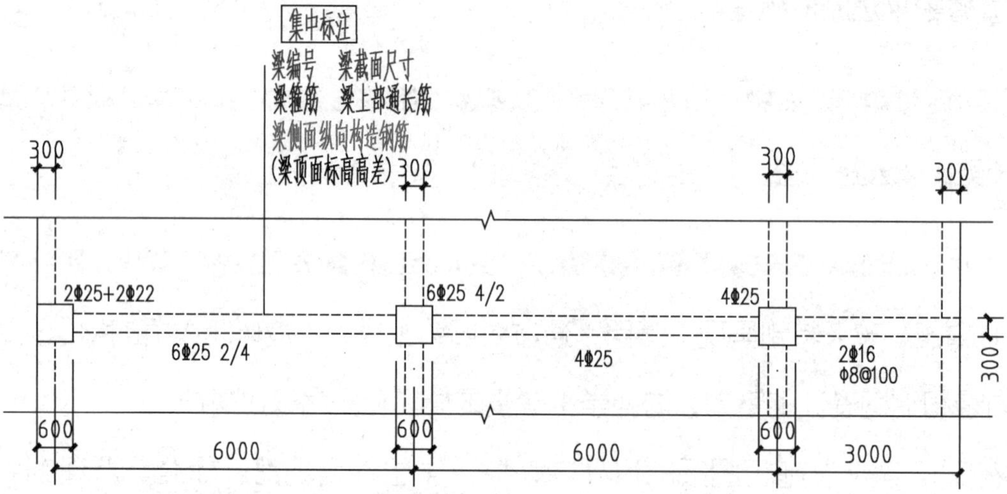

图 4-1-2 梁平法集中标注注写内容示意图

1. 梁编号

梁编号为集中标注必注值，由梁类型、代号、序号、跨数及有无悬挑代号组成，并应符合表 4-1-1 的规定。

讲解视频：梁编号

表 4-1-1 梁编号

梁类型	代号	序号	跨数及有无悬挑代号
楼层框架梁	KL	XX	(XX)、(XXA)、(XXB)
楼层框架扁梁	KBL	XX	(XX)、(XXA)、(XXB)

续表

梁 类 型	代 号	序 号	跨数及有无悬挑代号
屋面框架梁	WKL	XX	(XX)、(XXA)、(XXB)
框支梁	KZL	XX	(XX)、(XXA)、(XXB)
托柱转换梁	TZL	XX	(XX)、(XXA)、(XXB)
非框架梁	L	XX	(XX)、(XXA)、(XXB)
悬挑梁	XL	XX	(XX)、(XXA)、(XXB)
井字梁	JZL	XX	(XX)、(XXA)、(XXB)

注：(XXA)为一端有悬挑，(XXB)为两端有悬挑，悬挑不计入跨数。

【示例】① KL3(4)表示第 3 号楼层框架梁，4 跨，无悬挑。

② L2(5A)表示第 2 号非框架梁，5 跨，一端有悬挑。

③ KL4(3B)表示第 4 号楼层框架梁，3 跨，两端有悬挑，如图 4-1-3 所示。

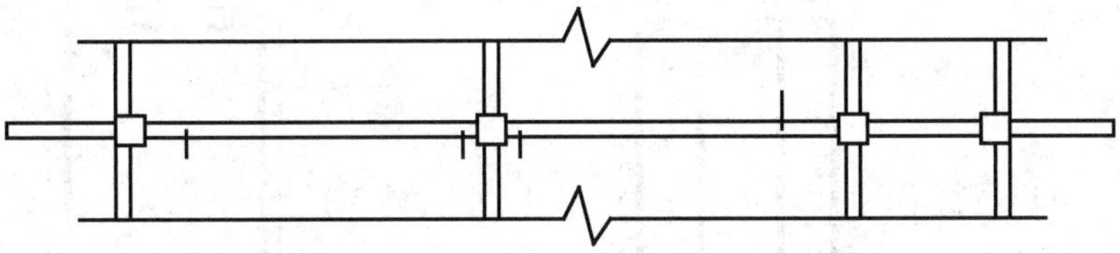

图 4-1-3 梁两边悬挑时示意图

2. 梁截面尺寸

讲解视频：梁截面尺寸

梁截面尺寸为集中标注必注值。

当梁为等截面梁时，用 $b \times h$ 表示。其中，b 为梁宽，h 为梁高。

当梁为竖向加腋梁时，用 $b \times h\ \mathrm{Y}c_1 \times c_2$ 表示。其中，c_1 为腋长，c_2 为腋高，如图 4-1-4 所示。

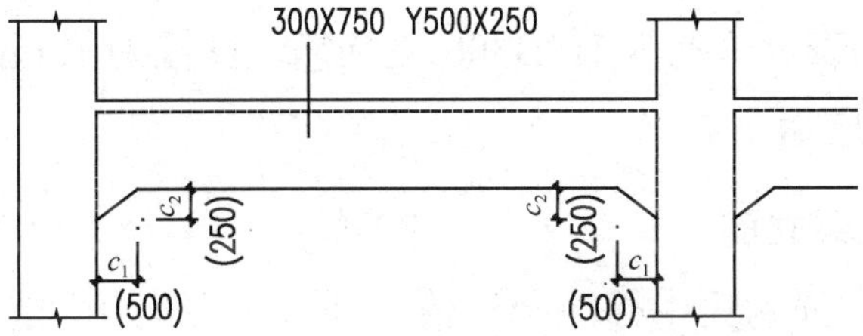

图 4-1-4 竖向加腋梁示意图

【示例】300 × 750 Y500 × 250 表示该梁为竖向加腋梁，梁宽为 300mm，梁高为 750mm，腋长为 500mm，腋高为 250mm。

当梁为水平加腋梁时，一侧加腋时用 $b \times h\ \mathrm{PY}c_1 \times c_2$ 表示。其中，c_1 为腋长，c_2 为腋宽，如图 4-1-5 所示。

【示例】300 × 700 PY500 × 250 表示该梁为水平加腋梁，梁宽为 300mm，梁高为 700mm，腋长为 500mm，腋宽为 250mm。

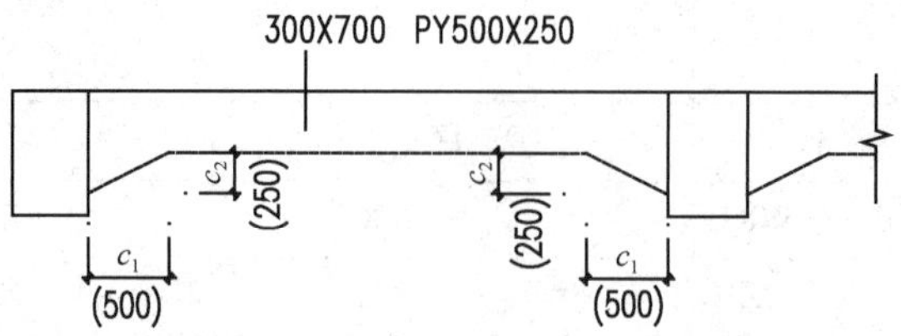

图 4-1-5　水平加腋梁示意图

3. 梁箍筋

梁箍筋为集中标注必注值。包括钢筋级别、直径、加密区与非加密区间距及肢数，该项为必注值。箍筋加密区与非加密区的不同间距及肢数时，需用斜线“/”分隔，箍筋肢数应写在括号内。

【示例】Φ8@100(4)/200(2)表示箍筋为 HPB300 级钢筋，直径为 8mm，加密区间距为 100mm，四肢箍，非加密区间距为 200mm，双肢箍，如图 4-1-6 所示。

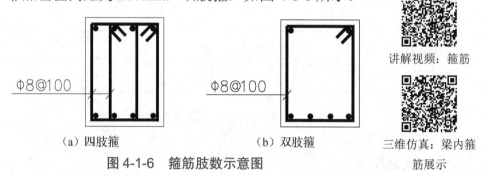

讲解视频：箍筋

三维仿真：梁内箍筋展示

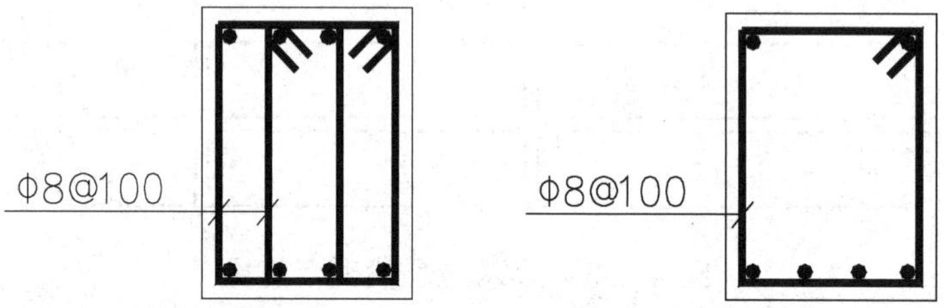

（a）四肢箍　　（b）双肢箍

图 4-1-6　箍筋肢数示意图

1）当加密区与非加密区的箍筋肢数相同时，肢数仅注写一次。

【示例】Φ12@100/200(2)表示箍筋为 HPB300 级钢筋，直径为 12mm，加密区间距为 100mm，非加密区间距为 200mm，均为双肢箍。

2）当梁箍筋为同一种间距及肢数时，则不需要用斜线。

【示例】Φ10@200(2)表示箍筋为 HPB300 级钢筋，直径为 10mm，加密区间距和非加密区间距均为 200mm，双肢箍。

4. 梁上部通长筋或架立筋

梁上部通长筋或架立筋为集中标注必注值。通长筋可为相同或不同直径采用搭接连接、机械连接或焊接的钢筋。所注规格与根数应根据受力要求及箍筋肢数等构造要求而定。架立筋则是一种把箍筋架立起来所需要的贯穿箍筋角部的纵向构造钢筋，是为解决箍筋绑扎问题而设置的，计算中架立筋不受力，一般布置在梁的受压区且直径较小。

讲解视频：梁上部通长筋或架立筋

三维仿真：梁上部通长筋展示

1）当梁上部同排纵筋仅设有通长筋而无架立筋时，仅注写通长筋。

【示例】注写为 2Φ25 时，表示上部通长筋为 2Φ25，且采用双肢箍，如图 4-1-7（a）所示。

2）当梁上部同排纵筋既有通长筋又有架立筋时，应用加号“+”将通长筋和架立筋相连。注写时需将角部纵筋写在加号前面，架立筋写在加号后面的括号内，以示不同直径与通长筋的区别。

【示例】注写为 2Φ25 + 2Φ18 时，表示梁上部通长筋为 2Φ25，架立筋为 2Φ18，采用四肢箍，如图 4-1-7（b）所示。

3）当梁上部同排纵筋仅为架立筋时，则将其写入括号内。

【示例】注写为 4Φ18 时，表示梁上部架立筋为 4Φ18，采用四肢箍，如图 4-1-7（c）所示。

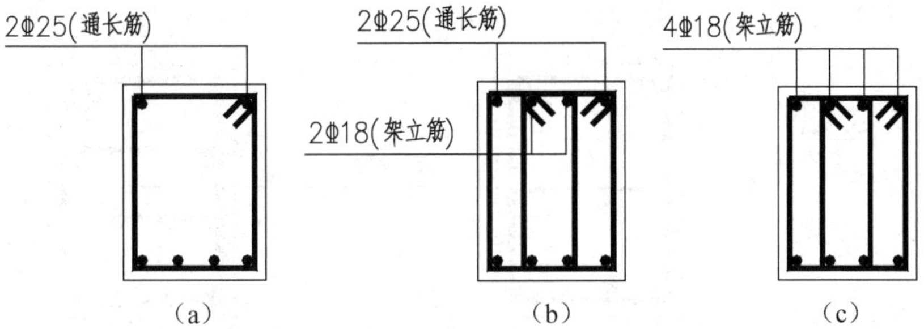

图 4-1-7 梁上部通长筋或架立筋示意图

4）当梁的上部纵筋和下部纵筋为全跨相同，且多数跨配筋相同时，此项可加注下部纵筋的配筋值，用分号“；”将上部与下部纵筋的配筋值分隔开来，少数跨不同时，采用原位标注进行注写。

【示例】注写为 2Φ22；2Φ25 时，表示梁上部通长筋为 2Φ22，梁下部通长筋为 2Φ25，如图 4-1-8 所示。

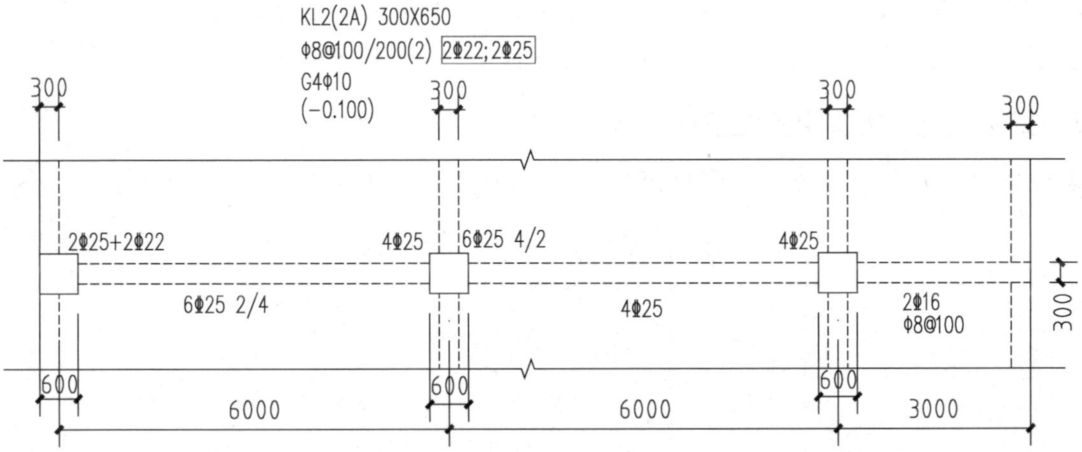

图 4-1-8 梁上部通长筋与下部通长筋统一注写示意图

5. 梁侧面纵向构造钢筋或受扭钢筋

梁侧面纵向构造钢筋或受扭钢筋为集中标注必注值。

1）当梁腹板高度 $h_w \geq 450$mm 时，需配置纵向构造钢筋，所注规格与根数应当符合规范规定，此项注写值

讲解视频：梁侧面纵向构造钢筋或受扭钢筋

三维仿真：梁侧面纵向构造钢筋或受扭钢筋展示

以大写字母 G 打头，接续注写设置在梁两个侧面的总配筋值，且对称配置。

【示例】G2Φ10 表示梁的两个侧面共配置 2Φ10 的纵向构造钢筋，每侧各配置 1Φ10，如图 4-1-9（a）所示。

2）当梁侧面需配置受扭钢筋时，此项注写值以大写字母 N 打头，接续注写配置在梁两个侧面的总配筋值，且对称配置。受扭纵向钢筋应满足梁侧面纵向构造钢筋的间距要求，且不再重复配置纵向构造钢筋。

【示例】N4Φ20 表示梁的两个侧面共配置 4Φ20 的纵向受扭钢筋，每侧各配置 2Φ20，如图 4-1-9（b）所示。

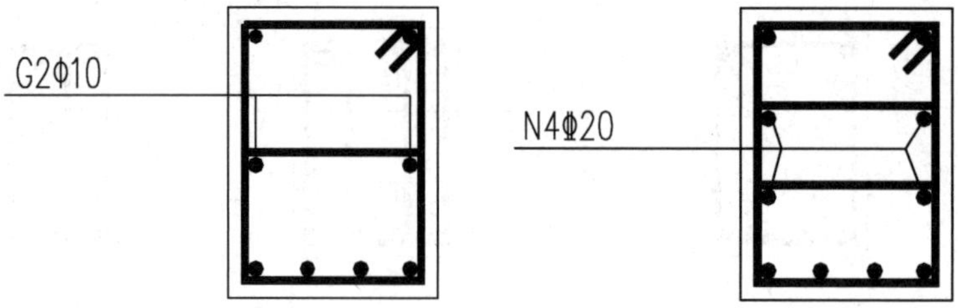

（a）　　（b）

图 4-1-9　梁侧面纵向钢筋示意图

6. 梁顶面标高高差

梁顶面标高高差为集中标注选注值。系指相对于结构层楼面标高的高差值。有高差时，需将其写入括号内，无高差时不注。

讲解视频：梁顶面标高高差

当某梁的顶面高于所在结构楼层的楼面标高时，其标高高差为正值，反之为负值。

【示例】某结构标准层的楼面标高为 44.670m，当某梁的梁顶面标高高差注写为（−0.100）时，则表明该梁顶面标高相对于 44.670m 低 0.1m，即为 44.570m。

7. 梁平法施工图集中标注识读实例

识读图 4-1-1 梁平面注写集中标注信息，如表 4-1-2 所示。

表 4-1-2　KL2（2A）梁平法集中标注含义

标注类型	标注内容	标注讲解
梁编号	KL2(2A)	表示第 2 号楼层框架梁，2 跨，一端有悬挑
梁截面尺寸	300 × 650	表示该梁为等截面梁，梁宽 b = 300mm，梁高 h = 650mm
梁箍筋	Φ8@100/200(2)	表示箍筋为 HPB300 级钢筋，直径为 8mm，加密区间距为 100mm，非加密区间距为 200mm，均为双肢箍
梁上部通长筋	2Φ25	表示上部通长筋为 HRB400 级钢筋，2 根直径为 25mm
梁侧面纵向构造钢筋	G4Φ10	表示梁侧面构造筋为 4 根直径均为 10mm 的 HPB300 级钢筋
梁顶面标高高差	−0.100	表示梁顶面标高相对于结构楼面标高低 0.1m

4.1.2 原位标注

梁平法施工图的原位标注用来表达梁的特殊数值，当集中标注某项数值不适用于梁的某部位时，则需进行原位标注，其中包括梁支座上部纵向钢筋，梁下部纵向钢筋等。

讲解视频：梁支座上部纵向钢筋的标注　三维仿真：梁支座上部纵向钢筋展示

1. 梁支座上部纵向钢筋

该项内容包括梁支座上部支座负筋和上部通长筋在内的所有纵向钢筋（简称纵筋）。

1）当上部纵筋直径相同多于一排时，用斜线“/”将各排纵筋自上而下分开。

【示例】梁支座上部纵筋注写为6Φ22 4/2，则表示上一排纵筋为4Φ22，下一排纵筋为2Φ22，如图4-1-10（a）所示。

2）当同排纵筋有两种直径时，用加号“+”将两种直径的纵筋相连，注写时将角部纵筋写在前面。

【示例】梁支座上部有五根纵筋，2Φ22放在角部，3Φ20放在中部，则梁支座上部纵筋应注写为2Φ22 + 3Φ20，如图4-1-10（b）所示。

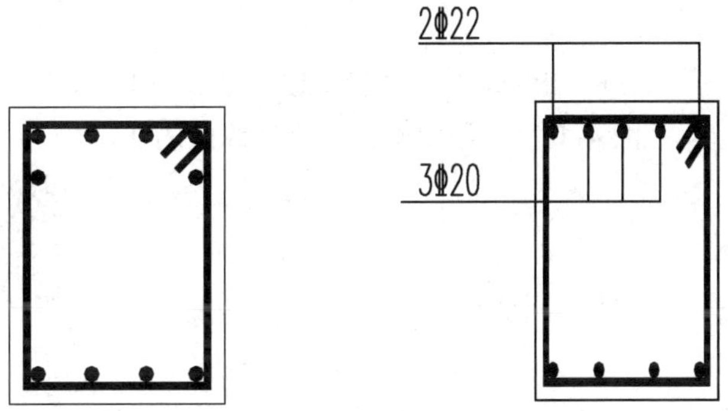

（a）　（b）

图4-1-10　梁支座上部纵筋示意图

3）当梁中间支座两边的上部纵筋不同时，需在支座两边分别标注，如图4-1-11（a）所示，支座左边上部纵筋为4Φ25，支座右边上部纵筋为6Φ25 4/2。

4）当梁中间支座两边的上部纵筋相同时，可仅在支座一边标注配筋值，另一边省去不注，如图4-1-11（b）所示，均为6Φ25 4/2。

【注意】

对于支座两边不同配筋值的上部纵筋，宜尽可能选用相同直径（不同根数）的，使其贯穿支座，避免支座两边不同直径的上部纵筋均在支座内锚固。

对于以边柱、角柱为端支座的屋面框架梁，当能够满足配筋截面面积要求时，其梁的上部纵筋应尽可能只配置一层，以避免梁柱纵筋在柱顶处因层数过多、密度过大导致不方便施工和影响混凝土浇筑质量。

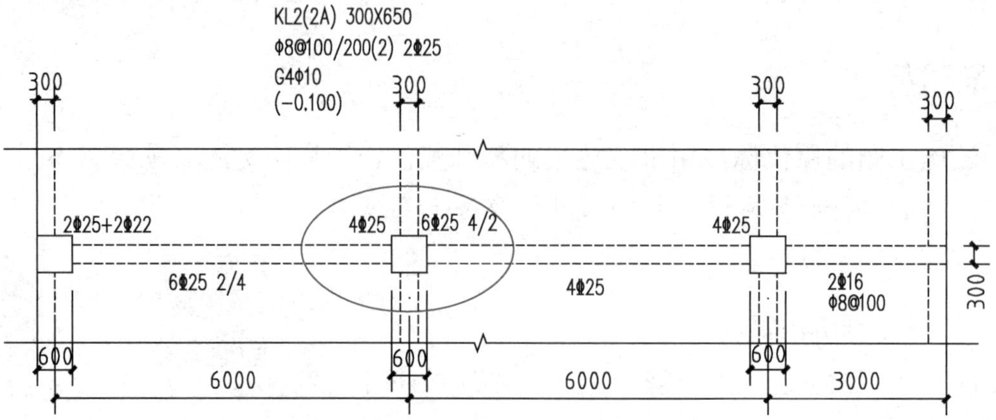

（a）梁中间支座上部纵筋配置不同时的注写

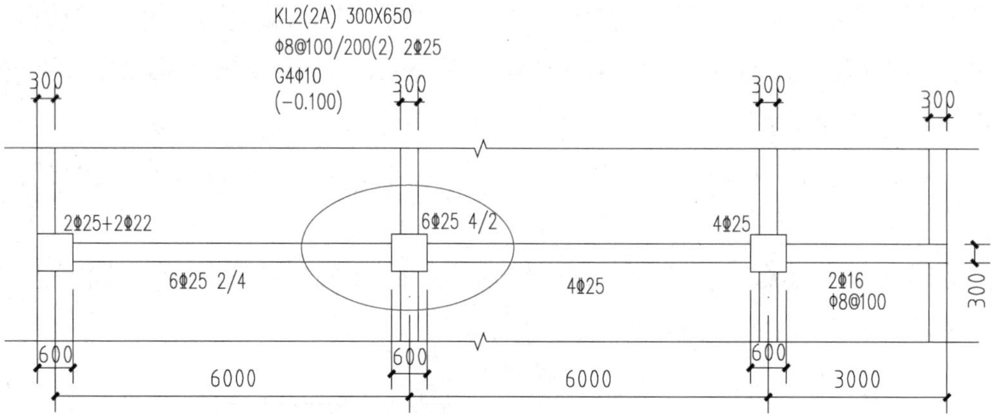

（b）梁中间支座上部纵筋配置相同时的注写

图 4-1-11　梁中间支座上部纵筋的注写

2. 梁下部纵向钢筋

讲解视频：梁下部纵向钢筋的标注

三维仿真：梁下部纵向钢筋展示

1）当下部纵筋多于一排时，用斜线“/”将各排纵筋自上而下分开。

【示例】梁下部纵筋注写为 6Φ22 2/4，表示梁下部上一排纵筋为 2Φ22，下一排纵筋为 4Φ22，全部伸入支座，如图 4-1-12（a）所示。

2）当同排纵筋有两种直径时，用加号“+”将两种直径的纵筋相连，注写时角筋写在前面。

【示例】梁下部纵筋注写为 2Φ25 + 2Φ22，表示梁下部角筋为 2Φ25，其余下部纵筋为 2Φ22，全部伸入支座，如图 4-1-12（b）所示。

3）当梁下部纵筋不全部伸入支座时，将梁支座下部纵筋减少的数量写在括号内。

【示例】梁下部纵筋注写为 6Φ22 2(-2)/4，表示上排纵筋为 2Φ22，且不伸入支座，下排纵筋为 4Φ22，全部伸入支座，如图 4-1-12（c）所示。

【示例】梁下部纵筋注写为 2Φ22 + 3Φ20(-3)/5Φ22，表示上排纵筋为 2Φ22 和 3Φ20，且 3Φ20 不伸入支座，下一排纵筋为 5Φ22，全部伸入支座，如图 4-1-12（d）所示。

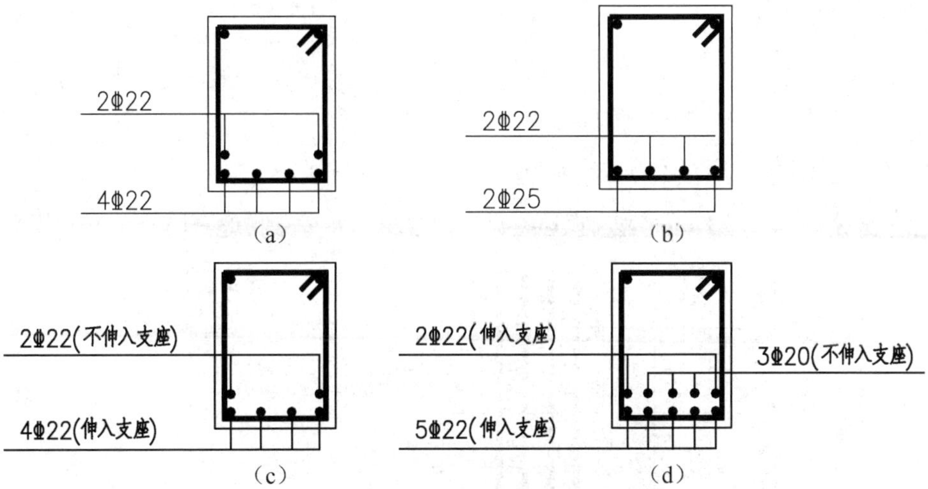

图 4-1-12 梁下部纵筋示意图

当梁的集中标注中已经按照规定注写了梁上部和下部均为通长的纵筋值时，则不需在梁下部重复做原位标注。

当在梁上集中标注的内容（即梁编号、梁截面尺寸、梁箍筋、梁上部通长筋或架立筋、梁侧面纵向构造钢筋或受扭钢筋、梁顶面标高高差中的某一项或几项数值）不适用于某跨或某悬挑部分时，则将其不同数值的原位标注标注在该跨或该悬挑部位，施工时按原位标注数值取用。

3. 梁平法施工图原位标注识读实例

识读图 4-1-1 梁平面注写原位标注信息，如表 4-1-3 所示。

表 4-1-3 KL2（2A）梁平法原位标注含义

<table>
<tr><th>标注类型</th><th colspan="3">标注内容</th><th>标注讲解</th></tr>
<tr><td rowspan="3">支座负筋</td><td colspan="3">2Φ25 + 2Φ22</td><td>表示第一跨左支座梁上部纵筋为2根直径为25mm和2根直径为22mm的HRB400级钢筋，又结合集中标注 2Φ25 得知，2Φ25 为梁上部通长筋，故 2Φ22 为梁上部支座负筋</td></tr>
<tr><td colspan="3">6Φ25 4/2</td><td>表示梁第一跨右支座和第二跨左支座布置钢筋相同，均为 6 根直径为 25mm 的 HRB400 级钢筋，分两排来布置，最上面一排 4 根，第二排 2 根；又结合集中标注 2Φ25 得知，最上面一排两个角上 2Φ25 为上部通长筋，其余 4 根为支座负筋</td></tr>
<tr><td colspan="3">4Φ25</td><td>第二跨右支座和悬挑端梁上部纵筋为 4 根直径为 25mm 的 HRB400 级钢筋，又结合集中标注 2Φ25 得知，2Φ25 为梁上部通长筋，故剩余 2 根为支座负筋</td></tr>
<tr><td>箍筋</td><td colspan="3">Φ8@100(2)</td><td>表示悬挑端箍筋为 HPB300 级钢筋，直径为 8mm，间距为 100mm，悬挑端内全长加密，双肢箍</td></tr>
<tr><td rowspan="3">下部纵筋</td><td rowspan="3">各跨进行原位标注</td><td>第一跨</td><td>6Φ22 2/4</td><td>表示第一跨梁下部纵筋为6根直径为22mm的HRB400级钢筋，分两排布置，最下面一排 4 根，第二排 2 根</td></tr>
<tr><td>第二跨</td><td>4Φ25</td><td>表示第二跨梁下部纵筋为4根直径为25mm的HRB400级钢筋</td></tr>
<tr><td>悬挑端</td><td>2Φ16</td><td>表示悬挑段梁下部纵筋为2根直径为16mm的HRB400级钢筋</td></tr>
</table>

思考题

4.1.1 梁平法集中标注的信息有哪些？

4.1.2 梁平法原位标注的信息有哪些？

4.1.3 请识读图 4-1-13 梁平法施工图。

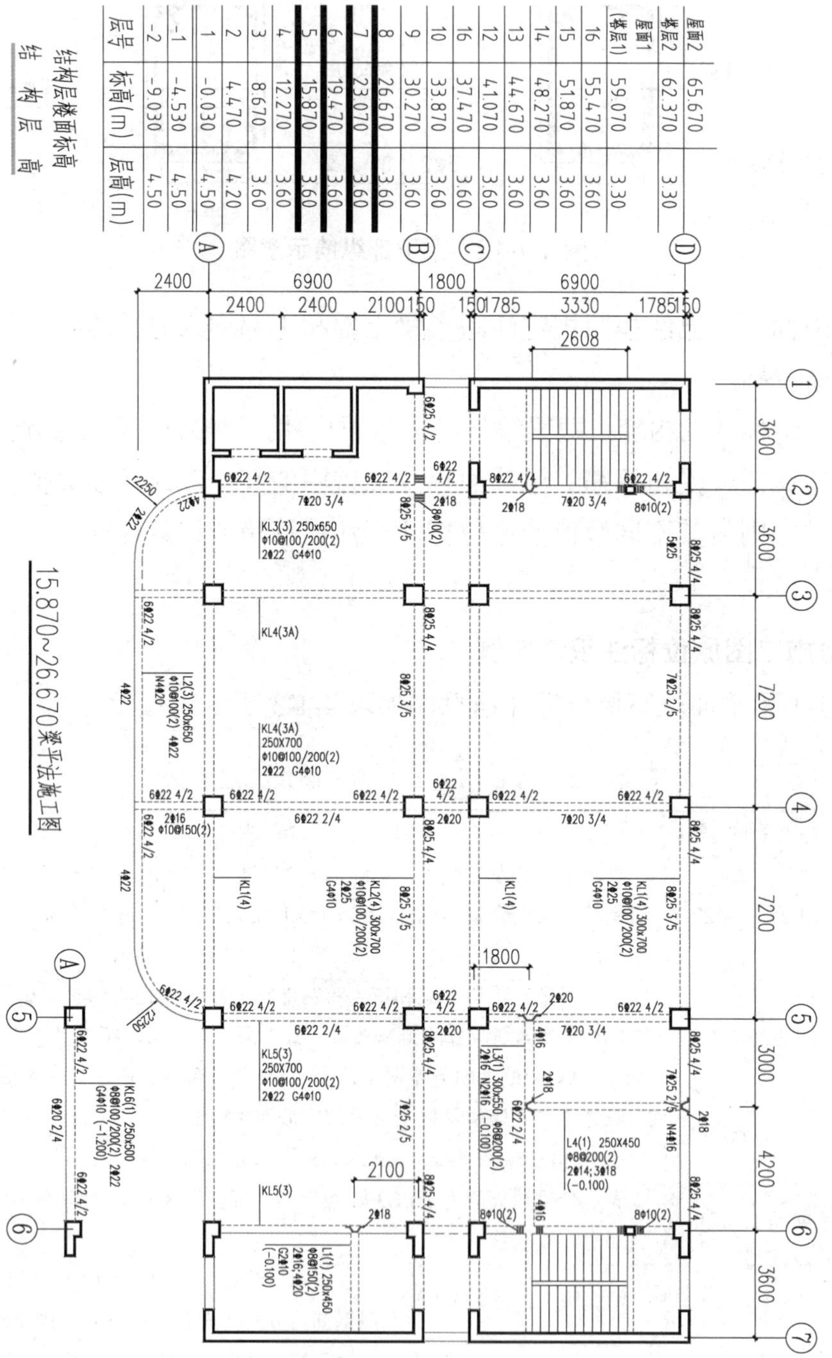

图 4-1-13 梁平法施工图

在线测试：梁平法施工图

任务 4.2 柱平法施工图识读

知识目标

1. 掌握柱列表注写方式；
2. 掌握柱截面注写方式。

能力目标

能识读柱平法施工图。

素养目标

1. 观看 CCTV《特别呈现》节目，通过对超级工程——上海中心大厦的学习，让学生体会中国高度和结构设计的魅力，增强学生的爱国情怀和爱岗敬业精神；
2. 在识读柱平法施工图纸的过程中，培养学生养成规范、标准、严谨细致的职业素养。

柱平法施工图系在柱平面布置图上采用列表注写方式［如图 4-2-1（a）所示］或截面注写方式表达［如图 4-2-1（b）所示］。

层号	标高(m)	层高(m)
屋面2	65.670	
塔层2	62.370	3.30
屋面1 (塔层1)	59.070	3.30
16	55.470	3.60
15	51.870	3.60
14	48.270	3.60
13	44.670	3.60
12	41.070	3.60
16	37.470	3.60
10	33.870	3.60
9	30.270	3.60
8	26.670	3.60
7	23.070	3.60
6	19.470	3.60
5	15.870	3.60
4	12.270	3.60
3	8.670	3.60
2	4.470	4.20
1	-0.030	4.50
-1	-4.530	4.50
-2	-9.030	4.50

结构层楼面标高
结构层高
上部结构嵌固部位：
-4.530

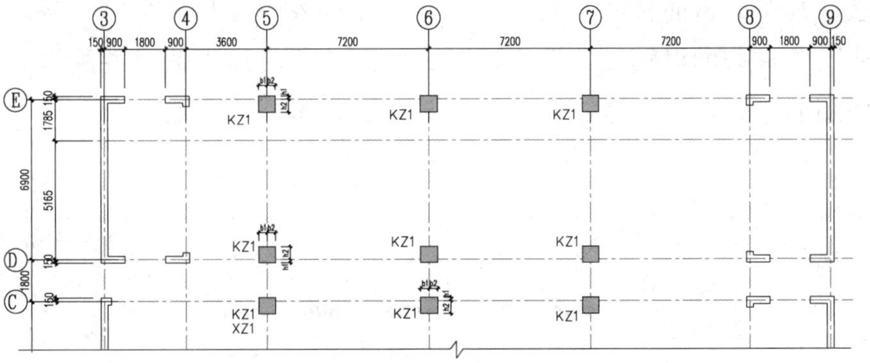

柱号	标高	b×h 圆柱直径	b_1	b_2	h_1	h_2	全部纵筋	角筋	b边一侧中部筋	b边一侧中部筋	箍筋类型号	箍筋	备注
KZ1	-4.530~-0.030	750×700	375	375	150	550	28⌀25				1(6×6)	ϕ10@100/200	-
	-0.030~19.470	750×700	375	375	150	550	24⌀25				1(5×4)	ϕ10@100/200	
	19.470~37.470	650×600	325	325	150	450		4⌀22	5⌀22	4⌀20	1(4×4)	ϕ10@100/200	
	37.470~59.070	550×500	275	275	150	350		4⌀22	5⌀22	4⌀20	1(4×4)	ϕ8@100/200	
XZ1	-0.030~8.670						8⌀25				按标准构造详图	ϕ10@100	③×Ⓒ KZ1 中设置

-4.530~59.070柱平法施工图（局部）

（a）柱平法施工图列表注写方式示例

图 4-2-1 柱平法施工图

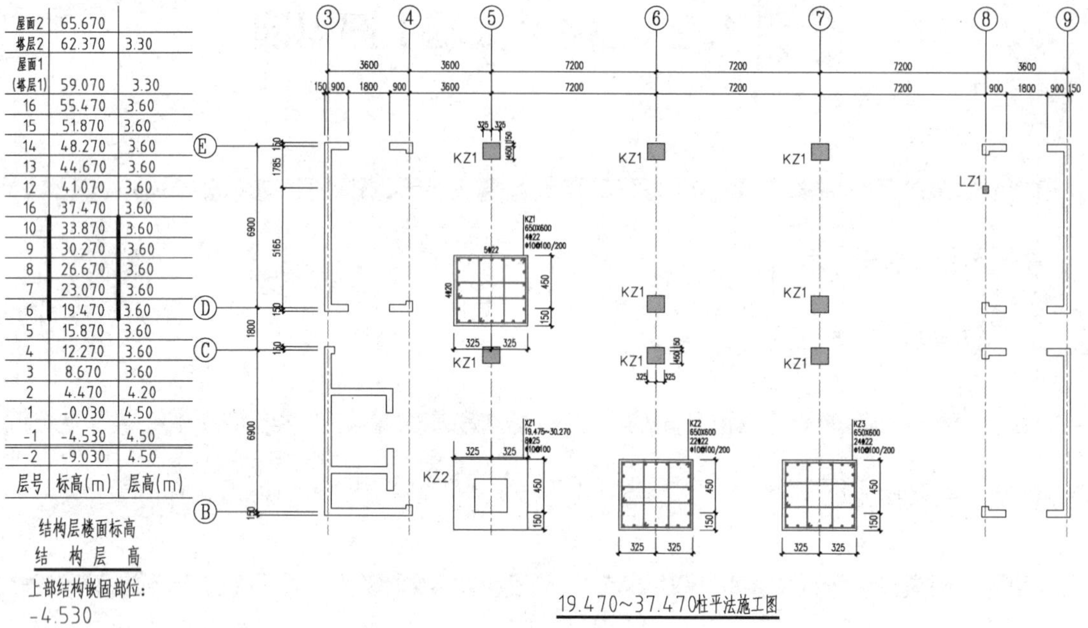

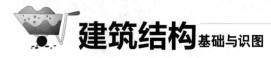

(b) 柱平法施工图截面注写方式示例

图 4-2-1 柱平法施工图(续)

4.2.1 列表注写方式

柱列表注写方式，系在柱平面布置图上（一般只需采用适当比例绘制一张柱平面布置图，包括框架柱、转换柱、梁上柱和剪力墙上柱），分别在同一编号的柱中选择一个（有时需要选择几个）截面标注几何参数代号；在柱表中注写柱编号、各段柱的起止标高、柱几何尺寸（含柱截面对轴线的偏心情况）与配筋的具体数值，并配以各种柱截面形状及其箍筋类型图的方式，来表达柱平法施工图（如表 4-2-1 所示）。

表 4-2-1 柱表

柱编号	标高/m	$b \times h$ /（mm×mm）（圆形直径 D）	b_1/mm	b_2/mm	h_1/mm	h_2/mm	全部纵筋	角筋	b 边一侧中部筋	h 边一侧中部筋	箍筋类型号	箍筋	备注
KZ1													
…													

1. 柱编号

柱编号由类型代号和序号组成，并应符合表 4-2-2 的规定。按照柱所处的位置及作用的不同，将柱分为了若干种类型，如图 4-2-2 所示，各种柱类型在进行平法标注时所对应的代号不同。

讲解视频：柱编号

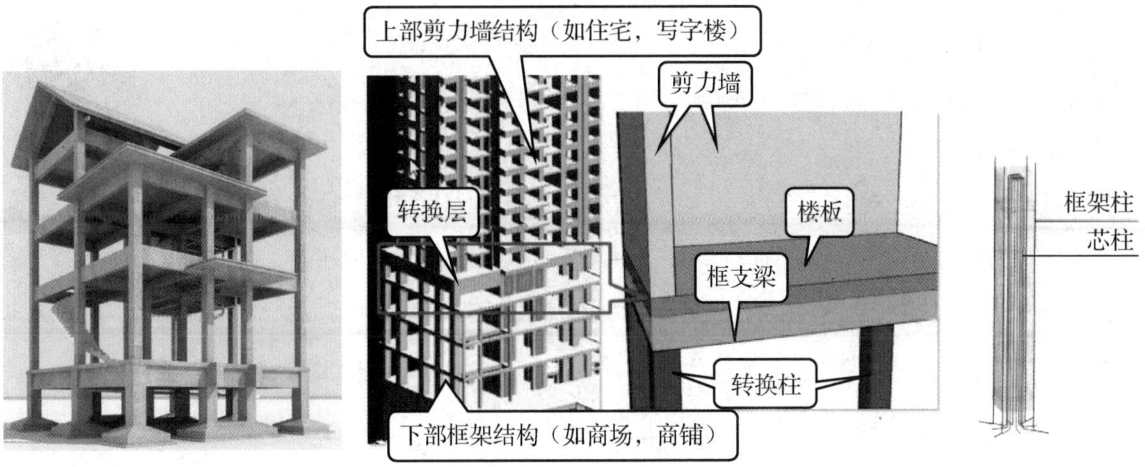

（a）框架柱 （b）转换柱 （c）芯柱

图 4-2-2 柱类型

表 4-2-2 柱编号

柱 类 型	代 号	序 号
框架柱	KZ	××
转换柱	ZHZ	××
芯柱	XZ	××

注：编号时，当柱的总高、分段截面尺寸和配筋均对应相同，仅截面与轴线关系不同时，仍可将其编为同一柱号，但应在图中注明截面与轴线的关系，如图 4-2-3 所示，图中编号为 KZ1 的柱截面虽与轴线位置不同，但仍然可以编为同一编号。

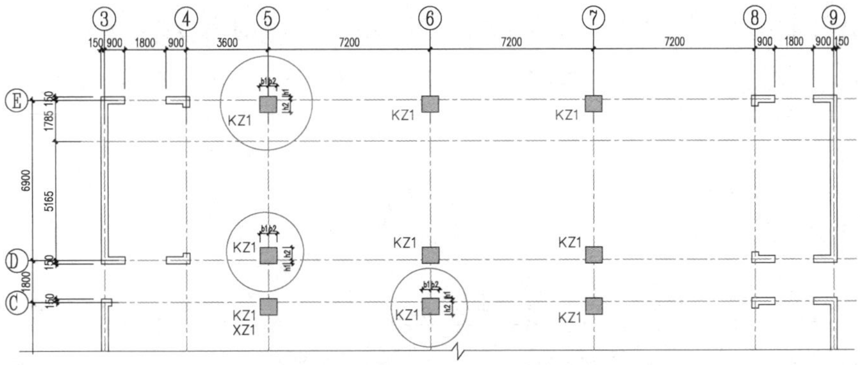

图 4-2-3 柱仅截面与轴线不同时的编号注写

2. 各段柱的起止标高

讲解视频：各段柱的起止标高

注写各段柱的起止标高，自柱根部往上以变截面位置或截面未变但配筋改变处为界分段注写，不同柱类型的柱起止标高如表 4-2-1 所示。

梁上起框架柱的根部标高系指梁顶面标高；剪力墙上起框架柱的根部标高为墙顶面标高；从基础起的柱，其根部标高系指基础顶面标高；当屋面框架梁上翻时，框架柱顶标高应为梁顶面标高；芯柱的根部标高系指根据结构实际需要而定的起始位置标高。

3. 柱几何尺寸

讲解视频：柱几何尺寸

常见柱截面有矩形和圆形两种类型。

1）矩形柱截面。

对于矩形柱，注写柱截面尺寸 $b \times h$ 及与轴线关系的几何参数代号 b_1、b_2 和 h_1、h_2 的具体数值，需对应于各段柱分别注写。其中 $b = b_1 + b_2$，$h = h_1 + h_2$，如图 4-2-4（a）所示。当截面的某一边收缩变化至与轴线重合或偏到轴线的另一侧时，b_1、b_2、h_1、h_2 中的某项为零或负值，如图 4-2-4（b）、图 4-2-4（c）所示。

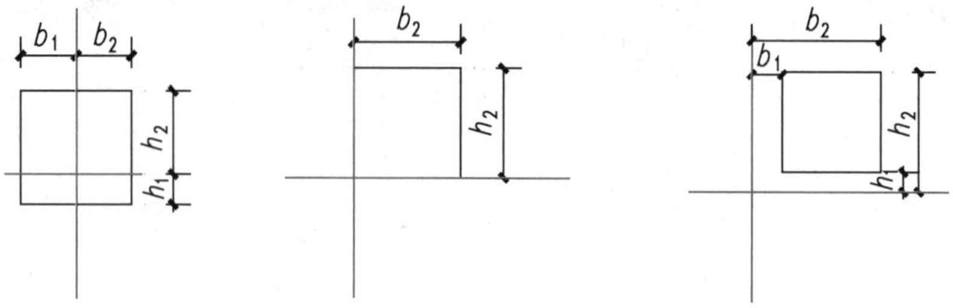

（a）b_1、b_2、h_1、h_2为正值　（b）b_1=h_1=0、b_2、h_2为正值　（c）b_1、h_1为负值，b_2、h_2为正值

图 4-2-4　柱截面与轴线位置关系

具体符号含义如下：

h，b——矩形柱截面的边长；

b_1，b_2——柱截面形心距横向轴线的距离；

h_1，h_2——柱截面形心距纵向轴线的距离。

【示例】某柱截面与轴线位置关系如图 4-2-5 所示，试对其进行几何尺寸标注：

$b_1 = 500$mm，$b_2 = -100$mm；$h_1 = 50$mm，$h_2 = 350$mm；$b = b_1 + b_2$=400mm，$h = h_1 + h_2 =$ 400mm

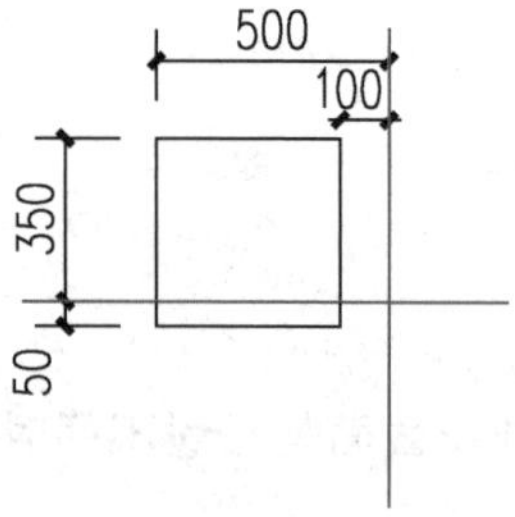

图 4-2-5　柱截面与轴线位置关系例图

2）圆形柱截面。

对于圆形柱，表中 $b \times h$ 一栏改用在圆形柱直径数字前加 d 表示。为表达简单，圆形柱截面与轴线的关系也用 b_1、b_2 和 h_1、h_2 表示，并使 $d = b_1 + b_2 = h_1 + h_2$。

4. 柱纵筋

讲解视频：柱纵筋　　三维仿真：柱内纵筋展示

当柱纵筋直径相同，各边根数也相同时（包括矩形柱、圆形柱和芯柱），将纵筋注写在“全部纵筋”栏中；除此之外，柱纵筋分角筋、

截面 b 边中部筋和 h 边中部筋三项分别注写（对于采用对称配筋的矩形柱截面，可仅注写一侧中部筋，对称边省略不注；对于采用非对称配筋的矩形柱截面，必须每侧均注写中部筋）。

5. 柱箍筋类型编号及箍筋肢数

讲解视频：柱箍筋类型号及箍筋肢数

为固定纵向钢筋位置，防止纵向钢筋压屈，并与纵向钢筋一起形成良好的钢筋骨架，从而提高柱的承载力，根据《混凝土结构设计规范》规定，钢筋混凝土框架柱中应配置封闭式箍筋。箍筋的形状和配置方法应当按照柱的截面形状和纵向钢筋的根数进行确定。在箍筋类型栏内注写按表 4-2-3 规定的箍筋类型编号和箍筋肢数。箍筋肢数可有多种组合，应在表中注明具体的数值：m、n 及 Y 等。

表 4-2-3　箍筋类型表

箍筋类型编号	箍 筋 肢 数	复 合 方 式
1	$m\times n$	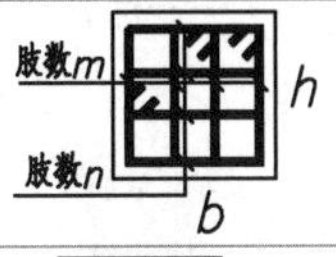
2	——	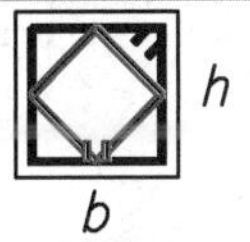
3	——	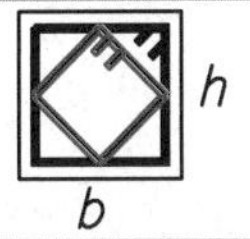
4	$Y+m\times n$ 圆形箍	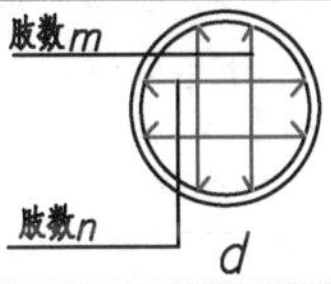

注：确定箍筋肢数时应满足对柱纵筋“隔一拉”以及筋肢距的要求。

6. 柱箍筋

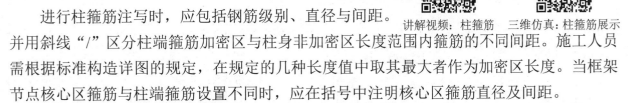

讲解视频：柱箍筋　三维仿真：柱箍筋展示

进行柱箍筋注写时，应包括钢筋级别、直径与间距。并用斜线“/”区分柱端箍筋加密区与柱身非加密区长度范围内箍筋的不同间距。施工人员需根据标准构造详图的规定，在规定的几种长度值中取其最大者作为加密区长度。当框架节点核心区箍筋与柱端箍筋设置不同时，应在括号中注明核心区箍筋直径及间距。

【示例】Φ8@100/150 表示箍筋为 HPB300 级钢筋，直径为 8mm，加密区间距为 100mm，非加密区间距为 150mm。

【示例】Φ8@100/200(A10@100)表示柱中箍筋为 HPB300 级钢筋，直径为 8mm，加密区间距为 100mm，非加密区间距为 200mm，框架节点核心区箍筋为 HPB300 级钢筋，直径为 10mm，间距为 100mm。

1）当箍筋沿柱全高为一种间距时，则不使用“/”线。

【示例】Φ10@100 表示沿柱全高范围内箍筋均为 HPB300 级钢筋，直径为 10mm，间距为 100mm。

2）当圆柱采用螺旋箍筋时，需在箍筋前加“L”。

【示例】Lϕ8@100/200 表示螺旋箍筋为 HPB300 级钢筋，直径为 8mm，加密区间距为 100mm，非加密区间距为 200mm。

7. 柱平法施工图列表注写识读实例

识读图 4-2-1（a）柱的列表注写信息，如表 4-2-4 所示。

表 4-2-4　柱平法列表标注含义

<table>
<tr><th colspan="4">KZ1 平法标注含义</th></tr>
<tr><th colspan="2">标注类型</th><th>标注内容</th><th>标注讲解</th></tr>
<tr><td colspan="2">柱编号</td><td>KZ1</td><td>表示第 1 号框架柱</td></tr>
<tr><td rowspan="6">柱段标高
−4.530～−0.030</td><td rowspan="2">柱几何尺寸</td><td>柱截面：750×700</td><td>b = 750mm，h = 700mm</td></tr>
<tr><td>柱截面与轴线位置关系：图中进行原位标注</td><td>b_1 = 375mm，b_2 = 375mm
h_1 = 150mm，h_2 = 550mm</td></tr>
<tr><td>柱纵筋</td><td>全部纵筋：28Φ25</td><td>表示柱内全部纵筋为 28 根直径为 25mm 的 HRB400 级钢筋；包括柱角筋 4Φ25，b 边一侧中部筋和 h 边一侧中部筋，均为 6Φ25，对称布置</td></tr>
<tr><td>柱箍筋类型号及箍筋肢数</td><td>1(6×6)</td><td>矩形复合箍筋
箍筋类型号：类型 1
箍筋肢数：6 × 6</td></tr>
<tr><td>柱箍筋</td><td>ϕ10@100/200</td><td>表示箍筋为 HPB300 级钢筋，直径为 10mm，加密区间距为 100mm，非加密区间距为 200mm</td></tr>
<tr><td rowspan="5">柱段标高
−0.030～19.470</td><td rowspan="2">柱几何尺寸</td><td>柱截面：750×700</td><td>b = 750mm，h = 700mm</td></tr>
<tr><td>柱截面与轴线位置关系：图中进行原位标注</td><td>b_1 = 375mm，b_2 = 375mm
h_1 = 150mm，h_2 = 550mm</td></tr>
<tr><td>柱纵筋</td><td>全部纵筋：24Φ25</td><td>表示柱内全部纵筋为24根直径为25mm的HRB400级钢筋</td></tr>
<tr><td>柱箍筋类型号及箍筋肢数</td><td>1(5 × 4)</td><td>矩形复合箍筋
箍筋类型号：类型 1
箍筋肢数：5 × 4</td></tr>
<tr><td>柱箍筋</td><td>ϕ10@100/200</td><td>表示箍筋为 HPB300 级钢筋，直径为 10mm，加密区间距为 100mm，非加密区间距为 200mm</td></tr>
</table>

续表

<table>
<tr><th colspan="5">KZ1 平法标注含义</th></tr>
<tr><th colspan="2">标注类型</th><th>标注内容</th><th colspan="2">标注讲解</th></tr>
<tr><td colspan="2">柱编号</td><td>KZ1</td><td colspan="2">表示第 1 号框架柱</td></tr>
<tr><td rowspan="7">柱段标高 19.470～37.470</td><td rowspan="2">柱几何尺寸</td><td>柱截面：650 × 600</td><td colspan="2">$b = 650$mm，$h = 600$mm</td></tr>
<tr><td>柱截面与轴线位置关系：图中进行原位标注</td><td colspan="2">$b_1 = 325$mm，$b_2 = 325$mm
$h_1 = 150$mm，$h_2 = 450$mm</td></tr>
<tr><td rowspan="3">柱纵筋</td><td>角筋：4Φ22</td><td>表示柱内角筋为 4 根直径为 22mm 的 HRB400 级钢筋</td><td rowspan="3">柱内纵筋为 4 + 5 × 2 + 4 × 2 = 22 根，其中角筋 4Φ22，b 边共 10Φ22，h 边共 8Φ20</td></tr>
<tr><td>b 边一侧中部筋：5Φ22</td><td>表示 b 边一侧中部筋为 5 根直径为 22mm 的 HRB400 级钢筋，b 边两侧对称布置，即另一侧也为 5 根直径为 22mm 的 HRB400 级钢筋</td></tr>
<tr><td>h 边一侧中部筋：4Φ20</td><td>表示 h 边一侧中部筋为 4 根直径为 22mm 的 HRB400 级钢筋，h 边两侧对称布置，即另一侧也为 4 根直径为 22mm 的 HRB400 级钢筋</td></tr>
<tr><td>柱箍筋类型号及箍筋肢数</td><td>1(4 × 4)</td><td colspan="2">矩形复合箍筋
箍筋类型号：类型 1
箍筋肢数：4 × 4</td></tr>
<tr><td>柱箍筋</td><td>φ10@100/200</td><td colspan="2">表示箍筋为 HPB300 级钢筋，直径为 10mm，加密区间距为 100mm，非加密区间距为 200mm</td></tr>
<tr><td rowspan="7">柱段标高 37.470～59.070</td><td rowspan="2">柱几何尺寸</td><td>柱截面：550 × 500</td><td colspan="2">$b = 550$mm，$h = 500$mm</td></tr>
<tr><td>柱截面与轴线位置关系：图中进行原位标注</td><td colspan="2">$b_1 = 275$mm，$b_2 = 275$mm
$h_1 = 150$mm，$h_2 = 350$mm</td></tr>
<tr><td rowspan="3">柱纵筋</td><td>角筋：4Φ22</td><td>表示柱内角筋为 4 根直径为 22mm 的 HRB400 级钢筋</td><td rowspan="3">柱内纵筋为 4 + 5 × 2 + 4 × 2 = 22 根，其中角筋 4Φ22，b 边共 10Φ22，h 边共 8Φ20</td></tr>
<tr><td>b 边一侧中部筋：5Φ22</td><td>表示 b 边一侧中部筋为 5 根直径为 22mm 的 HRB400 级钢筋，b 边两侧对称布置，即另一侧也为 5 根直径为 22mm 的 HRB400 级钢筋</td></tr>
<tr><td>h 边一侧中部筋：4Φ20</td><td>表示 h 边一侧中部筋为 4 根直径为 22mm 的 HRB400 级钢筋，h 边两侧对称布置，即另一侧也为 4 根直径为 22mm 的 HRB400 级钢筋</td></tr>
<tr><td>柱箍筋类型号及箍筋肢数</td><td>1(4 × 4)</td><td colspan="2">矩形复合箍筋
箍筋类型号：类型 1
箍筋肢数：4 × 4</td></tr>
<tr><td>柱箍筋</td><td>φ8@100/200</td><td colspan="2">表示箍筋为 HPB300 级钢筋，直径为 8mm，加密区间距为 100mm，非加密区间距为 200mm</td></tr>
</table>

续表

XZ1 平法标注含义			
标注类型		标注内容	标注讲解
柱编号		XZ1	表示第 1 号芯柱
柱段标高 -4.530～8670	柱几何尺寸	⑤×Ⓒ轴 KZ1 中设置	芯柱位置
	柱纵筋	全部纵筋：8Φ25	包括柱角筋 4Φ25，为 4 根直径为 25mm 的 HRB400 级钢筋
			包括 b 边中部筋和 h 边中部筋，对称布置，均为 1Φ25，每边各布置 1 根直径为 25mm 的 HRB400 级钢筋
	柱箍筋类型号及箍筋肢数	按标准构造详图	
	柱箍筋	φ10@100	表示箍筋为 HPB300 级钢筋，直径为 10mm，全长间距为 100mm

4.2.2 截面注写方式

视频讲解：柱截面注写方式

柱截面注写方式，系在柱平面布置图的柱截面上，分别在同一编号的柱中选择一个截面，以直接注写截面尺寸和配筋具体数值的方式来表达柱平法施工图。

1. 柱截面注写

对除芯柱之外的所有柱截面，从相同编号的柱中选择一个截面，按另一种比例原位放大绘制柱截面配筋图，并在各配筋图上继其编号后再注写截面尺寸 $b \times h$、角筋或全部纵筋（当纵筋采用一种直径且能够图示清楚时）、箍筋的具体数值，以及在柱截面配筋图上标注柱截面与轴线关系 b_1、b_2、h_1、h_2 的具体数值。

2. 柱内纵筋注写

当纵筋采用两种直径时，需再注写截面各边中部筋的具体数值（对于采用对称配筋的矩形截面柱，可仅在一侧注写中部筋，对称边省略不注）。当在某些框架柱的一定高度范围内，在其内部的中心位设置芯柱时，首先按照规定进行编号，继其编号之后注写芯柱的起止标高、全部纵筋及箍筋的具体数值，芯柱截面尺寸按构造确定，并按标准构造详图施工，设计不注；当设计者采用与本构造详图不同的做法时，应另行注明，芯柱定位随框架柱，不需要注写其与轴线的几何关系。

在截面注写方式中，如柱的分段截面尺寸和配筋均相同，仅截面与轴线的关系不同时，可将其编为同一柱号。但此时应在未画配筋的柱截面上注写该柱截面与轴线关系的具体尺寸。

3. 柱平法施工图截面注写识读实例

以 22G101-1 图集［如图 4-2-1（b）所示］中 19.470～37.470 柱平法施工图的 KZ1 和 KZ2 为例，进行平法识图综合讲解，如表 4-2-5 所示。

表 4-2-5　柱平法截面标注含义

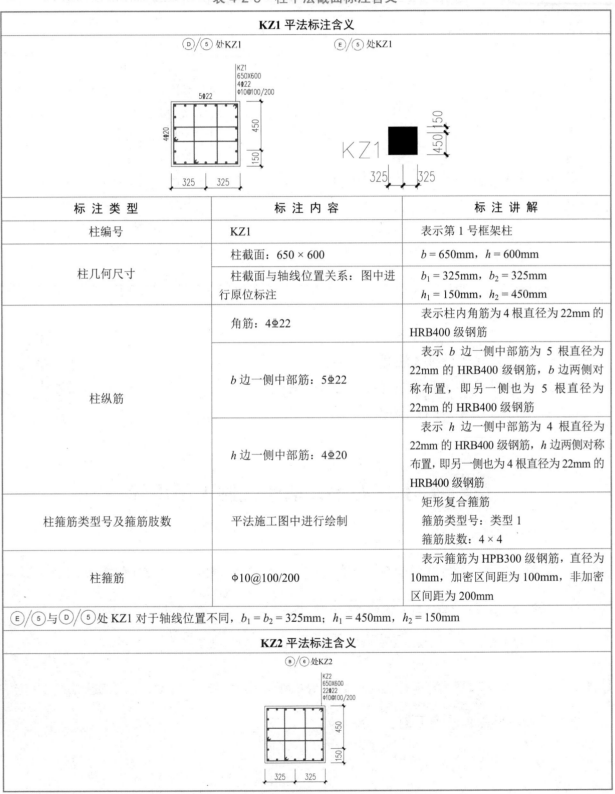

KZ1 平法标注含义		
Ⓓ/⑤ 处KZ1 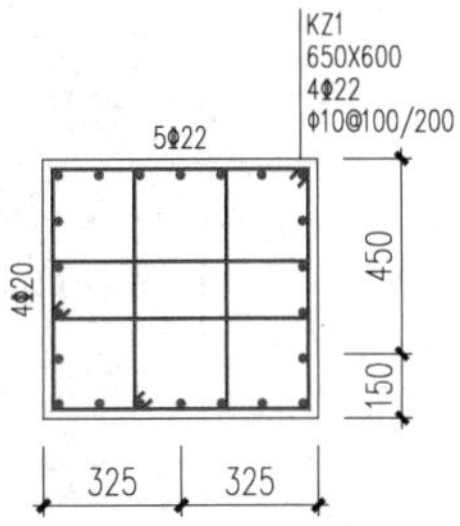	Ⓔ/⑤ 处KZ1 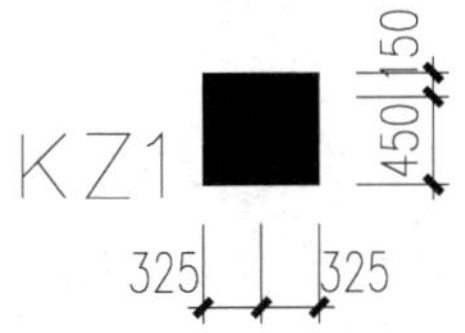	
标 注 类 型	**标 注 内 容**	**标 注 讲 解**
柱编号	KZ1	表示第 1 号框架柱
柱几何尺寸	柱截面：650 × 600	$b = 650$mm，$h = 600$mm
	柱截面与轴线位置关系：图中进行原位标注	$b_1 = 325$mm，$b_2 = 325$mm $h_1 = 150$mm，$h_2 = 450$mm
柱纵筋	角筋：4Φ22	表示柱内角筋为 4 根直径为 22mm 的 HRB400 级钢筋
	b 边一侧中部筋：5Φ22	表示 b 边一侧中部筋为 5 根直径为 22mm 的 HRB400 级钢筋，b 边两侧对称布置，即另一侧也为 5 根直径为 22mm 的 HRB400 级钢筋
	h 边一侧中部筋：4Φ20	表示 h 边一侧中部筋为 4 根直径为 22mm 的 HRB400 级钢筋，h 边两侧对称布置，即另一侧也为 4 根直径为 22mm 的 HRB400 级钢筋
柱箍筋类型号及箍筋肢数	平法施工图中进行绘制	矩形复合箍筋 箍筋类型号：类型 1 箍筋肢数：4 × 4
柱箍筋	Φ10@100/200	表示箍筋为 HPB300 级钢筋，直径为 10mm，加密区间距为 100mm，非加密区间距为 200mm
Ⓔ/⑤与Ⓓ/⑤处 KZ1 对于轴线位置不同，$b_1 = b_2 = 325$mm；$h_1 = 450$mm，$h_2 = 150$mm		
KZ2 平法标注含义		
Ⓑ/⑥ 处KZ2 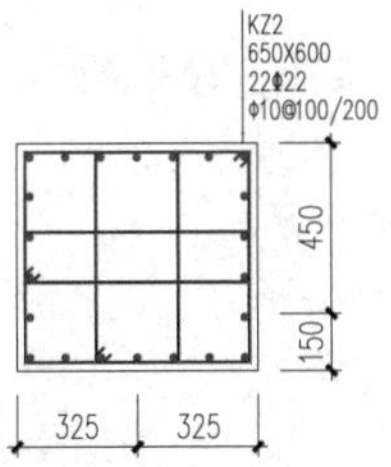		

续表

标 注 类 型	标 注 内 容	标 注 讲 解
柱编号	KZ2	表示第 2 号框架柱
柱几何尺寸	柱截面：650 × 600	b = 650mm，h = 600mm
	柱截面与轴线位置关系：图中进行原位标注	b_1 = 325mm，b_2 = 325mm h_1 = 150mm，h_2 = 450mm
柱纵筋	柱全部纵筋：22Φ22	包括柱角筋 4Φ22，为 4 根直径为 22mm 的 HRB400 级钢筋
		包括 b 边中部筋和 h 边中部筋，对称布置，均为 5Φ22，为 5 根直径为 22mm 的 HRB400 级钢筋
柱箍筋类型号及箍筋肢数	平法施工图中进行绘制	矩形复合箍筋 箍筋类型号：类型 1 箍筋肢数：4 × 4
柱箍筋	Φ10@100/200	表示箍筋为 HPB300 级钢筋，直径为 10mm，加密区间距为 100mm，非加密区间距为 200mm

思考题

4.2.1　柱平法施工图列表注写方式的信息有哪些？

4.2.2　柱平法施工图截面注写方式的信息有哪些？

4.2.3　请识读图 4-2-1 柱平法施工图。

在线测试：柱平法施工图

任务 4.3　有梁楼盖平法施工图识读

知识目标

1. 掌握有梁楼盖平法施工图板块集中标注；
2. 掌握有梁楼盖平法施工图板支座原位标注。

能力目标

能识读有梁楼盖平法施工图。

素养目标

1. 观看 CCTV《特别呈现》节目，通过对超级工程——北京地铁网络的学习，让学生体会中国智慧和结构设计的魅力，开阔学生的视野，增强专业能力；

2. 在识读有梁楼盖平法结构施工图纸的过程中，培养学生养成规范、标准、严谨细致的职业素养。

有梁楼盖的平法施工图是指在楼面板或者屋面板布置图上，采用平面注写的表达方式，如图 4-3-1 所示。板的平面注写主要包括板块集中标注和板支座原位标注。

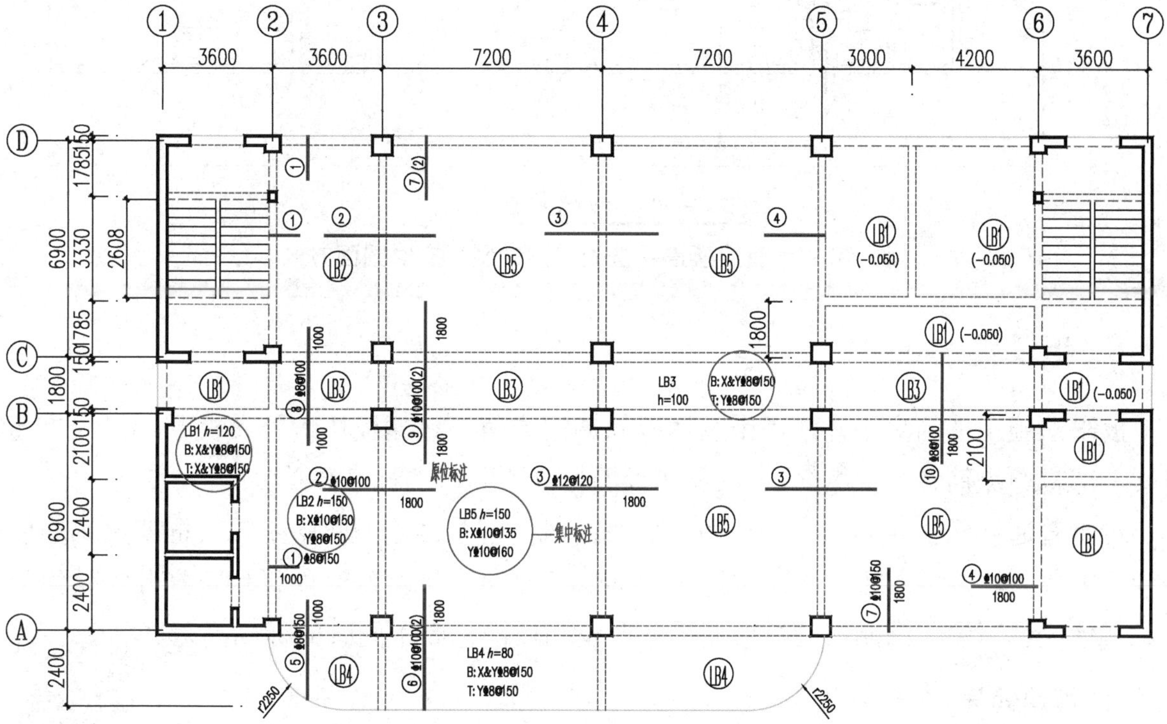

15.870~26.670板平法施工图

图 4-3-1 有梁楼盖平面注写方式示例

在进行有梁楼盖的平法施工图制图规则讲解前，应先明确识图时所涉及的结构平面的坐标方向：

（1）轴网正交布置时，规定结构平面中，图面从左至右为 x 向，自下至上为 y 向，如图 4-3-2 所示；

（2）当轴网转折时，局部坐标方向顺轴网转折角度进行转折；

（3）当轴网为向心布置时（圆形或弧形轴网），切向为 x 向，径向为 y 向。

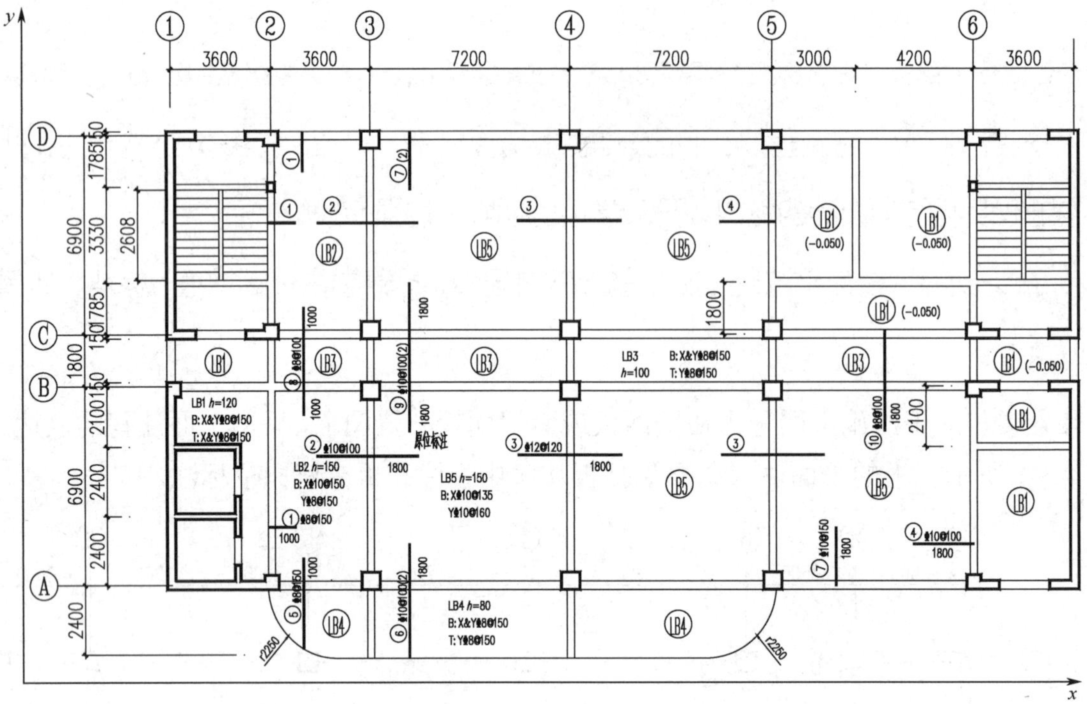

15.870~26.670板平法施工图

图 4-3-2　有梁楼盖平法施工图轴网正交时图面方向

4.3.1　板块集中标注

板平法施工图的集中标注用来表达板的通用数值，包括板块编号、板厚、板内贯通纵筋（上部贯通纵筋、下部纵筋），以及当板面标高不同时的标高高差。

对于普通楼面，两向均以一跨为一板块；对于密肋楼盖，两向主梁（框架梁）均以一跨为一板块（非主梁密肋不计）。所有板块应逐一编号，相同编号的板块可择其一做集中标注，其他仅注写置于圆圈内的板块编号，以及当板面标高不同时的标高高差。

讲解视频：板块编号及板厚

1. 板块编号

板块编号由板类型、代号和序号组成，并应符合表 4-3-1 的规定。

表 4-3-1　板块编号

板　类　型	代　　号	序　　号
楼面板	LB	XX
屋面板	WB	XX
悬挑板	XB	XX

【示例】LB1 表示 1 号楼面板；3 号悬挑板的编号为 XB3。

2. 板厚

板厚注写为 h=xxx（为垂直于板面的厚度）；当悬挑板的端部改变截面厚度时，用斜线分隔根部与端部的高度值，注写为 h = xxx/xxx；当设计已在图注中统一注明板厚时（如图

4-3-3 所示），此项可不注。

【示例】当板厚注写为 $h = 140$ 时，表示板厚为 140mm；当板厚注写为 $h = 150/120$ 时，表示该悬挑板根部高度为 150mm，端部为 120mm。

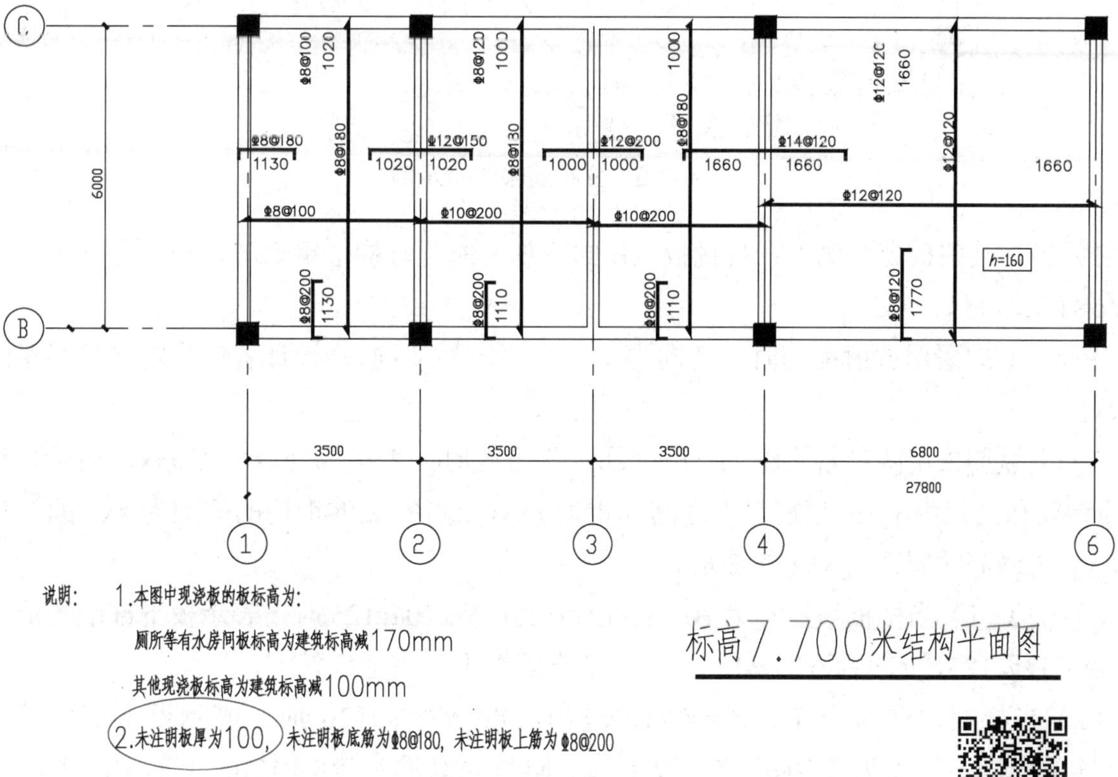
说明：1.本图中现浇板的板标高为：
厕所等有水房间板标高为建筑标高减170mm
其他现浇板标高为建筑标高减100mm
2.未注明板厚为100，未注明板底筋为Φ8@180，未注明板上筋为Φ8@200
标高7.700米结构平面图
h=160

图 4-3-3　板厚统一标注时示例

讲解视频：板内贯通纵筋

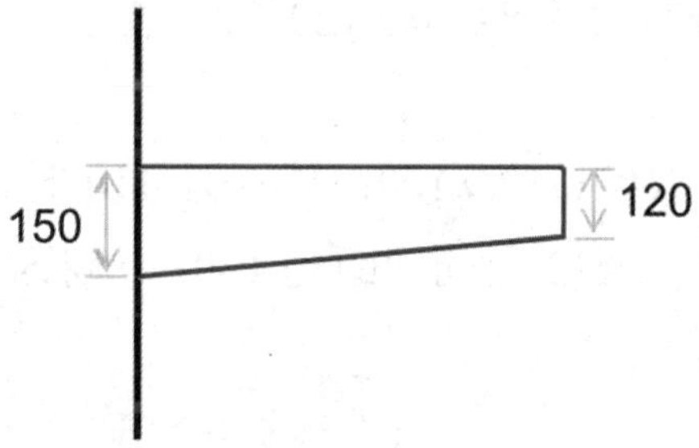

图 4-3-4　悬挑板板厚标注示例

三维仿真：板底 x 向贯通钢筋展示

三维仿真：板底 y 向贯通钢筋展示

3. 板内贯通纵筋

纵筋按板块的下部纵筋和上部贯通纵筋分别注写（当板块上部不设贯通纵筋时则不注），并以 B 代表下部纵筋，以 T 代表上部贯通纵筋，B&T 代表下部与上部；x 向纵筋以 X 打头，y 向纵筋以 Y 打头，两向纵筋配置相同时则以 X&Y 打头。

x 向纵筋即沿着 x 方向布置的纵筋，即平行于 x 轴方向的纵筋，y 向纵筋即沿着 y 方向布置的纵筋，即平行于 y 轴方向的纵筋。

当为单向板时，分布筋不必注写，在图中统一标明即可，如图 4-3-5 所示。

二层顶板配筋图

注：1.板顶标高除注明外均为8.370。除注明外板厚均为120mm。
2.除注明外未标明受力钢筋均为Φ8@200；K10表示Φ10@200，K12表示Φ12@200。
3.现浇板未注明的分布筋均为Φ6@200。
4.底筋相同的相邻跨板施工时其底筋可以连通。

图 4-3-5 分布筋未注明示例

1）当在某些板内（例如在悬挑板 XB 的下部）配置有构造钢筋时，则 *x* 向以 Xc，*y* 向以 Yc 打头注写。

2）当 *y* 向采用放射配筋时（切向为 *x* 向，径向为 *y* 向），设计者应注明配筋间距的定位尺寸。

3）当纵筋采用两种规格钢筋“隔一布一”方式时，表达为 Φxx/yy@xxx，表示直径为 xx 的钢筋和直径为 yy 的钢筋二者之间间距为 xxx，直径 xx 的钢筋的间距为 xxx 的 2 倍，直径 yy 的钢筋的间距为 xxx 的 2 倍。

【示例】（1）当楼板块注写为 B：XΦ12@125；YΦ10@125 时，表示板下部配置的纵筋 *x* 向为 Φ12@125，*y* 向为 Φ10@125，板上部未配置上部贯通纵筋。

（2）当楼板块注写为 B：X&YΦ10@120，T：YΦ8@120 时，表示板下部配置的贯通纵筋 *x* 向与 *y* 向均为 Φ10@120；板上部 *y* 向贯通纵筋为 Φ8@120，上部 *x* 向未配置贯通纵筋。

（3）当楼板块注写为 B&T：X&YΦ10@120 时，表示板下部和上部配置的贯通纵筋 *x* 向与 *y* 向均为 Φ10@120。

（4）当楼板块注写为 B：XΦ10/12@100；YΦ10@110 时，表示板下部配置的纵筋 *x* 向为 Φ10、Φ12 隔一布一，Φ10 与 Φ12 之间间距为 100；*y* 向为 Φ8@110；板上部未配置贯通纵筋。

4. 板面标高高差

讲解视频：板面标高高差

板面标高高差（板标高），系指相对于结构层楼面标高的高差，应将其注写在括号内，且有高差则注，无高差不注，如图 4-3-6 所示。

【示例】当楼面板所在结构楼层标高为 15.870 时，图 4-3-6 中 LB5 板标高为 15.870，LB1 板标高标注情况为（−0.050），表示图中 LB1 板标高为 15.820。

同一编号板块的类型、板厚和纵筋均应相同，但板面标高、跨度、平面形状以及板支座上部非贯通纵筋可以不同，如同一编号板块的平面形状可为矩形、多边形及其他形状等。施工预算时，应根据其实际平面形状，分别计算各板块的混凝土与钢材用量。

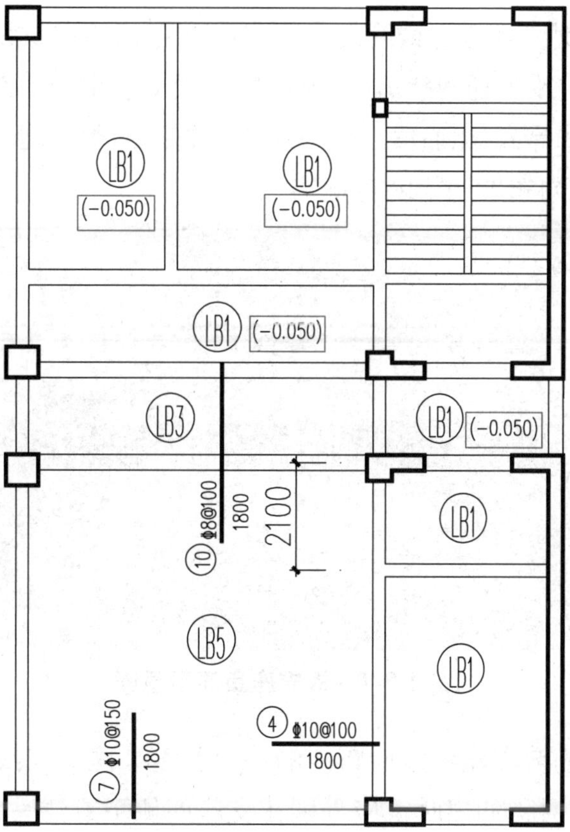

图 4-3-6　板面标高示意图

5. 有梁楼盖平法施工图板块集中标注识读实例

以 22G101-1 图集中 15.870～26.670 板平法施工图（如图 4-3-1 所示）中 LB5 为例，进行板块集中标注综合讲解，如表 4-3-2 所示。

表 4-3-2　板块集中标注含义

LB5 集中标注含义		
标 注 类 型	标 注 内 容	标 注 讲 解
板编号	LB5	表示第 5 号楼面板
板厚	h = 150	表示该板厚度为 150mm
板贯通纵筋	B:XΦ10@135 YΦ10@110	表示板下部贯通纵筋 x 向纵筋为 Φ10@135，y 向纵筋为 Φ10@110

4.3.2　板支座原位标注

讲解视频：板支座原位标注　三维仿真：板顶负筋展示　三维仿真：板顶分布筋展示

板支座原位标注的内容为：板支座上部非贯通纵筋和悬挑板上部受力钢筋。

板支座原位标注的钢筋，其示意图如图 4-3-7 所示，应在配置相同跨的第一跨表达（当在梁悬挑部位单独配置时则在原位表达）。在配置相同跨的第一跨（或梁悬挑部位），垂直于板支座（梁或墙）绘制一段适宜长度的中粗实线（当该筋通长设置在悬挑板或短跨板上部时，实线段应画至对边或贯通短跨），以该线段代表支座上部非贯通纵筋，并在线段上方注写钢筋编号（如①、②等）、配筋值、横向连续布置的跨数（注写在括号内，且当为一跨时可不注），以及是否横向布置到梁的悬挑端。

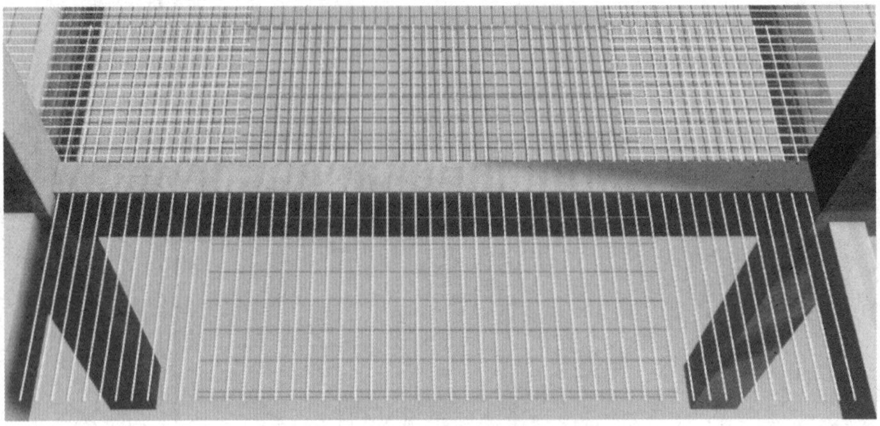

图 4-3-7　板支座负筋示意图

板支座上部非贯通筋自支座中线向跨内的伸出长度，注写在线段的下方位置。

1）当向支座两侧非对称伸出时，应分别在支座两侧下方注写伸出长度。

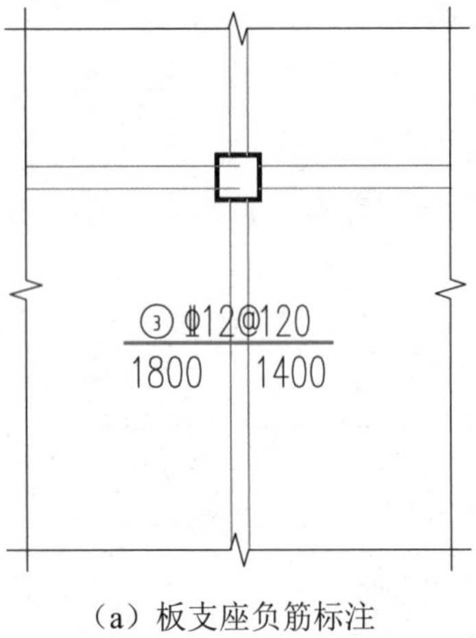

（a）板支座负筋标注

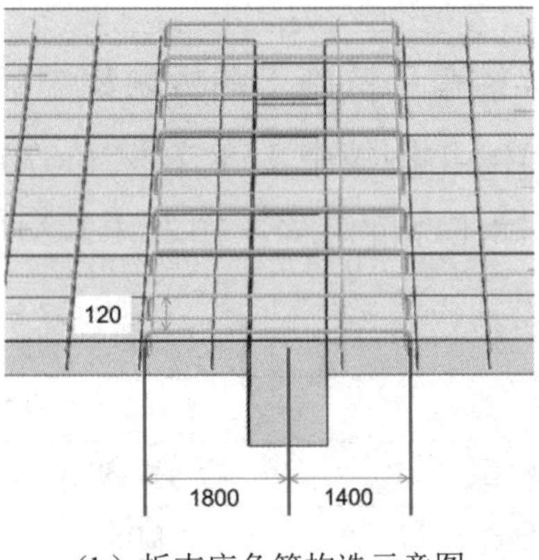

（b）板支座负筋构造示意图

图 4-3-8　板支座负筋非对称伸出示意图

【示例】如图 4-3-8 所示板支座负筋，表示板支座负筋为直径为 12 的 HRB400 级钢筋，间距为 120mm，支座负筋自板支座中线向左伸出 1800mm，向右伸出 1400mm，如图 4-3-8（b）所示。

2）当中间支座上部非贯通纵筋向支座两侧对称伸出时，可仅在支座一侧线段下方标注伸出长度，另一侧不注。

【示例】如图 4-3-9（a）所示板支座负筋，表示板支座负筋为直径为 12mm 的 HRB400 级钢筋，间距为 120mm，支座负筋自板支座中线向左和向右均伸出 1800mm，如图 4-3-9（b）所示，可仅在一侧进行伸出长度的注写。

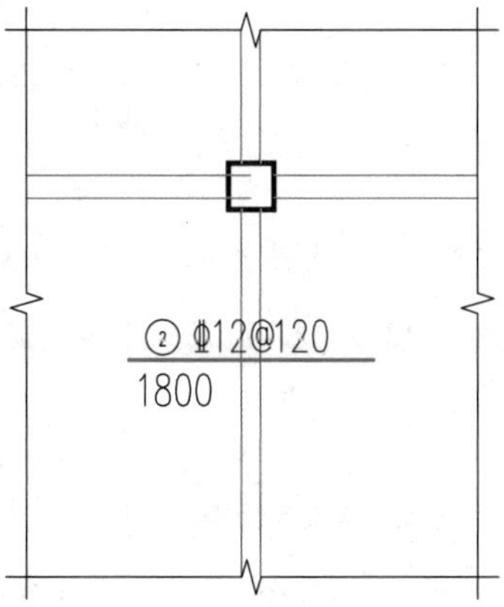

（a）板支座负筋标注

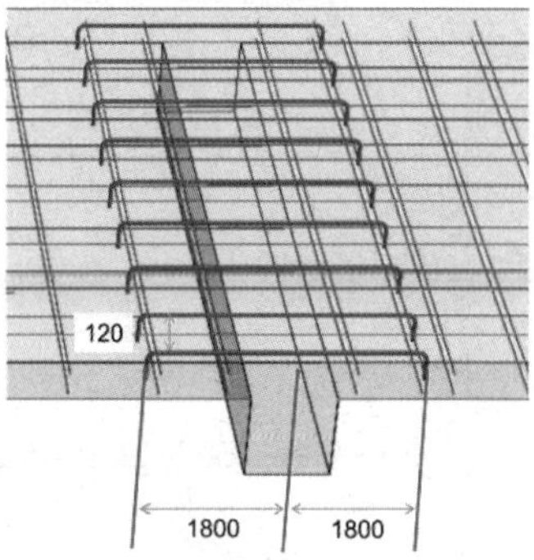

（b）板支座负筋构造示意图

图 4-3-9　板支座负筋对称伸出示意图

3）对线段画至对边贯通全跨或贯通全悬挑长度上的上部通长筋，贯通全跨或伸出至悬挑板的一侧的长度不注，只注明非贯通筋另一侧的伸出长度值，如图 4-3-10 所示。

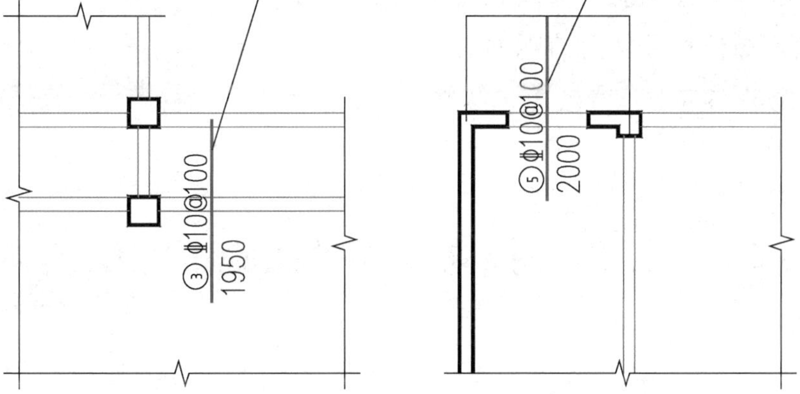

图 4-3-10　板支座非贯通筋贯通全跨或伸出至悬挑板

4）有梁楼盖平法施工图板支座原位标注识读实例。

以 22G101-1 图集中 15.870～26.670 板平法施工图（如图 4-3-1 所示）中 LB5 为例，进行板支座原位标注综合讲解，如表 4-3-3 所示。

表 4-3-3　板支座原位标注含义

LB5 平法原位标注含义		
标 注 类 型	标 注 内 容	标 注 讲 解
②支座负筋（③轴上Ⓐ～Ⓑ轴之间）	②Φ10@100 1750	③号轴线处为②号支座负筋，支座负筋 Φ10@100 自③轴支座中线向⑤号板内和②号板内各伸出 1750mm，除上部板支座负筋受力筋外，未注明的分布筋为 Φ8@250
③支座负筋（④轴上Ⓐ～Ⓑ轴之间）	③Φ12@125 1750	④号轴线处为③号支座负筋，支座负筋 Φ12@125 自④轴支座中线向⑤号板内两边各伸出 1750mm，除上部板支座负筋受力筋外，未注明的分布筋为 Φ8@250

续表

LB5 平法原位标注含义		
标 注 类 型	标 注 内 容	标 注 讲 解
⑥支座负筋（Ⓐ轴上③～⑤轴之间）	⑥⏀10@100（2） 1750	Ⓐ号轴线处为⑥号支座负筋，支座负筋 ⏀10@100 自Ⓐ轴支座中线向⑤号板内伸出 1750mm，（2）表示该支座负筋布置两跨，分别在③～④轴之间和④～⑤轴之间，除上部板支座负筋受力筋外，未注明的分布筋为 ⏀8@250
⑨支座负筋（Ⓑ、Ⓒ轴上③～⑤轴之间）	⑥⏀10@100（2） 1750　　1750	Ⓑ、Ⓒ号轴线处为⑨号支座负筋，支座负筋 C10@100 横跨③号楼板，自Ⓑ轴、Ⓒ轴支座中线分别向两边⑤号板内伸出 1750mm，（2）表示该支座负筋布置两跨，分别在③～④轴之间和④～⑤轴之间，除上部板支座负筋受力筋外，未注明的分布筋为 C8@250

思考题

4.3.1　板块集中标注信息有哪些？

4.3.2　板支座原位标注信息有哪些？

4.3.3　请识读图 4-3-1 有梁楼盖平法施工图。

在线测试：有梁楼盖平法施工图识读

任务 4.4　独立基础平法施工图识读

知识目标

1. 掌握独立基础集中标注；
2. 掌握独立基础原位标注。

能力目标

能识读独立基础平法施工图。

素养目标

1. 观看 CCTV《特别呈现》节目，通过对超级工程——海上巨型风机的学习，让学生体会中国雄心，增强学生的民族自信心；

2. 在识读独立基础平法施工图纸的过程中，培养学生养成规范、标准、严谨细致的职业素养。

独立基础平法施工图，有平面注写、截面注写和列表注写三种表达方式，设计者可根据具体工程情况选择一种，或将两种方式相结合进行独立基础的施工图设计。本节重点讲解独立基础平法施工图的平面注写方式。独立基础的平面注写方式，分为集中标注和原位标注两部分内容（如图 4-4-1 所示）。

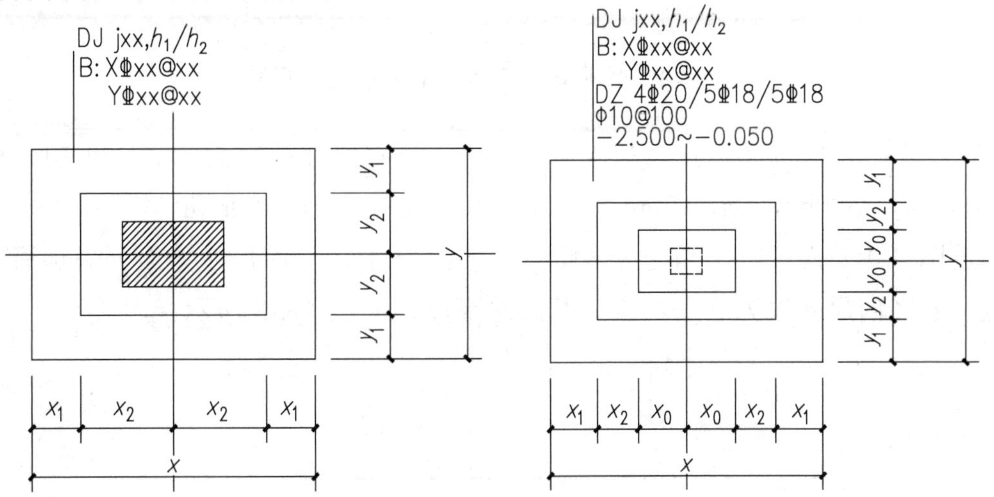

图 4-4-1　独立基础平面注写方式示例

4.4.1　独立基础集中标注

普通独立基础和杯口独立基础的集中标注，系在基础平面图上集中引注：独立基础编号、独立基础截面竖向尺寸、独立基础配筋三项必注内容，以及独立基础底面标高（与基础底面基准标高不同时）和必要的文字注解两项选注内容。素混凝土普通独立基础的集中标注，除无基础配筋内容外均与钢筋混凝土普通独立基础相同。

1. 独立基础编号

注写独立基础编号（必注内容），编号由代号和序号组成，应符合表 4-4-1 的规定。

表 4-4-1　独立基础编号

类　型	基础底板截面形状	代　号	序　号
普通独立基础	阶形	DJ_j	××
	锥形	DJ_z	××
杯口独立基础	阶形	BJ_j	××
	锥形	BJ_z	××

2. 独立基础截面竖向尺寸

独立基础截面竖向尺寸为必注内容。普通独立基础，注写为 $h_1/h_2/\cdots\cdots$，具体标注分为以下两种情况。

1）当基础为阶形截面时，如图 4-4-2 所示。

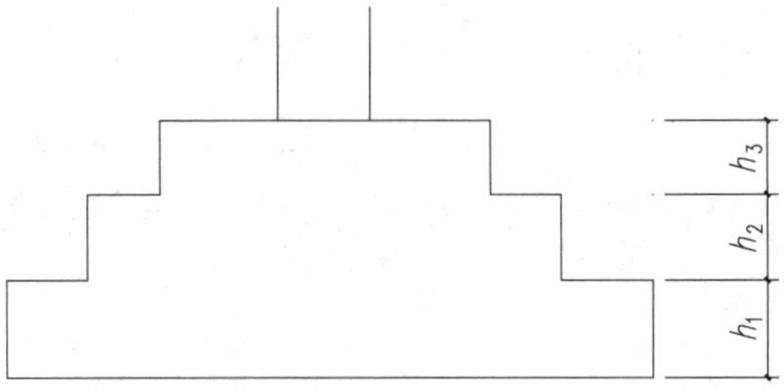

图 4-4-2 阶形截面普通独立基础竖向尺寸

【示例】当阶形截面普通独立基础 DJ_j××的竖向尺寸注写为 400/300/300 时，表示 $h_1 = 400$mm、$h_2 = 300$mm、$h_3 = 300$mm，基础底板总高度为 1000mm。

上例及图 4-4-2 为三阶，当为更多阶时，各阶尺寸自下而上用“/”分隔顺写。当基础为单阶时，其竖向尺寸仅为一个，即为基础总高度，如图 4-4-3 所示。

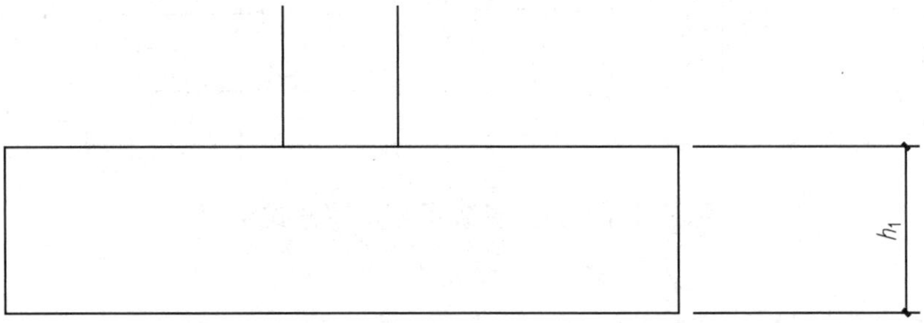

图 4-4-3 单阶普通独立基础竖向尺寸

2）当基础为锥形截面时，注写为 h_1/h_2，如图 4-4-4 所示。

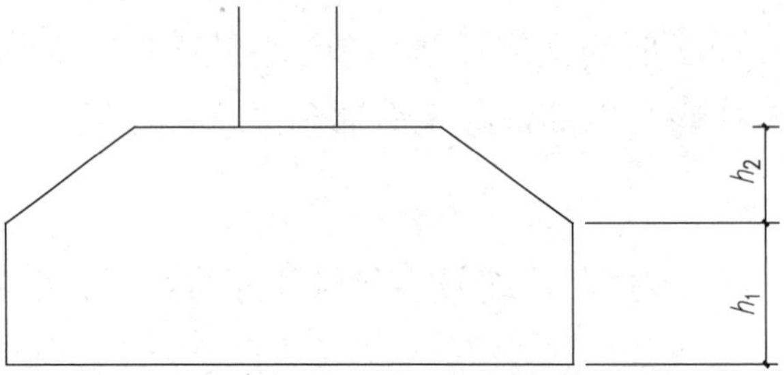

图 4-4-4 锥形截面普通独立基础竖向尺寸

【示例】当锥形截面普通独立基础 DJ_Z××的竖向尺寸注写为 350/300 时，表示 $h_1 = 350$mm、$h_2 = 300$mm，基础底板总高度为 650mm。

三维仿真：基础底板配筋展示

3. 独立基础配筋

1）独立基础配筋为必注内容。普通独立基础和杯口独立基础的底部双向配筋注写规定如下：

（1）以 B 代表各种独立基础底板的底部配筋。

（2）x 向配筋以 X 打头、y 向配筋以 Y 打头注写；当两向配筋相同时，则以 X&Y 打头注写。

【示例】独立基础底板配筋标注为：B：XΦ16@150，YΦ16@200，表示基础底板底部配置 HRB400 级钢筋，x 向钢筋直径为 16mm，间距为 150mm；y 向钢筋直径为 16mm，间距为 200mm，如图 4-4-5 所示。

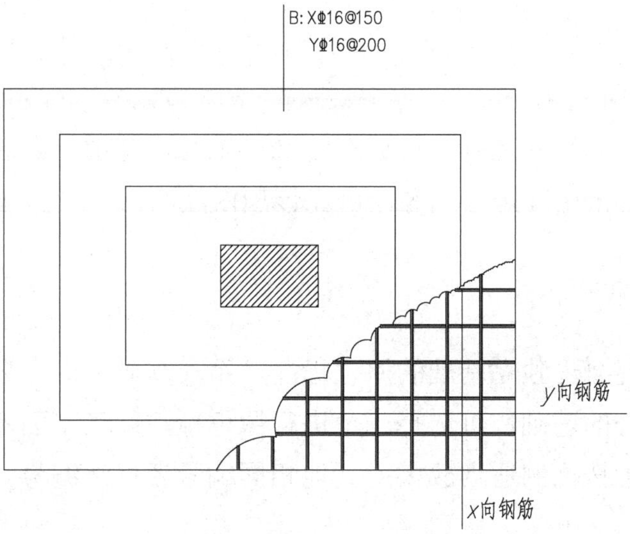

图 4-4-5 独立基础底板底部双向配筋示意图

2）注写普通独立基础带短柱竖向尺寸及钢筋。当独立基础埋深较大，设置短柱时，短柱配筋应注写在独立基础中。具体注写规定如下。

（1）以 DZ 代表普通独立基础短柱。

（2）先注写短柱纵筋，再注写箍筋，最后注写短柱标高范围。注写为：角筋/x 边中部筋/y 边中部筋，箍筋，短柱标高范围。

【示例】短柱配筋标注为：DZ 4Φ20/5Φ18/5Φ18，Φ10@100，-2.500～-0.050，表示独立基础的短柱设置在-2.500m～-0.050m 高度范围内配置 HRB400 级竖向纵筋和 HPB300 级箍筋。其竖向纵筋为：角筋 4Φ20，x 边中部筋 5Φ18，y 边中部筋 5Φ18；其箍筋直径为 10mm，间距为 100mm，如图 4-4-6 所示。

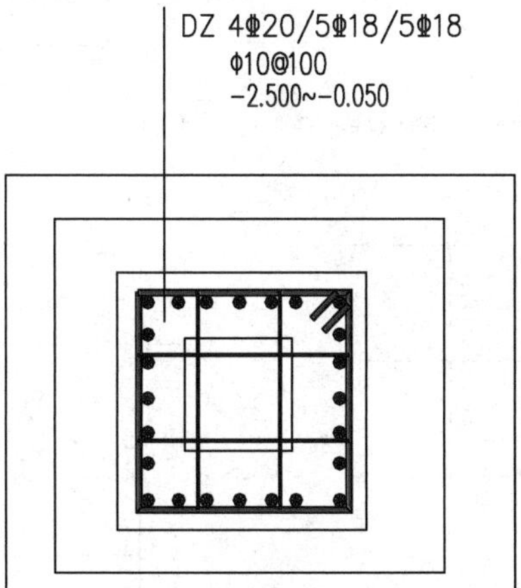

图 4-4-6 独立基础短柱配筋示意图

4. 独立基础底面标高

此项为选注内容。当独立基础底面标高与基础底面基准标高不同时，应将独立基础底面标高直接注写在“()”内。

5. 必要的文字注解

此项为选注内容。当独立基础的设计有特殊要求时，宜增加必要的文字注解。例如，基础底板配筋长度是否采用减短方式等，可在该项内注明。

4.4.2 独立基础原位标注

钢筋混凝土和素混凝土独立基础的原位标注，系在基础平面布置图上标注独立基础的平面尺寸。对相同编号的基础，可选择一个进行原位标注；当平面图形较小时，可将所选定进行原位标注的基础按比例适当放大；其他相同编号者仅注编号。本节重点讲解普通独立基础的原位标注。

普通独立基础原位标注 x、y，x_i、y_i，$i=1$，2，3…其中，x、y 为普通独立基础两向边长，x_i、y_i 为阶宽或锥形平面尺寸（当设置短柱时，尚应标注短柱对轴线的定位情况用 x_{Dzi} 表示）。各种形式独立基础的原位标注如图 4-4-7 所示。

独立基础通常为单柱独立基础，也可为多柱独立基础（双柱或四柱等）。多柱独立基础的编号、几何尺寸和配筋的标注方法与单柱独立基础相同。

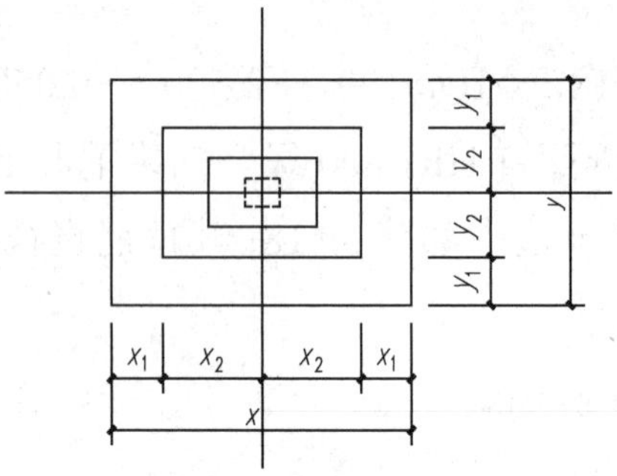
（a）对称阶形截面普通独立基础原位标注

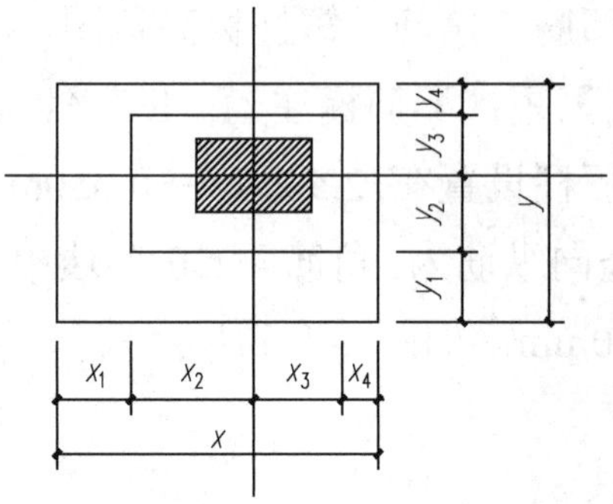
（b）非对称阶形截面普通独立基础原位标注

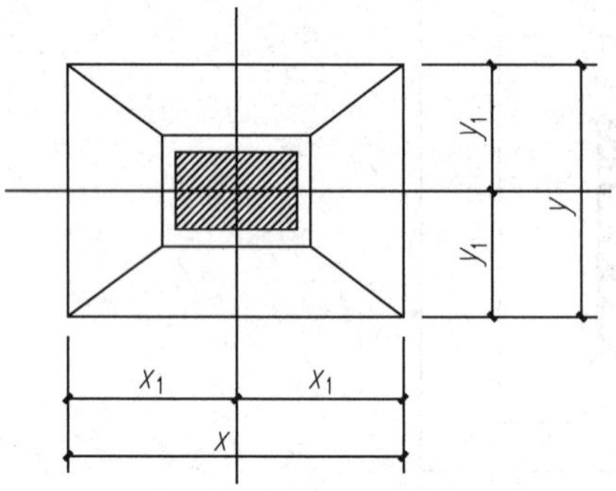
（c）对称锥形截面普通独立基础原位标注

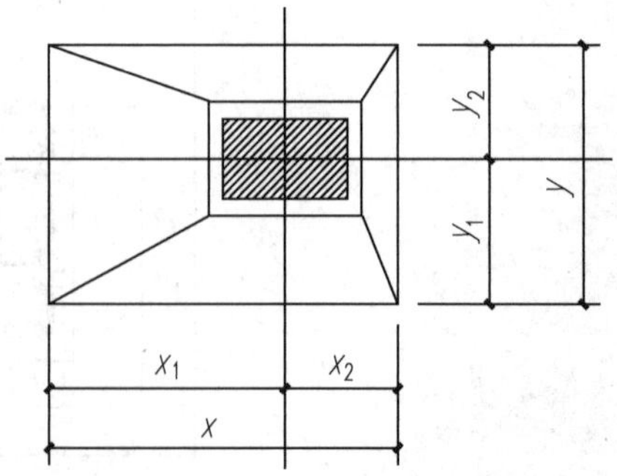
（d）非对称锥形截面普通独立基础原位标注

图 4-4-7　各种形式独立基础的原位标注示意图

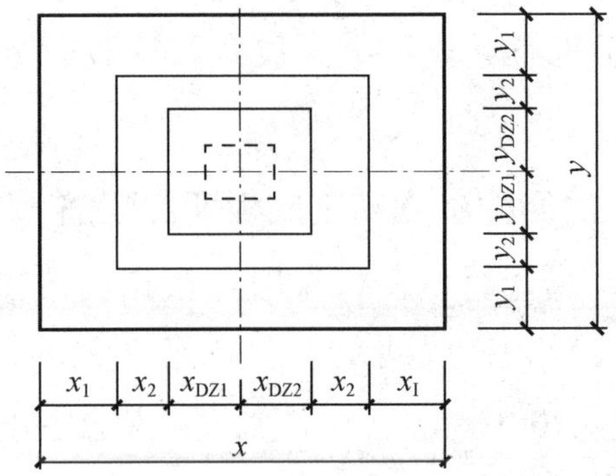

（e）带短柱独立基础的原位标注

图 4-4-7　各种形式独立基础的原位标注示意图（续）

当为双柱独立基础且柱距较小时，通常仅配置基础底部钢筋；当柱距较大时，除基础底部配筋外，尚需在两柱间配置基础顶部钢筋或设置基础梁：当为四柱独立基础时，通常可设置两道平行的基础梁，需要时可在两道基础梁之间配置基础顶部钢筋。

多柱独立基础顶部配筋和基础梁的注写方法规定如下。

1. 注写双柱独立基础底板顶部配筋

双柱独立基础的顶部配筋，通常对称分布在双柱中心线两侧。以大写字母“T”打头，注写为：双柱间纵向受力钢筋/分布钢筋。当纵向受力钢筋在基础底板顶面非满布时，应注明其总根数。

【示例】T：11⌀18@100/10@200 表示独立基础顶部配置 HRB400 级纵向受力钢筋，直径为 18mm，设置 11 根，间距为 100mm；配置 HPB300 级分布钢筋，直径为 10mm，间距为 200mm，如图 4-4-8 所示。

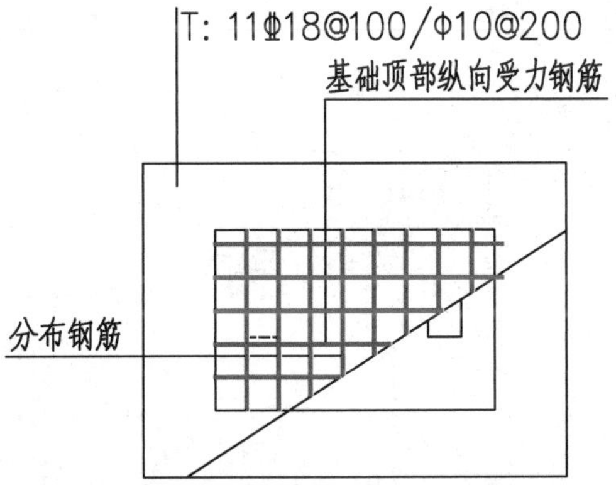

图 4-4-8　双柱独立基础底板顶部配筋示意图

2. 注写双柱独立基础的基础梁配筋

当双柱独立基础为基础底板与基础梁相结合时，注写基础梁的编号、几何尺寸和配筋。如 JLXX(1)表示该基础梁为 1 跨，两端无外伸；JLXX(1A)表示该基础梁为 1 跨，一端有外伸；JLXX(1B)表示该基础梁为 1 跨，两端均有外伸。

通常情况下，双柱独立基础宜采用端部有外伸的基础梁，基础底板则采用受力明确、构造简单的单向受力配筋与分布筋。基础梁宽度宜比柱截面宽出不小于 100mm（每边不小于 50mm）。

3. 注写配置两道基础梁的四柱独立基础底板顶部配筋

当四柱独立基础已设置两道平行的基础梁时，根据内力需要可在双梁之间及梁的长度范围内配置基础顶部钢筋，注写为：梁间受力钢筋/分布钢筋。

【示例】T：⌀16@120/ϕ10@200：表示在四柱独立基础顶部两道基础梁之间配置 HRB400 级钢筋，直径为 16mm，间距为 120mm；分布钢筋为 HPB300 级钢筋，直径为 10mm，间距为 200mm，如图 4-4-9 所示。

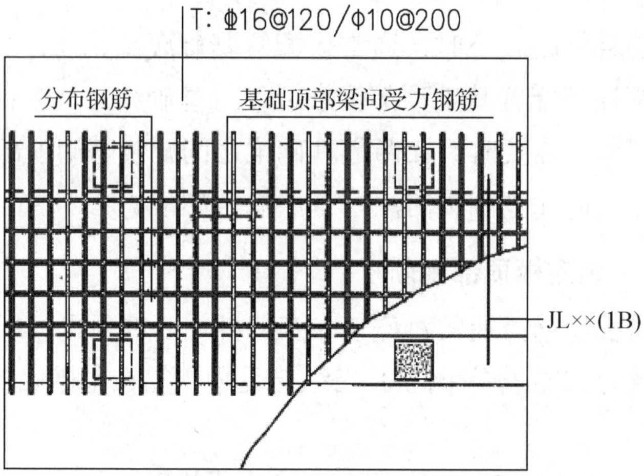

图 4-4-9　四柱独立基础底板顶部配筋注写示意图

4. 独立基础平法施工图平面注写方式识读实例

下面以图 4-4-10 带短柱独立基础平法施工图为例，对独立基础平法施工图平面注写方式的集中标注和原位标注分别进行详细讲解，如表 4-4-2 所示。

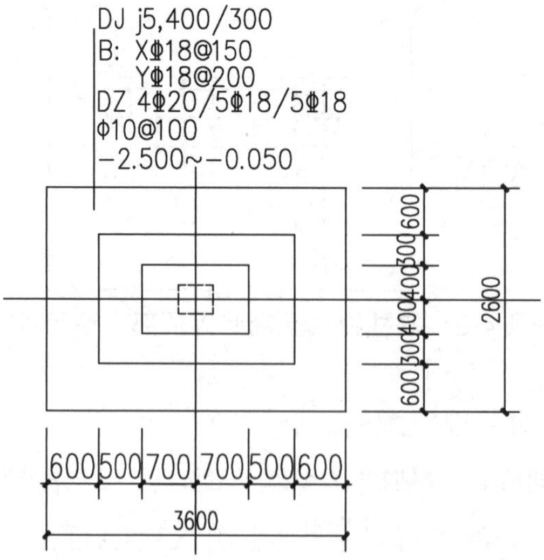

图 4-4-10　带短柱独立基础平法施工图

表 4-4-2　独立基础平法施工图平面标注含义

集中标注含义		
标 注 类 型	标 注 内 容	标 注 讲 解
独立基础编号	DJ_{j5}	表示 5 号阶形普通独立基础
独立基础截面竖向尺寸	400/300	表示阶形有两层，下面一层 $h_1=400$mm，上面一层 $h_2=300$mm，基础底板总高度为 $h_1+h_2=700$mm
独立基础配筋	B：X⌀18@150 Y⌀18@200	表示基础底板底部配置 HRB400 级钢筋，x 向钢筋直径为 18mm，间距为 150mm；y 向钢筋直径为 18mm，间距为 200mm
独立基础带短柱钢筋	DZ 4⌀20/5⌀18/5⌀18	表示独立基础的短柱内配置 HRB400 级竖向纵筋：角筋 4⌀20，x 边中部筋 5⌀18，y 边中部筋 5⌀18
	ϕ10@100	表示独立基础短柱内配有 HPB300 级箍筋，箍筋直径为 10mm，间距为 100mm
	-2.500～-0.050	表示独立基础的短柱设置在-2.500～-0.050m 高度范围内
原位标注含义		
标 注 类 型	标 注 内 容	标 注 讲 解
独立基础的平面尺寸	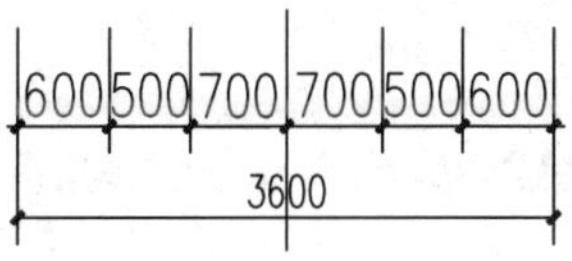	表示对称阶形截面普通独立基础，普通独立基础 x 向总尺寸为 3600mm，y 向总尺寸为 2600mm
	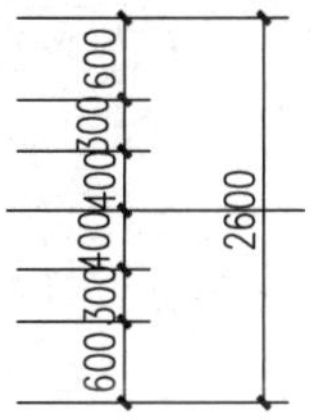	

思考题

4.4.1　独立基础集中标注信息有哪些？

4.4.2　独立基础原位标注信息有哪些？

4.4.3　请识读图 4-4-11 独立基础平法施工图。

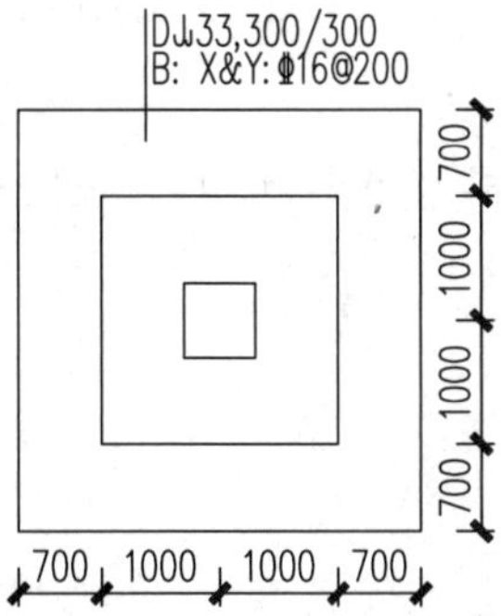

图 4-4-11　独立基础平法施工图

在线测试：独立基础平法施工图识读

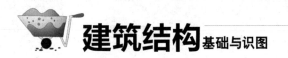

任务4.5 剪力墙平法施工图识读

知识目标

1. 掌握剪力墙柱平法标注；

2. 掌握剪力墙身平法标注；

3. 掌握剪力墙梁平法标注；

4. 掌握剪力墙洞口平法标注。

能力目标

能识读剪力墙平法施工图。

素养目标

1. 通过观看剪力墙结构实体工程案例，让学生进一步了解剪力墙，对剪力墙产生兴趣。

2. 在识读剪力墙平法施工图纸的过程中，培养学生养成规范、标准、严谨细致的职业素养。

剪力墙平法施工图系在剪力墙平面布置图上采用列表注写方式或截面注写方式表达。本节重点讲解列表注写方式，如图 4-5-1 所示。

为表达清楚、简便，剪力墙可视为由剪力墙柱、剪力墙身和剪力墙梁三类构件构成。列表注写方式，系分别在剪力墙柱表、剪力墙身表和剪力墙梁表中对应于剪力墙平面布置图上的编号，用绘制截面配筋写几何尺寸与配筋具体数值的方式，来表达剪力墙平法施工图。

编号规定：将剪力墙按剪力墙柱、剪力墙身、剪力墙梁（简称为墙柱、墙身、墙梁）三类构件分别编号。

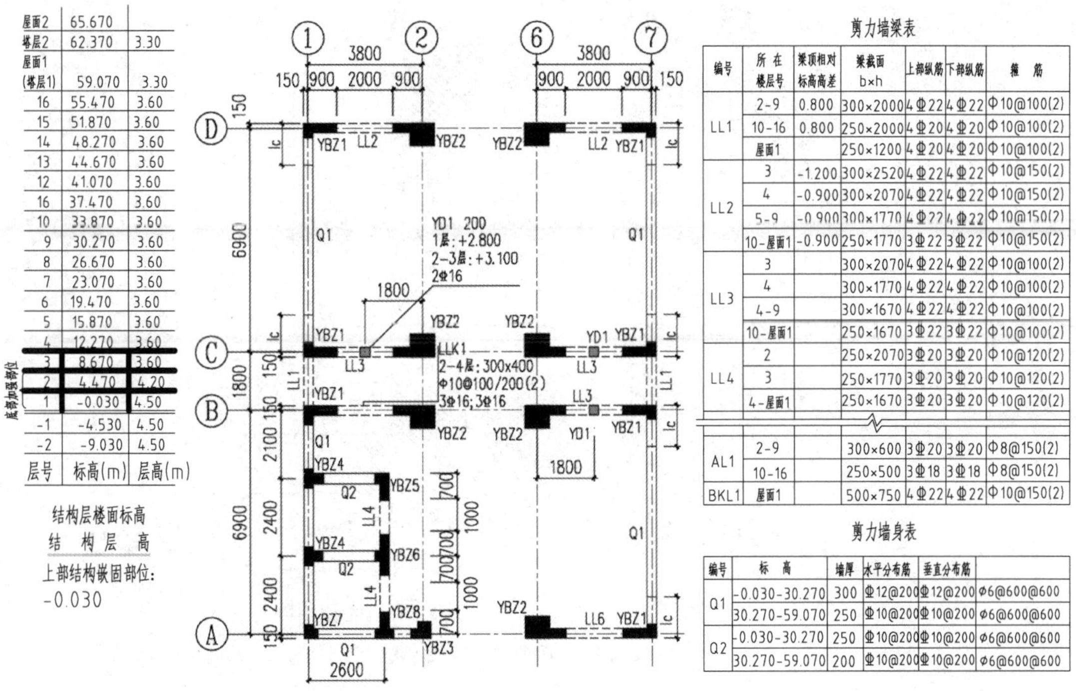
屋面2 65.670
塔层2 62.370 3.30
屋面1 (塔层1) 59.070 3.30
16 55.470 3.60
15 51.870 3.60
14 48.270 3.60
13 44.670 3.60
12 41.070 3.60
16 37.470 3.60
10 33.870 3.60
9 30.270 3.60
8 26.670 3.60
7 23.070 3.60
6 19.470 3.60
5 15.870 3.60
4 12.270 3.60
3 8.670 3.60
2 4.470 4.20
1 -0.030 4.50
-1 -4.530 4.50
-2 -9.030 4.50
层号 标高(m) 层高(m)
底部加强部位
结构层楼面标高
结构层高
上部结构嵌固部位:
-0.030
YD1 200
1层:+2.800
2-3层:+3.100
2Φ16
LLK1
2-4层:300×400
Φ10@100/200(2)
3Φ16;3Φ16
剪力墙梁表
编号 | 所在楼层号 | 梁顶相对标高高差 | 梁截面b×h | 上部纵筋 | 下部纵筋 | 箍筋
LL1 | 2-9 | 0.800 | 300×2000 | 4Φ22 | 4Φ22 | Φ10@100(2)
10-16 | 0.800 | 250×2000 | 4Φ20 | 4Φ20 | Φ10@100(2)
屋面1 | | 250×1200 | 4Φ20 | 4Φ20 | Φ10@100(2)
LL2 | 3 | -1.200 | 300×2520 | 4Φ22 | 4Φ22 | Φ10@150(2)
4 | -0.900 | 300×2070 | 4Φ22 | 4Φ22 | Φ10@150(2)
5-9 | -0.900 | 300×1770 | 4Φ22 | 4Φ22 | Φ10@150(2)
10-屋面1 | -0.900 | 250×1770 | 3Φ22 | 3Φ22 | Φ10@150(2)
LL3 | 3 | | 300×2070 | 4Φ22 | 4Φ22 | Φ10@100(2)
4 | | 300×1770 | 4Φ22 | 4Φ22 | Φ10@100(2)
4-9 | | 300×1670 | 4Φ22 | 4Φ22 | Φ10@100(2)
10-屋面1 | | 250×1670 | 3Φ22 | 3Φ22 | Φ10@100(2)
LL4 | 2 | | 250×2070 | 3Φ20 | 3Φ20 | Φ10@120(2)
3 | | 250×1770 | 3Φ20 | 3Φ20 | Φ10@120(2)
4-屋面1 | | 250×1670 | 3Φ20 | 3Φ20 | Φ10@120(2)
AL1 | 2-9 | | 300×600 | 3Φ20 | 3Φ20 | Φ8@150(2)
10-16 | | 250×500 | 3Φ18 | 3Φ18 | Φ8@150(2)
BKL1 | 屋面1 | | 500×750 | 4Φ22 | 4Φ22 | Φ10@150(2)
剪力墙身表
编号 | 标高 | 墙厚 | 水平分布筋 | 垂直分布筋 | 拉筋
Q1 | -0.030-30.270 | 300 | Φ12@200 | Φ12@200 | Φ6@600@600
30.270-59.070 | 250 | Φ10@200 | Φ10@200 | Φ6@600@600
Q2 | -0.030-30.270 | 250 | Φ10@200 | Φ10@200 | Φ6@600@600
30.270-59.070 | 200 | Φ10@200 | Φ10@200 | Φ6@600@600

注:1.可在结构层楼面标高、结构层高表中加设混凝土强度等级等栏目。

2.本示例中lc为约束边缘构件沿墙肢的伸出长度(实际工程中应注明具体值),约束边缘构件非阴影区拉筋(除图中有标注外):竖向与水平钢筋交点处均设置,直径Φ8。

图 4-5-1 剪力墙平法施工图列表注写方式示例

4.5.1 剪力墙柱平法施工图识读

1. 墙柱编号

讲解视频:墙柱编号

墙柱编号由墙柱类型代号和序号组成,表达形式应符合表 4-5-1 的规定。

表 4-5-1 墙柱编号

墙 柱 类 型	代 号	序 号
约束边缘构件	YBZ	xx
构造边缘构件	GBZ	xx
非边缘暗柱	AZ	xx
扶壁柱	FBZ	xx

1)约束边缘构件。

约束边缘构件分为约束边缘暗柱、约束边缘端柱、约束边缘翼墙和约束边缘转角墙,如图 4-5-2 所示。它由阴影区和非阴影区组成,其中非阴影区是拉筋加强区,是 l_c 段扣掉暗柱的区域,是暗柱和剪力墙中间段的结构强度的缓冲区。

相关规范规定,布置约束边缘构件的楼层:底部加强部位所在楼层,及往上加一层。剪力墙平法施工图中所示工程的底部加强部位是 1、2 层,所以约束边缘构件布置的楼层为 1、2、3 层。

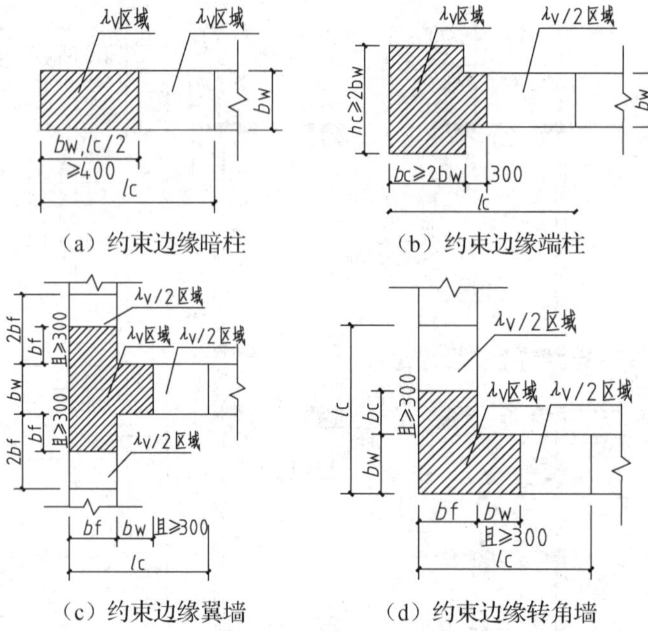

（a）约束边缘暗柱　（b）约束边缘端柱

（c）约束边缘翼墙　（d）约束边缘转角墙

图 4-5-2　约束边缘构件

2）构造边缘构件。

构造边缘构件分为构造边缘暗柱、构造边缘端柱、构造边缘翼墙和构造边缘转角墙，如图 4-5-3 所示，构造边缘构件无拉筋加强区。构造边缘构件的楼层数，布置在约束边缘构件以上楼层，本工程的约束边缘构件布置在 1、2、3 层，构造边缘构件布置在 4 层及 4 层以上楼层。

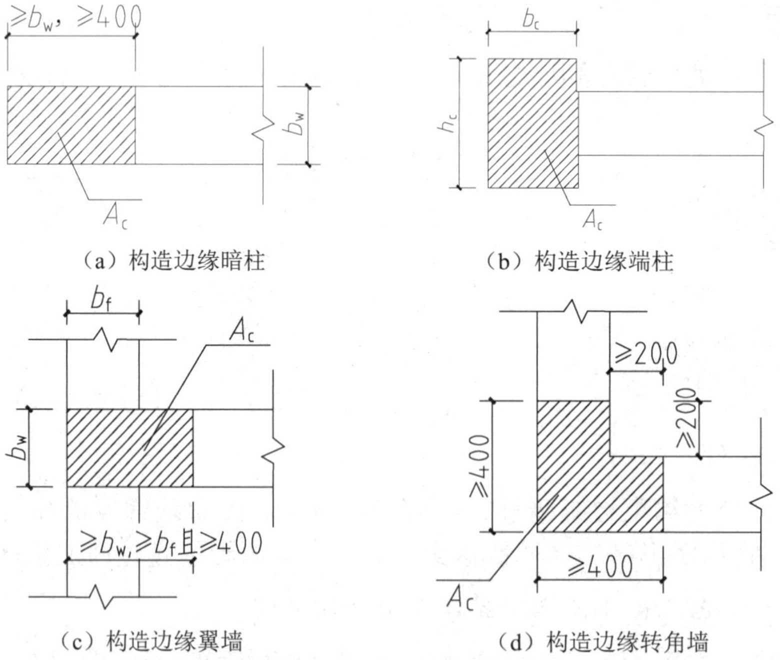

（a）构造边缘暗柱　（b）构造边缘端柱

（c）构造边缘翼墙　（d）构造边缘转角墙

图 4-5-3　构造边缘构件

约束边缘构件和构造边缘构件的区别：

约束边缘构件和构造边缘构件具有相似的名称，其实质性的区别主要体现在两点：所在楼层不一样，内部配筋率不一样，约束边缘构件配箍率一般情况下高于构造边缘构件。

2. 墙柱在平法施工图中表达的内容

1）注写墙柱编号（如表 4-5-1 所示），绘制该墙柱的截面配筋图，标注墙柱几何尺寸。

（1）构造边缘构件（如图 4-5-2 所示）需注明阴影部分尺寸。

（2）约束边缘构件（如图 4-5-3 所示）需注明阴影部分尺寸，剪力墙平面布置图中应注明约束边缘构件沿墙肢长度 l_c。

（3）扶壁柱及非边缘暗柱需标注几何尺寸。

2）注写各段墙柱的起止标高，自墙柱根部往上以变截面位置或截面未变但配筋改变处为界分段注写。墙柱根部标高一般指基础顶面标高（部分框支剪力墙结构则为框支梁顶面标）。

3）注写各段墙柱的纵向钢筋和箍筋，注写值应与在表中绘制的截面配筋图对应一致。纵向钢筋注总配筋值；墙柱箍筋的注写方式与柱箍筋相同。

3. 剪力墙柱列表注写表达方式实例

剪力墙柱列表注写方式表达了截面形状、尺寸、编号、标高、纵筋和箍筋信息等，如表 4-5-2 所示。

三维仿真：端柱纵向钢筋构造展示

三维仿真：端柱箍筋展示

表 4-5-2 剪力墙柱列表注写方式

截面形状、尺寸	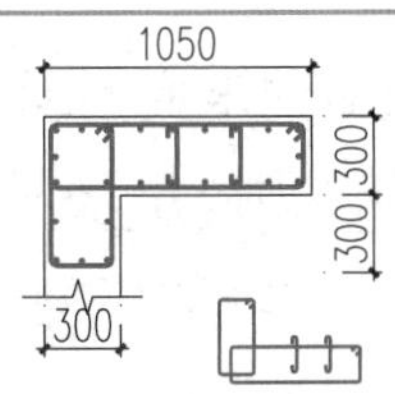	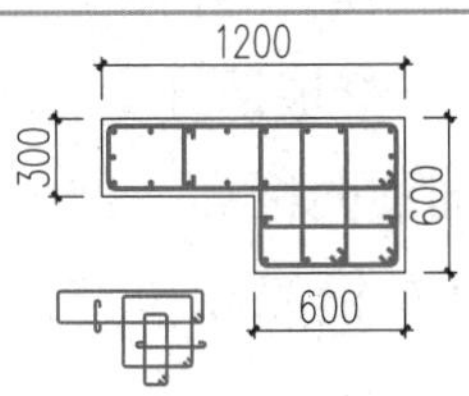	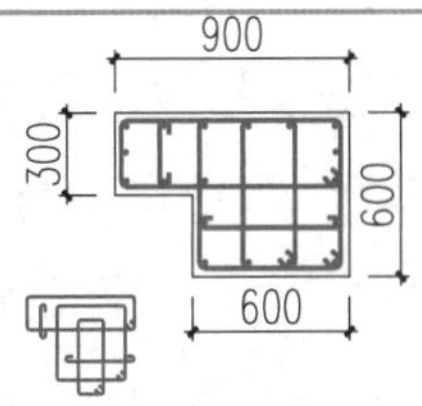
编号	YBZ1	YBZ2	YBZ3
标高	-0.030～12.270	-0.030～12.270	-0.030～12.270
纵筋	24⏀20	22⏀20	18⏀22
箍筋	ϕ10@100	ϕ10@100	ϕ10@100
识读讲解			
编号	1 号约束边缘构件	2 号约束边缘构件	3 号约束边缘构件
标高	高度从标高-0.030m 处到 12.270m		
纵筋	全部纵筋为 24 根直径为 20mm 的 HRB400 级钢筋	全部纵筋为 22 根直径为 20mm 的 HRB400 级钢筋	全部纵筋为 18 根直径为 22mm 的 HRB400 级钢筋
箍筋	箍筋为直径 10mm，间距 100mm 的 HPB300 级钢筋		

4.5.2 剪力墙身平法施工图识读

讲解视频：墙身编号

1. 墙身编号

墙身编号由墙身代号（Q）、序号及墙身所配置的水平和竖向分布钢筋的排数组成，其中排数注写在括号内，表达形式为 Qxx（xx 排）。

当剪力墙厚度不大于 400mm 时，应设置 2 排，当为 2 排时，可不注写；当剪力墙厚度大于 400mm，但不大于 700mm 时，宜配置 3 排；当剪力墙厚度大于 700mm 时，宜配置 4 排。实际工程中剪力墙厚度大多数不大于 400mm，故实际工程中墙身所设置的水平与竖向分布钢筋的排数多为 2 排，如图 4-5-4 所示。

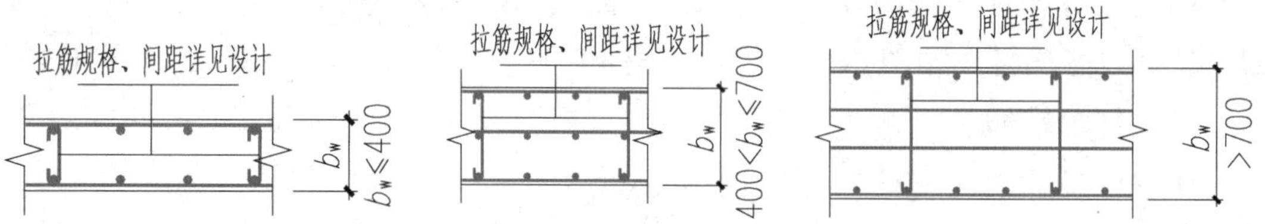

（a）剪力墙双排配筋　（b）剪力墙双排配筋　（c）剪力墙双排配筋

图 4-5-4　剪力墙配筋截面图

【示例】Q2（3）：表示 2 号墙身，3 排钢筋。

【示例】Q1：表示 1 号墙身，2 排钢筋。

当剪力墙配置的分布钢筋多于 2 排时，剪力墙拉结筋除两端应同时勾住外排水平纵筋和竖向纵筋外，尚应与剪力墙内排水平纵筋和竖向纵筋绑扎在一起。

2. 墙身在剪力墙身表中表达的内容

1）注写墙身编号（含水平分布钢筋、竖向分布钢筋的排数）。

2）注写各段墙身起止标高，自墙身根部往上以变截面位置或截面未变但配筋改变处为界分段注写。墙身根部标高一般指基础顶面标高（部分框支剪力墙结构则为框支梁的顶面标）。

3）注写水平分布钢筋、竖向分布钢筋和拉结筋的具体数值。注写数值为一排水平分布钢筋和竖向分布钢筋的规格与间距，具体设置几排已经在墙身编号后面表达。当内外排竖向分布钢筋配筋不一致时，应单独注写内、外排钢筋的具体数值。

拉结筋应注明布置方式“矩形”或“梅花”布置，用于剪力墙分布钢筋的拉结，如图 4-5-5 所示（图中 a 为竖向分布钢筋间距，b 为水平分布钢筋间距）。

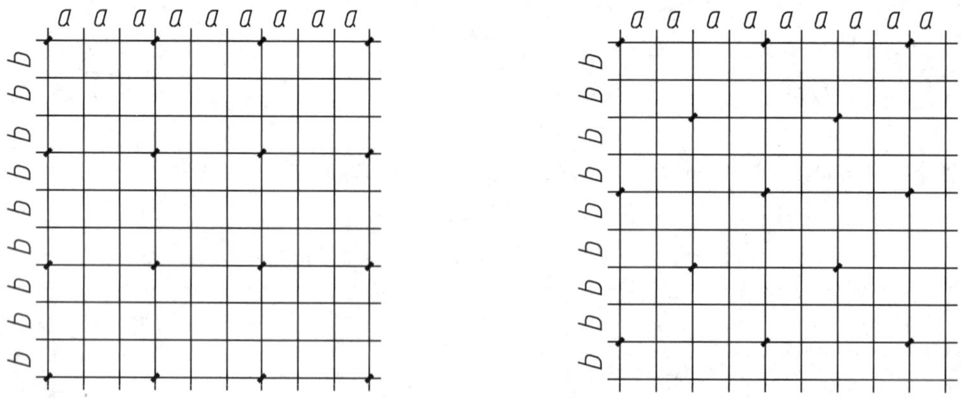

（a）拉结筋@3a@3b 矩形（$a \leqslant 200$、$b \leqslant 200$）　（b）拉结筋@4a@4b 梅花（$a \leqslant 150$、$b \leqslant 150$）

图 4-5-5　拉结筋设置示意

3. 剪力墙身列表注写表达方式实例

剪力墙身在剪力墙身列表注写中表达了墙身编号、各段墙身起止标高、水平分布钢筋、竖向分布钢筋和拉结筋的具体数值，如表4-5-3所示。

三维仿真：剪力墙水平分布筋展示

三维仿真：剪力墙拉筋展示

表4-5-3 剪力墙身列表注写方式

编号	标高	墙厚	水平分布钢筋	竖向分布钢筋	拉结筋（矩形）
Q1	−0.030～30.270	300	⌀12@200	⌀12@200	Φ6@600@600
	30.270～59.070	250	⌀10@200	⌀12@200	Φ6@600@600
识读详解					
1号墙身	墙身高度从标高−0.030m处到30.270m	墙体的厚度为300mm	墙身内水平分布钢筋为直径为12mm、间距为200mm的HRB400级钢筋	墙身内竖向分布钢筋为直径为12mm、间距为200mm的HRB400级钢筋	墙身内拉结筋布置方式为“矩形”，钢筋为HPB300级钢筋，直径为6mm，水平向间距为600mm，竖向间距为600mm
	墙身高度从标高30.270m处到59.070m	墙体的厚度为250mm	墙身内水平分布钢筋为直径为10mm、间距为200mm的HRB400级钢筋	墙身内竖向分布钢筋为直径为12mm、间距为200mm的HRB400级钢筋	墙身内拉结筋布置方式为“矩形”，钢筋为HPB300级钢筋，直径为6mm，水平向间距为600mm，竖向间距为600mm

4.5.3 剪力墙梁平法施工图识读

讲解视频：墙梁编号

1. 墙梁编号

墙梁包括连梁、暗梁和边框梁。

1）连梁其实质是一种特殊的墙身，它是上下楼层门窗洞口之间的那部分窗间墙。

2）暗梁与暗柱有相似之处，它们都是隐藏在墙身内部看不见的构件，是墙身的一个组成部分。实际上，剪力墙的暗梁与砖混结构的圈梁也有共同之处，它们都是墙身的一个水平“加强带”，一般设置在楼板之下。

3）边框梁是指在剪力墙中部或顶部设置的，比剪力墙的厚度加宽的“连梁”或“暗梁”。边框梁虽有个框字，却与框架结构、框架梁柱无关。

墙梁编号，由墙梁类型代号和序号组成，表达形式应符合表4-5-4的规定。连梁根据受力还经常配置对角暗撑、对角斜筋和集中对角斜筋，本节仅介绍普通连梁LL的配筋情况。

表4-5-4 墙梁编号

墙梁类型	代号	序号
连梁	LL	XX
连梁（跨高比不小于5）	LLK	XX

续表

墙 梁 类 型	代 号	序 号
连梁（对角暗撑配筋）	LL（JC）	X X
连梁（对角斜筋配筋）	LL（JX）	X X
连梁（集中对角斜筋配筋）	LL（DX）	X X
暗梁	AL	X X
边框梁	BKL	X X

2. 剪力墙梁表中表达的内容

1）注写墙梁编号。

2）注写墙梁所在楼层号。

3）注写墙梁顶面标高高差，系指相对于墙梁所在结构层楼面标高的高差值。高于者为正值，低于者为负值，当无高差时不注。

4）注写墙梁截面尺寸 $b\times h$，上部纵筋、下部纵筋和箍筋的具体数值。

3. 剪力墙连梁列表注写方式识读实例

讲解视频：剪力墙连梁列表注写方式识读实例

以某剪力墙平法施工图为例，如图 4-5-6 所示，识读连梁 1 和连梁 4 平法施工图，剪力墙梁表如表 4-5-5 所示。

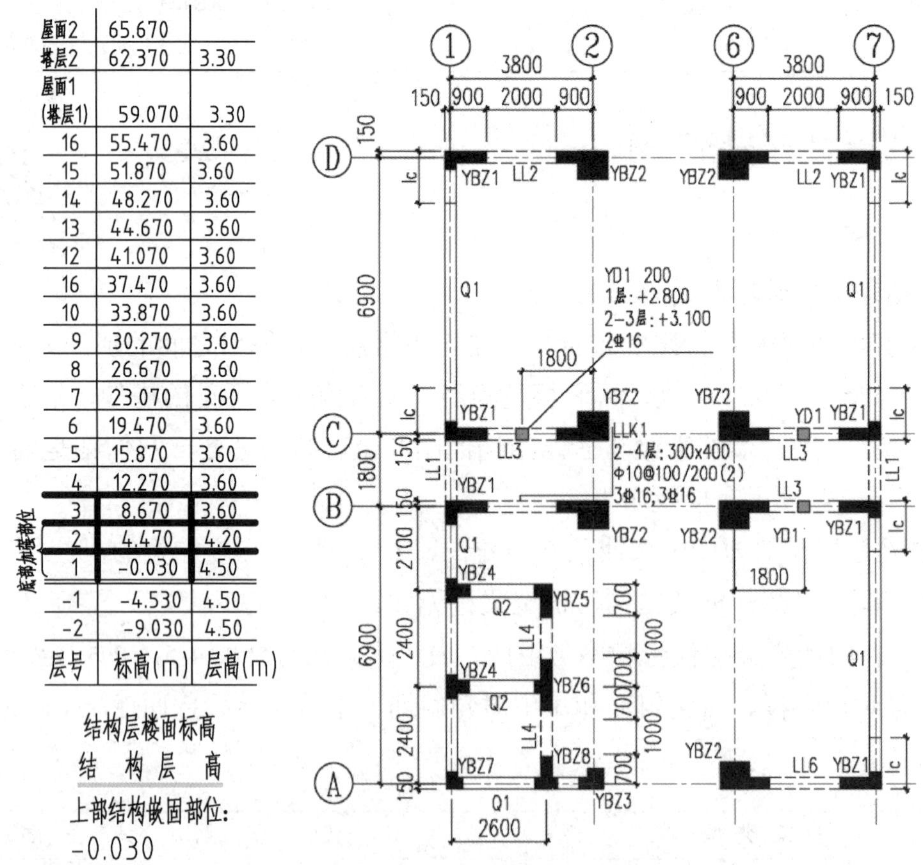

图 4-5-6 −0.030～12.270 剪力墙平法施工图

表 4-5-5　剪力墙梁表

编号	所在楼层号	梁顶相对标高高差	梁截面 $b\times h$	上部纵筋	下部纵筋	侧面纵筋	墙梁箍筋
LL1	2～9	0.800	300×2000	4⌀25	4⌀25	同墙体水平分布筋	Φ10@100(2)
	10～16	0.800	250×2000	4⌀22	4⌀22		Φ10@100(2)
	屋面 1		250×1200	4⌀20	4⌀20		Φ10@100(2)
LL4	2		250×2070	4⌀20	4⌀20	18⌀12	Φ10@125(2)
	3		250×1770	4⌀20	4⌀20	16⌀12	Φ10@125(2)
	4～屋面 1		250×1170	4⌀20	4⌀20	10⌀12	Φ10@125(2)

识读详解：

1）识读 LL1。

该工程五层以下三维立体模拟图和左视图如图 4-5-7 所示，深绿色构件为连梁 1，蓝色构件为窗。

LL1 所在楼层号最低是 2，二层连梁的梁顶相对标高高差为 0.800，意味着该位置的洞口为窗。

二层窗的底标高相对楼层标高为 0.8m，假如首层窗的底标高相对楼层标高也为 0.8m，又由于梁高为 2000mm，首层层高为 4.5m，可知首层窗高=层高+连梁相对顶标高−连梁高−窗相对底标高 = 4.5 + 0.8 − 2 − 0.8 = 2.5m；同理，二层层高为 4.2m，二层窗高 = 4.2 + 0.8 − 2 − 0.8= 2.2m；三、四层层高为 3.6m，三、四层窗高 = 3.6 + 0.8 − 2 − 0.8 = 1.6m。

由此看出，只要不是落地窗，连梁在高度方向是跨越两个楼层的。

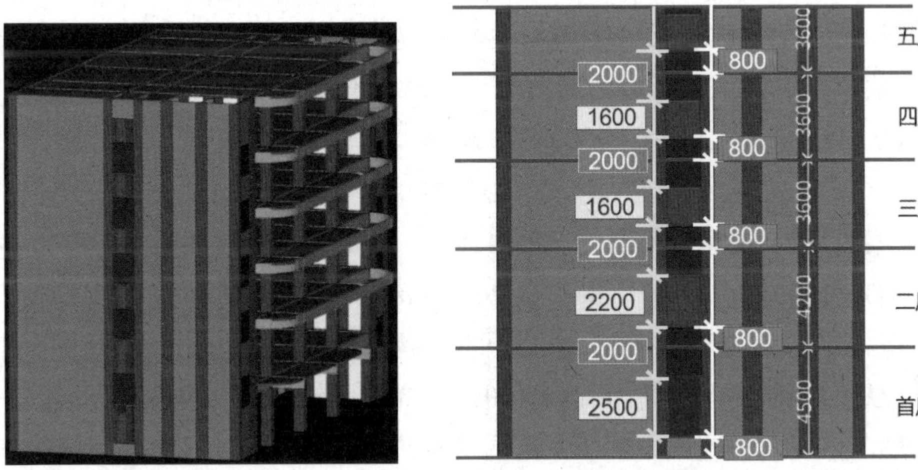

图 4-5-7　工程五层以下三维立体模拟图和左视图

2）识读 LL4。

LL4 所在楼层号最低是 2，二层连梁的梁顶相对标高高差为 0，意味着该位置洞口为门。首层层高为 4.5m，又由于二层梁高为 2070mm，所以得知首层门高 = 4.5 − 2.07 = 2.43m；同理，二层层高为 4.2m，三层梁高为 1770mm，可知二层门高 = 4.2 − 1.77 = 2.43m；三层层高为 3.6m，四层梁高为 1170mm，可知三层门高 = 3.6 − 1.17 = 2.43m，……。说明梁 4 位置所对应的门尺寸都是一样的。

4.5.4 剪力墙洞口表达方式识读

剪力墙洞口均可在剪力墙平面布置图上原位表达，洞口的具体表示方法：

1）在剪力墙平面布置图上绘制洞口示意，并标注洞口中心的平面定位尺寸。

2）在洞口中心位置引注：洞口编号、洞口几何尺寸、洞口所在层及洞口中心相对标高、洞口每边补强钢筋，共四项内容。具体规定如下：

（1）洞口编号: 矩形洞口为 JD××（××为序号），圆形洞口为 YD××（××为序号）。

（2）洞口几何尺寸：矩形洞口为洞宽×洞高（$b\times h$），圆形洞口为洞口直径 D。

（3）洞口所在层及洞口中心相对标高，相对标高指相对于本结构层楼（地）面标高的洞口中心高度，应为正值。

（4）洞口每边补强钢筋，分以下几种不同情况：

① 当矩形洞口的洞宽、洞高均不大于 800mm 时，此项注写为洞口每边补强钢筋的具体数值。当洞宽、洞高方向补强钢筋不一致时，分别注写沿洞宽方向、沿洞高方向补强钢筋以“/”分隔。

【示例】JD2 400 × 300 2～5 层+3.100 3ϕ14 表示 2 号矩形洞口，洞宽为 400mm、洞高为 300mm，所在楼层为 2～5 层，洞口中心距本结构层楼面为 3100mm，洞口每边补强钢筋为 3 根直径为 14mm 的三级钢筋。

② 当矩形或圆形洞口的洞宽或直径大于 800mm 时，在洞口的上、下需设置补强暗梁，此项注写为洞口上、下每边暗梁的纵筋与箍筋的具体数值，圆形洞口时尚需注明环向加强钢筋的具体数值；当洞口上、下边为剪力墙连梁时，此项免注。

【示例】JD5 1000 × 900 3 层+ 1.400 6C20 A8@150 表示 5 号矩形洞口，洞宽为 1000mm、洞高为 900mm，所在楼层为 3 层，洞口中心距本结构层楼面为 1400mm，洞口上下设补强暗梁，每边暗梁纵筋为 6C20，箍筋为 A8@150。

【示例】YD5 1000 2～6 层+ 1.800 6C20 A8@150 2C16 表示 5 号圆形洞口，直径为 1000mm，所在楼层为 2～6 层，洞口中心距本结构层楼面为 1800mm，洞口上下设补强暗梁，每边暗梁纵筋为 6C20，箍筋为 A8@150，环向加强钢筋为 2C16。

③ 当圆形洞口设置在连梁中部 1/3 范围（且圆洞直径不应大于 1/3 梁高）时，需注写在圆洞上下水平设置的每边补强纵筋与箍筋。

④ 当圆形洞口设置在墙身位置，且洞口直径不大于 300mm 时，此项注写为洞口上下左右每边布置的补强纵筋的具体数值。

⑤ 当圆形洞口直径大于 300mm，但不大于 800mm 时，此项注写为洞口上下左右每边布置的补强纵筋的具体数值，以及环向加强钢筋的具体数值。

【示例】YD5 600 5 层+ 1.800 2C20 2C16 表示 5 层设置 5 号圆形洞口，直径为 600mm，洞口中心距 5 层楼面 1800mm，洞口上下左右每边补强钢筋为 2C20，环向加强钢筋 2C16。

思考题

4.5.1　剪力墙柱列表注写信息有哪些？

4.5.2　剪力墙身列表注写信息有哪些？

4.5.3　剪力墙梁列表注写信息有哪些？

4.5.4　请识读图 4-5-1 剪力墙平法施工图。

在线测试：剪力墙平法施工图识读

附录 A

钢筋、钢绞线、钢丝的公称直径、公称截面面积及理论重量

表 A.0.1　钢筋的公称直径、公称截面面积及理论重量

公称直径/mm	不同根数钢筋的计算截面面积/mm^2									单根钢筋理论重量/（kg/m）
	1	2	3	4	5	6	7	8	9	
6	28.3	57	85	113	142	170	198	226	255	0.222
8	50.3	101	151	201	252	302	352	402	453	0.395
10	78.5	157	236	314	393	471	550	628	707	0.617
12	113.1	226	339	452	565	678	791	904	1017	0.888
14	153.9	308	461	615	769	923	1077	1231	1385	1.21
16	201.1	402	603	804	1005	1206	1407	1608	1809	1.58
18	254.5	509	763	1017	1272	1526	1780	2036	2290	2.00 (2.11)
20	314.2	628	941	1256	1570	1884	2200	2513	2827	2.47
22	380.1	760	1140	1520	1900	2281	2661	3041	3421	2.98
25	490.9	982	1473	1964	2454	2945	3436	3927	4418	3.85 (4.10)
28	615.8	1232	1847	2463	3079	3695	4310	4926	5542	4.83
32	804.2	1609	2413	3217	4021	4826	5630	6434	7238	6.31 (6.65)
36	1017.9	2036	2054	4072	5089	6107	7125	8143	9161	7.99
40	1256.6	2513	3770	5027	6283	7540	8796	10053	11310	9.87 (10.34)
50	196.5	3928	5892	7856	9820	11784	13748	15712	17676	15.42 (16.28)

注：括号内为预应力螺纹钢筋的数值。

表 A.0.2　钢绞线的公称直径、公称截面面积及理论重量

种　类	公称直径/mm	公称截面面积/mm^2	理论重量/（kg/m）
1 × 3	8.6	37.7	0.296
	10.8	58.9	0.462
	12.9	84.8	0.666
1 × 7 标准型	9.5	54.8	0.430
	12.7	98.7	0.775
	15.2	140	1.101
	17.8	191	1.500
	21.6	285	2.237

表 A.0.3　钢丝的公称直径、公称截面面积及理论重量

公称直径/mm	公称截面面积/mm^2	理论重量/（kg/m）
5.0	19.63	0.154
7.0	38.48	0.302
9.0	63.62	0.499

参考文献

[1] 中华人民共和国住房和城乡建设部. 建筑结构荷载规范：GB 50009—2012[S]. 北京：中国建筑工业出版社，2012.

[2] 中华人民共和国住房和城乡建设部. 混凝土结构设计规范：GB 50010—2010（2015 年版）[S]. 北京：中国建筑工业出版社，2015.

[3] 中华人民共和国住房和城乡建设部. 工程结构通用规范：GB 55001—2021[S]. 北京：中国建筑工业出版社，2021.

[4] 中华人民共和国住房和城乡建设部. 混凝土结构通用规范：GB 55008—2021[S]. 北京：中国建筑工业出版社，2021.

[5] 中华人民共和国住房和城乡建设部. 建筑与市政工程抗震通用规范：GB 55002—2021[S]. 北京：中国建筑工业出版社，2021.

[6] 中华人民共和国住房和城乡建设部. 建筑抗震设计规范（附条文说明）：GB 50011—2010（2016 年版）[S]. 北京：中国建筑工业出版社，2016.

[7] 中国建筑标准设计研究院. 混凝土结构施工图平面整体表示方法制图规则和构造详图（现浇混凝土框架、剪力墙、梁、板）：22G101—1[S]. 北京：中国标准出版社，2022.

[8] 中国建筑标准设计研究院. 混凝土结构施工图平面整体表示方法制图规则和构造详图（现浇混凝土板式楼梯）：22G101—2[S]. 北京：中国标准出版社，2022.

[9] 中国建筑标准设计研究院. 混凝土结构施工图平面整体表示方法制图规则和构造详图（独立基础、条形基础、筏形基础、桩基础）：22G101—3[S]. 北京：中国标准出版社，2022.

[10] 胡兴福. 建筑结构（少学时）第四版[M]. 4 版. 北京：高等教育出版社，2019.